安徽省哲学社会科学规划青年项目（AHSKQ2022D043）
铜陵学院人才科研启动基金项目（2021tlxyrc05） 项目成果

博士论丛

"互联网+农业" 众创模式
平台与农户的契约优化

"Internet + Agriculture" Mass Innovation Mode:
Contract Optimization Between Platform and Farmers

胡玉凤 著

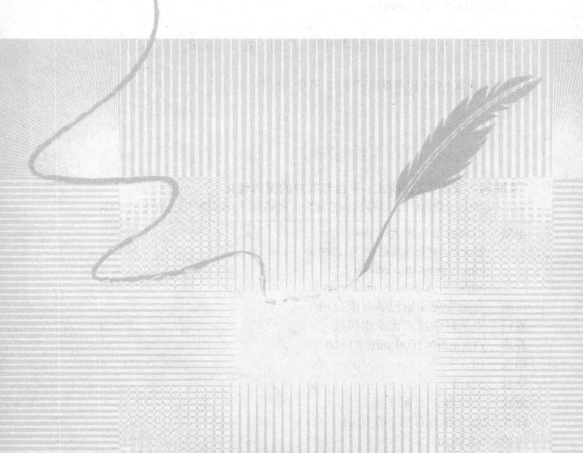

中国科学技术大学出版社

内 容 简 介

本书在"互联网＋农业"背景下，构建小农户与合作社融合发展的现代经营模式，以此为基础探索实现农户利益最大化的决策机制，并基于收益共享契约模型，揭示供应链协调的影响因素，旨在研究众创模式下，农户和平台行为对供应链契约优化的影响。本书可为"互联网＋农业"的相关理论研究和实践运营提供参考。

图书在版编目（CIP）数据

"互联网＋农业"众创模式：平台与农户的契约优化/胡玉凤著. —合肥：中国科学技术大学出版社，2023.8
ISBN 978-7-312-05682-6

Ⅰ.互…　Ⅱ.胡…　Ⅲ.互联网络—应用—农业—研究　Ⅳ.S126

中国国家版本馆 CIP 数据核字（2023）第 099518 号

"互联网＋农业"众创模式：平台与农户的契约优化
"HULIANWANG＋NONGYE" ZHONGCHUANG MOSHI：PINGTAI YU NONGHU DE QIYUE YOUHUA

出版	中国科学技术大学出版社
	安徽省合肥市金寨路 96 号,230026
	http://press.ustc.edu.cn
	https://zgkxjsdxcbs.tmall.com
印刷	合肥华苑印刷包装有限公司
发行	中国科学技术大学出版社
开本	710 mm×1000 mm　1/16
印张	10.75
字数	221 千
版次	2023 年 8 月第 1 版
印次	2023 年 8 月第 1 次印刷
定价	50.00 元

前　言

改革开放四十多年,随着城镇化进程与农业农村变革,农户逐渐分化形成的小农户、专业大户、家庭农场、农民专业合作社等,与农业产业化龙头企业并称为现代中国新型农业生产经营主体。对世界大多数国家来说,农产品的主要生产者是"小而散"的农户,这一传统经营模式也是农业转向批量化和产业化的重要制约因素。大型超市和连锁经营催生了"农超对接",但"农超对接"过程中分散农户处于谈判弱势地位。而基于契约的农户横向合作所形成的"公司+农户""市场+农户""中介+农户"的利益分配机制,农户利益往往得不到保障。在此基础上,笔者提出了本书的研究问题:一是构建小农户与合作社融合发展的现代经营模式;二是在该模型下,探索实现农户利益最大化的决策机制;三是基于收益共享契约模型,揭示新背景下供应链协调的影响因素。因此,本书在众创模式下,研究农户和平台行为对供应链优化的影响,对提升管理能力、持续均衡发展和决策模式升级具有重要意义。

本书在"互联网+农业"背景下,构建了基于农地经营权流转的众创农业经营模式,为数理模型的展开做铺垫。在相关研究基础上,参考收益共享契约模型在供应链管理中的应用,在新的背景下考虑了土地流转收益、风险成本和农户努力水平三个因素,研究农户不同组织结构下,由风险传递路径不同所导致的风险成本度量的差异。运用斯坦克尔伯格模型分析了农户(包括合作社、农场主①和小农户)和平台在不同主导视角和不同决策模式下的策略组合对决策主体契约优化和供应链协调的

---

① 本书所述农场主,是以家庭成员为主要劳动力从事农业规模化、集约化、商品化生产经营,代表比小农户经营管理能力强一个层级的经营主体。

影响。本书主要回答了以下几个问题：如何控制土地流转收益和期望销售量？先决策者在收益最大化基础上决定土地流转收益和期望销售量，并对后决策者行为产生影响；对农户和平台及供应链来说，什么才是合适的努力水平？农户努力水平决定了农户期望销售量，同时还会产生努力成本，农户需要在销售量增加和成本增加之间权衡；农户是否合作、合作方式以及合作边界是如何确定的？合作可以实现行业能力和决策顺序重组以及期望销售量增加；决策优先权是否可以提高供应链利润？在考虑风险成本情况下，验证农场主（或合作社）先动优势对供应链利润的影响。

由谁主导（平台或农户）和是否考虑农户努力水平两两组合构成了本书的四个研究专题。在每个专题中具体分析五种决策模式（完全集中、完全分散、农场主模式、分散合作和集中合作）的农户和平台的最优利润，提炼了一些共同的结论：第一，先动优势可以提高农场主（或合作社）利润；第二，在一定条件下，农场主（或合作社）模式可以实现平台利润增加和供应链协调；第三，在农场主（或合作社）模式中很难实现小农户利润增加，通常具有减小趋势；第四，在供应链协调前提下，通过有效途径可以对小农户利润差额进行补偿，使其不低于完全分散决策模式的农户平均利润。按照是否考虑农户努力水平这一分类方法，我们得出了一些不同的结论：第一，不考虑农户努力水平时，在平台主导视角下，优先权使得所有农户总利润减小了；在农户主导视角下，优先权使得所有农户总利润增加了；第二，若考虑农户努力水平，当小农户利润降低时，可以通过农场主独自补偿、平台独自补偿和农场主与平台共同补偿措施对小农户利润差额进行补偿，使补偿方和被补偿方利润均不低于完全自由竞争模式下的利润。

本书的研究成果在管理上的启示主要有：第一，合理控制农户努力水平是增加农户收益的基础，农户对努力水平进行决策时，需要在增加成本与增加收益之间权衡；第二，匹配的土地流转收益是平台增收的前提；第三，适度规模的农业生产是农户和平台的共同追求；第四，制订小农户利润补差价机制是模型持续的关键；第五，重新定义农场主（或合作社）和平台身份及性质是实现平台、农场主（或合作社）、小农户共赢的保障；第六，从"平台主导"到"农户主导"是众创模式发展的必由之路；第七，众创模式持久发展离不开政府和农业社会组织的共同扶持。

本书具有以下几个方面的创新：第一，构建了基于"互联网＋农业"的农产品生产和流通的众创模式，并考虑了农地流转和农户努力水平等因素，在模型设计时，将其作为农地流转收益和农户努力水平的重要决策变量；第二，将风险成本定量化，用以分析决策模式变化带来的成本差异，现有研究认为风险流随信息流传递，并在决策节点处转化为风险成本，用以定量分析供应链中风险沿决策节点传递时对决策节点成本的影响；第三，考虑了农户努力水平对需求函数的影响，同时为农户努力水平设置了努力成本函数，较高评分也会带来较高努力成本，以此限制农户通过无限努力来增加收益的可能，理性农户需要在增加销售量和努力成本之间权衡；第四，通过设置"有限增量"对代理人实施道德风险控制，假设农场主（或合作社）在所有农户平均增产量范围内享有浮动量。这种限定范围的"特权"可以有效遏制农场主和合作社的道德风险。

虽然本书的研究在理论和实践上取得了一定的成果，但这些成果是在一定假设下得到的，由于假设限制使得该研究还有一定拓展空间，需要在以后研究中加以弥补和完善：第一，需求函数假设，农户努力水平和需求量之间的关系有多种形式，需求函数也可以有多种形式，除线性关系外，指数函数形式较为常见。第二，农户努力成本假设，本书将农户努力成本定义为消费者评分的二次函数，以体现努力成本的边际递增规律，即为限制农户通过无限努力增加销售量。第三，风险成本假设，根据相关文献研究成果，假设风险成本是风险值的指数函数。虽然这些假设在相关文献中均有应用，但与实际之间可能还有距离，在以后研究中需要注重从多层面和多角度逼近实际，如运用实际数据的拟合函数则具有较强说服力。

目　　录

第一章　绪　论

本章首先介绍研究背景,基于农产品生产和流通中的诸多问题提出本书的研究问题,从理论(包括流通模式、委托代理理论、农地流转方式和农户竞争与合作等方面)和实际(包括供应链、农户、平台和消费者视角)两个方面阐述了研究意义。通过对相关概念(包括农户、平台、农地流转、众创模式和博弈等内容)和假设(行为人理性假设和决策参与者目标最大化假设)界定,明确了研究体系、研究思路与方法,概括了本书的研究结构和创新之处。

第一节　研究背景

研究背景主要从两个方面进行总结分析:一是现有农产品流通模式主要包括批发和集贸市场、超市和电子商务等;二是不同流通模式存在突出问题,认为基于"F2F"的互联网农业生产和流通模式可以实现农户和消费者对接,缓解农户和消费者的一系列担忧,如农户风险、流通损耗、供给匹配不均衡和食品安全等问题。

一、农产品流通模式

在我国,农产品供应渠道主要以批发市场和集贸市场为主,后来逐渐出现大型超市、连锁超市和农超对接等多种供应模式,之后朝着多元化方向发展,包括爆炸式兴起的生鲜电商(如天猫生鲜、每日优鲜、中粮我买、盒马生鲜、易果生鲜和大白菜科技等)和田头到餐桌的"F2F"(Farm to Family)模式(如宋小菜、共享农庄、开开农场、民宿＋农产品)及农业主播模式(如图 1.1 所示)。

这些农产品流通模式各有其特点:一是农产品流通方式不同,其流通模式各有特点,如表 1.1 所示,农贸批发与集贸市场是我国传统农产品流通模式,当前多数城乡均保留了农产品集贸市场交易方式,即使存在众多问题,但人们仍习惯于大宗农产品的现货交易模式;二是大型超市与农副超市,尤其以"大而全超市＋农产品生产基地"的农超对接经营模式,实现了农产品产供销一体化,并且去除中间流转环节后可在一定程度上缓解备受关注的食品安全问题；三是依托"互联网＋"兴起的生鲜电商与农业主播，在自媒体时代，既满足了流量的表现与盈利，又可以解决农产品滞销问题。可以是农户自产自销，也可以是委托平台销售，借助生鲜存储技术和物流与包装业的快速发展，这种模式可以实现在较大区域内有效调配。以上几种模式都建立在现货交易基础上，也代表着农产品流通模式发展的不同阶段。而在信息时代的今天，大数据、云计算与共享模式快速发展，农产品的产、供、销均不再受制于时空局限，"F2F"模式应运而生，对农产品生产、供给、流通和消费等链条进行控制、调整和流程再造，从供给侧对农户、家庭农场和农民专业合作社进行有效管理和协调。而且这种"F2F"模式通过预售与众筹来鼓励农户以农地经营权入股、农地经营权流转，倡导共享农庄和共享菜园。

生鲜电商：
天猫生鲜
每日优鲜

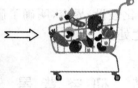

多元化

"F2F"模式：
宋小菜
开开农场

传统流通模式：
集贸市场
批发市场

超市：
连锁超市
农超对接

网红+农业：
农业主播

图 1.1　农产品流通模式发展历程

表 1.1　农产品流通模式的特点

流通模式	交易方式	主要特点
批发市场和集贸市场	现货交易	拥有固定的交易场所，较多的流通环节，损耗严重，季节协调和区域协调问题较大
超市	现货交易	大而全的"超市＋基地"可以实现基地产销一体化
生鲜电商	现货交易	借助互联网的展示平台，缩短流通渠道，提高流通效率
农业主播	现货交易	农业主播是"互联网＋农业"的创新，农户直销可以为农户解决销路难的问题，实现产销对接
"F2F"模式	现货或预售	农场预售模式鼓励农地经营权入股、农地经营权流转，倡导共享农庄和共享菜园

二、农产品生产和流通中的问题及其根源

在农产品传统流通渠道中,从农户到消费者往往要经历 4~6 次周转,随着周转次数与运输距离增加,会有不同程度的价值损耗与实体损耗,还会增加物流成本和管理费用以及人工装卸费和场地费等,这些额外增加的费用通常是农产品产地收购价的数倍(王崇等,2016),这就是消费者感觉农产品价格高,而农户却不"丰收"的原因之一。同时,由于市场信息不对称,即使好产品却卖不出好价钱,甚至有时会滞销,如海南香蕉烂树上、广东菠萝坏地里等,但消费者依旧买不到满意的农产品。由信息不对称引发的逆向选择导致食品安全、农户销售风险、供给分配不均衡、产品质量问题、市场认可度等风险频发(邵腾伟,吕秀梅,2016)。农户和消费者逐渐走向两个极端,这种产供销链条断层或不畅问题越来越严重,具体问题表现在以下两个方面:

(一)农产品生产和流通中的问题

1. 食品安全事件频发

近年来,与农副产品相关的食品安全事件频发,严重影响了经济发展和社会稳定,无数案例表明,农产品生产和供应过程中有很多不确定因素和风险。1986 年爆发于英国农村的"疯牛病"持续了将近 20 年,从一场动物疫情发展为一个国家和地区的社会、经济和政治危机。1997 年发生在中国香港的"瘦肉精"事件造成 17 人中毒。而在 1989 年西班牙发生的"瘦肉精"事件造成 43 人中毒,这是世界第一例,随后"瘦肉精"字眼频繁出现。2005 年"苏丹红"事件波及我国 11 个省市和多家餐饮和食品加工企业,英国食品制造商(Premier Foods)有 500 多种产品因被检测出"苏丹红"而下架。2007 年海南"问题香蕉"事件,2010 年海南"问题豇豆"事件、青岛"问题韭菜"事件,2011 年蒙牛"黄曲霉素"事件,2011 年宜昌和 2013 年潍坊"问题生姜"事件,2013 年"禽流感"事件等。农产品作为居民日常必需品,关乎国计民生,所有相关案例表明突发事件极易使消费者对食品生产和供应丧失信心,从而引发农村产业结构失衡和社会道德缺失。这些质量安全事件有些发生在生产源头,有些发生在流通环节,还有些发生在零售终端。总之,加强农产品供应链节点协调和管理,注重流通环节信息沟通和风险传递是农产品供应链研究的一个重要分支。

2. 农户陷入选择困境,利益无法保证

农户面临诸多选择难题:一是种植结构问题,选择种植什么能够获利最多? 在自产自销模式下,小农户把握市场信息能力不足,导致收成好了依然收入不高,有时还愁销路;二是销售渠道问题,选择怎么销售获利最多? 批发市场模式通常压低了产品价格,"农超对接""订单农业"模式又面临谈判弱势问题;三是储存风险问题:面对市场压力,农户为躲避低价冲击往往选择以暂存方式期待未来收益增加,

但在变化的市场信息面前储存也面临诸多风险问题；四是非农就业带来的衍生问题：非农收入增加推动了农地流转，农户选择外出务工寻求其他生活方式，更多失地农户融入"农民工"群体，使得"有家的地方没有工作，有工作的地方没有家""他乡容不下灵魂，故乡容不下肉体"等一度成为网络流行语，他们面临就业、教育、养老、医疗等一系列不确定性问题。

（二）问题的根源

1. 现有农产品生产和销售模式有待改善

现有农产品生产与销售模式存在众多问题，如表 1.2 所列，如"靠天吃饭"使农户承担了农产品收成高风险，即使好收成却卖不了好价格且可能存在滞销风险。农产品的特性决定了其在流通及仓储环节极易产生价值损耗和实体损耗；同时，从田间到餐桌过程中基于时间因素的新鲜度降低，诸多风险与不确定性使得农产品安全成为一大难题。消除或转移农户生产和销售风险，最大限度压缩流通环节，降低流通损耗，确保农产品新鲜度，降低不确定性，消除供给分配不均衡，增加信息透明度，保障食品安全，已成为当务之急。因此，从分散农户自主经营到专业户、合作社以及农业企业规模化经营，在"互联网＋农业"背景下，这种转变仍然适用，二者合理结合，可以催生出更有效的农产品生产和供应模式。

表 1.2　农产品流通模式与相关问题匹配关系

流通模式	存在的问题			
	农户风险	流通损耗	供配不均衡	食品安全
批发、集贸市场	√	√	√	√
超市	√		√	√
生鲜电商	√			√
"F2F"模式				

2. 农业生产积极性有待提高，农村大量闲置土地有待盘活

非农收入增加促进了农地流转，但降低了农户从事农业生产的积极性。提高农业生产收入是提高农户生产积极性的直接手段，提高农民收入是解决"三农"问题的关键；而农业生产收入与农民收入的不匹配又带来一系列问题。近年来，非农收入的增加导致农户种植结构失调和农地"撂荒"等问题，非农收入增加反而降低了农户从事农业生产的积极性和农地经营效率。可见，增加农户非农收入并不能从根本上解决"三农"问题。随着中央政府对农村、农业诸多"一号文件"出台（如表1.3 所示），"农村新兴产业""现代农业""互联网＋农业""乡村振兴""产业结构转型""农村产业融合"等关键词多次重复出现在大众视野。很多学者开始研究"互联网＋农业""农民专业合作社""农村产业融合发展"等相关问题，并认为必须依靠农户才能发展现代农业,必须依靠农地才能使农户真正富裕。就目前来看,国内出现诸多新型的农产品经营模式,农户作业积极性和农地经营效率得到很大提升。

表 1.3 连续 17 年出台的相关"三农"问题的"一号文件"

年份	文件名称	年份	文件名称
2020	《关于抓好"三农"领域重点工作确保如期实现全面小康的意见》	2011	《中共中央 国务院关于加快水利改革发展的决定》
2019	《中共中央 国务院关于坚持农业农村优先发展做好"三农"工作的若干意见》	2010	《关于加大统筹城乡发展力度进一步夯实农业农村发展基础的若干意见》
2018	《中共中央 国务院关于实施乡村振兴战略的意见》	2009	《关于 2009 年促进农业稳定发展农民持续增收的若干意见》
2017	《关于深入推进农业供给侧结构性改革加快培育农业农村发展新动能的若干意见》	2008	《中共中央 国务院关于切实加强农业基础建设进一步促进农业发展农民增收的若干意见》
2016	《关于落实发展新理念加快农业现代化实现全面小康目标的若干意见》	2007	《中共中央 国务院关于积极发展现代农业扎实推进社会主义新农村建设的若干意见》
2015	《关于加大改革创新力度加快农业现代化建设的若干意见》	2006	《中共中央 国务院关于推进社会主义新农村建设的若干意见》
2014	《关于全面深化农村改革加快推进农业现代化的若干意见》	2005	《中共中央 国务院关于加强农村工作提高农业综合生产能力若干政策的意见》
2013	《中共中央 国务院关于加快发展现代农业进一步增强农村发展活力的若干意见》	2004	《中共中央 国务院关于促进农民增加收入若干政策的意见》
2012	《关于加快推进农业科技创新持续增强农产品供给保障能力的若干意见》		

"互联网 + 农业"的有序推进和农村一、二、三产业融合发展步伐加快,不断改变着农户和消费者的生产和生活习惯,同时他们对其也提出了更高要求。因此,建立基于互联网的农村产业融合的经营模式是涉农供应链的改革方向之一,而新形势下"互联网 + 农业"的众创模式是二者的有效整合。在该模式下,考虑消费者售后评分和土地流转收益,并赋予其新的时代特征和内涵,拉近了生产者和消费者之间的距离,大大缩短了传统供应链的流通环节,增强了供应链快速响应度,对降低成本和提高利润具有重要作用。在此基础上,笔者提出了本书的研究问题:一是构建小农户与合作社融合发展的现代经营模式;二是在该模型下,探索实现农户利益最大化的决策机制;三是基于收益共享契约,揭示新背景下供应链协调的影响因素。因此,在众创模式下,研究农户和平台行为对供应链优化的影响,对提升管理能力、持续均衡发展和决策模式升级具有重要意义。

第二节　研究意义

本书通过优化现有"F2F"模式,基于现代"互联网＋农业"理论架构,在土地流转背景下构建了众创模式,针对农民专业合作社效益优化问题,提出了分别由农户与平台主导的供应链多阶段斯坦克尔伯格博弈模型,并设计了一种集中决策模式和四种分散决策模式。在这五种决策模式下,主要基于对风险传递、农场主和合作社优先权、农户和平台边际成本和风险成本等问题的考虑,构建了以农场主、合作社、小农户及平台为主体,以农户数量(或合作比例)、土地流转收益、边际成本和风险成本共同影响的利润最大化优化模型。这些研究对农产品流通模式升级、生产方式变革、生产者与消费者需求对接、农地适度规模和"三农"等问题具有重要理论意义和实用价值。

一、理论意义

研究众创模式下平台与农民专业合作社契约优化问题,理论贡献主要包括运营模式创新(利用委托代理理论升级现有流通模式)和决策机制创新(考虑农户和消费者基于农地经营权的虚拟契约),具体表现在以下四个方面:

(一)打破了农产品传统生产和流通模式的局限

将众创模式和电商平台嵌入农产品的生产和运营中,这一尝试打破了农产品传统生产供应模式,通过众筹模式不但可以提前融得部分投资,节约财务成本,而且抓住了客户资源,转移了产品库存(让消费者分担库存)。通过众包模式可以为消费者选择最合适的代理人,将农户从"自主生产、自主销售"的传统模式中解放出来,成为消费者意志的"执行人",农户行为从"自主"转变为"他主"。

(二)扩大了委托代理理论的应用范围

委托代理理论本是公司治理结构的基本理论,所有者(委托人)通过授权委托方式交由管理者(代理人)经营管理企业,所有者获得经营利润、管理者获取劳动报酬。同样,可以将委托代理理论应用于农产品生产与运营活动,基于土地经营权流转形成农产品运营平台的委托代理机制,消费者(委托人)出于消费需求而投资(购买预付)农产品生产,农户(代理人)在土地、农资、种子等平台上发挥农业种植与管理的专业特长,双方以完成交付各自满意的高品质农产品为目标,实现了农户企业化与农业产业化的生产组织形式。

（三）补充了农地流转落地生根的相关研究

在传统观念下，农地经营权归农户所有或通过契约租赁实体农地的承租人，这两种形式只能将土地使用效用局限在一定范围内。如果借助网络平台，将农地经营权流转作为平台的运营基础，可以实现虚拟农地经营权有效流转，消费者根据需求可以随意租赁平台上的任何农地，虽然是虚拟的农地和基于信任的隐性契约，但是消费者却拥有了该农地的生产决定权，然后委托给熟悉种植技术和管理方法的农户。这种农地效用共享的方式突破了传统农地经营权和农户身份定性的局限。现行土地集体所有制背景下，农地经营权归属农户或以私人契约转租他人，因体制原因导致了土地经营权的分割与局限。

（四）丰富了农户合作与竞争的相关研究内容

对分散农户进行实体整合存在一定困难，然而根据产品类别通过对订单进行分解与整合，对整合后的订单外包给优质农户，使得农户合作与竞争超越了社区关系和地域范围的局限，聚合对农户区域没有要求。这种聚合是一种虚拟聚合，通过订单分解与整合完成，并没有要求同一社区或区域的农户进行合作，但是这种对订单进行处理的方式可以达到与农户合作几乎相同的效用。

二、实用价值

将农地所有权、承包权和经营权相分离，可以转变原有分散经营方式，实现农业生产规模化和产业化，不但可以增加农民收入，而且对产品质量控制具有重要贡献。本书从供应链、农户、平台和消费者视角分析研究的实用价值。

（一）从供应链视角

降低信息不对称，缓解食品安全，消除农产品库存。信息不对称是食品安全产生的根源，解决信息不对称的关键是农产品网络化推广，主要从两个层次解决食品安全问题：一是缩短农产品流通环节，降低供应环节的不确定性；二是建立以农地为纽带的农户和消费者合作制，实现"两极对话"。通过以上两点可实现降低信息不对称，解决食品安全，消除农产品库存及供给分配不均衡的目标。

（二）从农户视角

解放农户，降低农户风险。在委托代理机制下，消费者成了"股东"和委托人，农户也不再是传统意义上的农民，而是消费者的"职业经理人"和代理人。这种建立在虚拟契约上的委托代理关系和"消费者持有库存"的"雇佣制"农产品经营模式，可以帮助农户从农产品价格跌宕甚至滞销中解脱出来，农产品生产和销售风险不再由农户独立承担，这种由消费者共担风险的"储水池"运营模式可以实现消费者和生产者"双赢"。

（三）从平台视角

发挥平台信息处理功能，做好消费者和生产者的"联络人"。平台的作用不单是连接消费者与生产者的纽带，更多的是建立消费者与生产者之间的信任机制与隐性契约形式，而且通过信息共享增加信息透明度。为了保证供应链有效运作，必然要求平台运营采取更为积极的主体行为激励与客体质量监督措施，利用线上追踪与线下鉴定相互结合的二维码认定系统，更为有效地发挥农产品溯源与食品质量安全认证。

（四）从消费者视角

集中采购和规模定制并行。大多数消费者对农产品需求是对质优、价廉、便捷和品位的追求，平台运作恰好通过集中采购与规模定制的方式，在直供与物流配送下满足了消费者需求。利用网络平台的信息处理能力对订单进行分解、整合和再还原，可以实现不同于实体超市的集中采购，同时，对于消费者个性化需求可以实现规模化定制生产。这种对订单进行信息处理的方式可以实现分散消费者无库存集中采购和个性化需求规模定制，是传统实体超市无法超越的。

除此之外，借助运营平台的信息展示功能，可以帮助创业者聚集消费者的闲置资金，提高创业成功的概率；鼓励农户以土地经营权入股，可以盘活闲置土地，提高生产效率，增加农户收入；验证涉农众创模式对农户不同合作方式的重要指导意义；农户名义上是消费者的"代理人"，实则是平台的"雇员"，第三方平台理应予以解决农民的社会保障问题，那么制约土地经营权流转的最重要的难题得到了解决，这对于农户、消费者和平台来说是一次有意义的变革。

第三节　关键概念界定和基本假设

一、关键概念界定

（一）农场主、合作社和小农户

在1978年实施家庭联产承包责任制分田到户时，农户就被确立为当代中国农业生产经营主体（郭剑雄，2019）。改革开放四十多年来，随着城镇化进程与农业农村变革，从事农业生产的经营主体也发生了变化，农户逐渐分化形成了小农户、专业大户、家庭农场、农民专业合作社等经营方式，以及与农业产业化龙头企业并称为现代中国新型农业生产经营主体(楼栋,孔祥智,2013;张慧鹏,2019)。本书提到的农场主、小农户和农民专业合作社是指:① 农户(Peasant Household),一般是指在耕地上利用农机和农技从事农业生产活动的农业家庭,在本书中农户包括农场主和小农户。② 农场主(Farmer)是指在所有农户中生产和组织能力较强,市场影响能力较大的家庭农场。③ 小农户(Small Farmer)根据党中央在农村、农业发展相关文件中对"小农户"的统一提法,主要是指新形势下从事小规模农业生产的农民。④ 农民专业合作社(Cooperatives,简称合作社),是指由农民(农场主或小农户)组成的为某种如农地、农机、农技、农资等从事农业生产或服务利益联合在一起的团体。在本书中除有特殊说明外,未参与合作社的农户统称为小农户,且假设小农户具有同质性,合作社和农场主在所有农户中具有异质性。

（二）农地经营权流转

丁关良和李贤红(2008)认为应将法定"土地承包经营权流转",以"转移物权性质的土地承包经营权或物权性质的土地承包经营权中的部分权能"来界定内涵。冒佩华和徐骥(2015)梳理了土地经营权流转与土地调整的概念,认为前者取代了后者,并成为农村土地流转的主要方式。罗必良等(2017)研究了农地流转过程中出现租约"逆向选择"和"柠檬市场"问题,指出专业大户与家庭农场应是培育和扶持的主体。尽管学术界关于农地经营权流转争议不断,本书使用"农地经营权流转"(Farmland Transfer)一词,简称为"土地流转"或"农地流转",是指农户将自己拥有承包权的耕地流转出去,如以农地经营权入股、农地出租等形式。目前,农地流转的形式主要包括农地经营权入股和农地转包两种形式,获得的收益依次称为分红和租金。虽然二者性质和内涵不同,但对农户来说,二者均作为农户的收入,故本书将其统一称为农地流转收益(Revenue of Farmland Transfer)。这是激活农村耕地经营权、提高农民收入的一项重要改革措施。

（三）农户努力水平

关于努力水平在供应链管理中的研究主要包括:努力水平对新鲜度的影响(Cai,et al,2010),努力水平对流通损耗的影响(陈军,但斌,2010),相关研究往往假定市场需求是外生变量,努力水平是在某个区间(如0~1)的随机数。实际上需求量还受到自身因素影响,如努力水平、产品质量和促销活动等。Krishnan 等(2004)考虑了努力水平对需求信息的影响,Blackburn 和 Scudder(2009)用生产和物流过程中的努力程度和效率来衡量生鲜农产品的边际时间价值,Rong 等(2011)通过建立生产和分销模型模拟易腐品质量的退化。因此,生产和流通中的努力程度影响生鲜品的质量、价格和需求量(Gumasta,et al,2012;Chun,2003)。He Y 等(2009)研究了需求同时受到零售价格和零售商销售努力影响下的供应链协调问题,Taylor(2002)研究发现当需求不受销售努力影响时,设计合理线性回扣目标可以实现供应链协调和双赢。当需求受到零售商销售努力影响时，需要回购契约（Buy Back Contruct）与销售量回扣契约的结合才能达到协调和双赢。Krishnan等（2010）研究发现制造商发起的快速响应机制（Quick Response）对零售商的努力具有破坏性影响，通过设置分销合同，如最低收购价合同（Minimum-Take Contracts）、预付款折扣（Advance-Purchase Discounts）和独家交易（Exclusive Dealing）可以恢复 QR 对零售商努力的扭曲影响。Krishnan 等（2004）得到了相似的研究结果：如果制造商试图通过回购未售出的产品来协调库存，那么零售商的促销动机就会被削弱。当制造商与零售商之间设置成本共担契约后可以实现供应链协调。总之，努力水平通常会影响销售量和价格，从而影响利润，考察努力水平对供应链协调的影响需要设置合适的契约内容。

　　一般来说，农户努力水平是较难控制的变量，在本书构建的众创模式中，农户和平台之间基于农地股权或租金所形成的委托代理关系，必然导致农户道德风险或机会主义行为的发生。对于这一问题的控制，一直以来都是企业治理中的重要话题。在电商基础上构建的众创模式，本书采用消费者评分①作为农户努力水平的测量标准。当农户完成交货，且消费者收到产品后，会对产品质量、价格、包装、物流等信息进行评分，并将其称之为消费者评分。农户努力水平是指与消费者评分相关的内容，一般认为，消费者评分越高，农户付出的努力就越多，从而以消费者售后评分衡量农户的努力程度。

　　（四）众创模式

　　众创（Crowd Innervation）作为开放式创新模式是大众用户在互联网背景下基于合作的资源共享（Henning，Linus，2012）。众创平台是指在互联网背景下由利基、创新社区和创新工具综合发展的大众用户参与平台创新，更多关注于大众用户的综合效应和创新能力（Battistella，Nonino，2013）。在文中，平台是指基于互联网为农户提供信息交流和保证交易有序进行的场所，简称平台（Platform）。目前，众创实践领域主要有：高校人才培养、企业运营、区域发展和产业发展等。随着"互联网＋农业"的不断深入，将其与众创模式有机结合共同嵌入农业供给侧改革过程中，将会对农民问题和农产品产供销问题产生重要影响。构建新型农产品经营模式，以"众筹"模式引入消费者和资金，以"众包"模式联合农户生产，农户与消费者之间的委托代理关系是基于农地虚拟流转的隐性契约，农户与平台之间的委托代

---

　　① 众创模式中的消费者评分与现有电商模式中的消费者评分不同，由于消费者评分主要是对产品质量、包装和物流水平的满意度；而后者销售的主要是产成品，一般来说，商家只是作为中间商，而非农产品的供应商，且商家与平台之间并非完全是基于利益机制的共同体；而前者农户作为供应商，与消费者的订单组织生产并完成交货，且不经过中间商（平台的作用更多的是作为农户的管理者，及农户与消费者之间基于信任的纽带）；因此，众创模式中的消费者评分与现有电商模式中的消费者评分相比，前者更能体现农户所付出的努力程度。

理关系是基于农地股权或土地租金的实际契约;同时,加强过程监管,实现农产品流通的"F2F"。

（五）参与者、策略和得失

理论模型是对现实问题的抽象,在抽象化过程中需要谨慎处理,这直接关系到从现实问题到抽象化问题的过渡、演绎及其指导价值。因此,在模型设计过程中应严格按照博弈论的要求并结合实际问题来验证事件存在的意义。通常博弈问题主要包括三个要素:参与者(Player)、策略(Strategy)和得失(Payoff)。假设参与者是完全理性的,他不但清楚自己的策略和得失,而且还知道其他参与者可能的策略选择和得失以及这一行为所导致的因果效应。每个参与者的得失代表了不同策略组合方式的收益或利润。在经典的博弈问题中,参与者的策略选择是相互关联的,改变任何一个策略都会导致所有参与人的得失改变和收益重新分配,唯一不变的是每个参与者都试图使自身利益最大化。

结合本书研究的主题,我们将农户和平台之间的竞争与合作抽象为博弈论中要求的三个基本要素后,可将问题转化为:农户和平台之间各自为追求利润最大化的博弈,农户和平台都是理性而明智的,且都清楚不同策略选择组合带来的结果。从平台主导视角,农户先决策,平台清楚农户的策略选择对自己策略选择以及利润的影响;从农户主导视角,平台先决策,农户也清楚平台的策略选择对自己策略选择及利润的影响,农户平台之间经过多次博弈可以实现均衡。

二、基本假设

研究假设是博弈论展开的基本前提,博弈论的基本要求是在给定条件下的逻辑推理,改变前提假设其博弈过程和结果也会不同。

（一）参与人理性假设

根据经典理性人假设,在给定约束条件下,每个参与人总是会对对手的决策行为做出最大化自身效用的反击。在资源稀缺性约束下,这种决策方式将不能实现均衡和帕累托最优。为了避免利益冲突,参与人会设置不同的决策规则,在遵循决策规则前提下实现自身利益最大化。例如,斯坦克尔伯格竞争中假设一方先动,另一方后动,先动的一方可以获得较大利润,后动一方获得较小利润。但是,在实际决策过程中,参与人双方的信息并不是完美的,一方进行决策时通常会考虑另一方可能的策略空间。通过参与人理性假设,将不同经济主体的行为结果进行抽象化和模型化,即利用博弈理论分析决策主体的行为和结果。

（二）行为主体利润最大化假设

行为主体利润最大化假设与参与人理性假设一样,也是经典经济学的基本假设,利润最大化和成本最小化在经济行为研究中较为常见,二者具有相似性。将利润最大化或成本最小化作为行为主体的目标函数,在分析行为主体不同策略组合带来的结果时较为有效,文中继续沿用行为主体利润最大化假设。

第四节　研究体系、研究方法与创新之处

本节主要对研究体系、研究方法与创新之处展开描述。主要结构包括五个部分:绪论、理论基础、研究模型、数理模型分析和研究结论;其中,数理模型分析包括四个专题:平台主导视角下不考虑农户努力水平的契约优化研究、平台主导视角下考虑农户努力水平的契约优化研究、农户主导视角下不考虑农户努力水平的契约优化研究、农户主导视角下考虑农户努力水平的契约优化研究。并从“流通模式改造”“风险成本度量”“农户努力水平及其与需求函数和努力成本的关系”“有限增量”这四个方面对研究模型进行了扩展和创新。

一、研究体系

本书主要分为四个部分,共六章内容,具体技术路线如图 1.2 所示。第一部分由第一章和第二章组成,主要阐述了研究背景、研究意义、关键概念界定和基本假设、研究体系、研究方法与创新之处,并对相关理论基础和研究现状进行总结和归纳。第二部分是第三章,通过构建基于“互联网＋农业”的众创模式,搭建本书的研究模型,为后文数理模型展开做铺垫。第三部分是第四章和第五章,主要运用扩展的斯坦克尔伯格模型,研究众创模式下平台与农户不同决策行为对契约优化的影响。第四部分是第六章,通过对全文进行总结分析,提出建议和对策,并指出本书的研究局限及进一步研究的方向。

(一)本书结构分布

第一章为绪论,主要阐述了研究背景、研究意义、关键概念界定和基本假设、研究体系、研究方法与创新之处,以此彰显本书的研究价值。

第二章为理论基础,主要总结了农户竞争与合作、合作社及收益共享等与农户经营相关的研究现状。在“农户＋公司”“农场主＋公司”和“合作社＋公司”经营模式下,重点分析了以非合作博弈为基础的农户竞争与合作机制,为本书研究模型的展开奠定理论基础。

第三章介绍了研究的理论框架,在绪论中通过对研究问题的分析,针对现有农户和消费者面临的多重困境,通过改造现有农产品电商经营模式,构建了基于互联网的众创模式,可以有效实现农户和消费者需求对接,在该经营模式下展开后文的博弈模型。

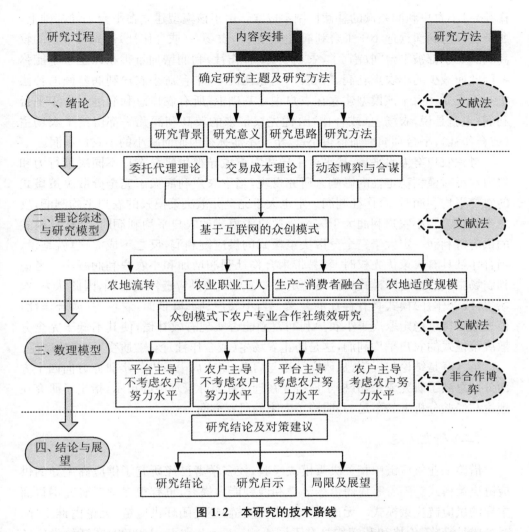

图 1.2 本研究的技术路线

第四章和第五章是在经典 Stackelberg(1934)双寡头模型基础上进行扩展,采用由 Charles(1996)提出,经 Buzna 等(2006)和 Undetwood(2009)发展的系统动力学中风险传递路径、特点、演化过程和表现形式,用以定量分析供应链中需求差异风险和交货风险沿决策节点传递时对决策节点成本的影响。在此基础上,又考虑了经 Cai 等(2010)和 Blackburn 与 Scudder 等(2009)扩展的考虑努力水平对需求函数的影响。

当不考虑农户努力水平时,从平台主导和农户主导视角研究农户不同决策行为对模型稳定性的影响。研究发现,农户(包括农场主、合作社和小农户)、平台和供应链利润受边际成本和合作规模影响,在农场主模式或合作社模式中,任何一种决策优先权在满足一定条件下都可以提高农场主、合作社、平台和供应链利润,唯独不具有优先权的小农户利润出现了下降趋势。在平台主导视角下,农场主(或合作社)对小农户利润差额的补偿机制不成立。由于该模型建立在平台主导基础上，所有农户总利润远远小于平台利润；也就是说，农场主(或合作社)优先权带来的较高利润几乎都被平台"收割"了，农场主(或合作社)利润增加量很小以至于不能弥补因此而减少的小农户利润。在农户主导视角下，平台对小农户利润差额的补偿机制不成立。由于该模型建立在农户主导基础上，所有农户总利润远远大于平台利润；也就是说，农场主(或合作社)优先权带来的较高利润几乎都留给了农场主(或合作社)，平台利润增加量很小，以至于不能弥补因此而减小的小农户利润。

考虑农户努力水平后，从平台主导和农户主导视角研究农户不同决策行为和努力水平对模型稳定性的影响。研究发现，当小农户利润大于完全分散决策模式的农户平均利润时，合作社利润一定也大于完全分散决策模式的农户平均利润，反之不成立。当小农户利润大于完全分散决策模式的农户平均利润时，合作社模式的供应链利润一定大于完全分散决策模式的供应链利润，反之不成立；也就是说，当合作社具有决策优先权时，较易带来合作社利润增加和小农户利润减小。考虑到农场主(或合作社)模式在满足一定条件下可以使供应链恢复协调，因此认为，农场主(或合作社)模式具有存在的意义。当小农户利润降低时，农场主(或合作社)模式能否持续稳定取决于小农户利润差额能否实现有效补偿，使其不低于完全分散决策模式的农户平均利润，这是防止农场主(或合作社)模式"质变"的有效途径。

第六章是结论与展望，从研究结论与启示、研究局限及进一步研究方向四个方面分别总结了研究成果，分析了该研究在理论和实际管理中的启示，指出了研究在理论和经验分析上的不足，并明确了未来的研究方向。

(二) 研究主题

借鉴工业供应链中相关决策模式经验，较多学者已经研究了供应商主导的供应链决策模式。随着零售商市场势力和谈判能力提升，也有很多学者研究零售商主导的供应链决策模式。无论是开放式供应链，还是闭环供应链；无论由谁主导，对各成员策略、价格和利润均具有不同影响。Ertek 和 Paul(2002)在开放供应链中通过研究供应商和零售商两种主导模式，发现供应商主导模式可以增加供应商利润降低零售商利润，零售商主导模式可以增加零售商利润降低供应商利润。Lau A 等(2007)验证了上述观点，即供应商和零售商都渴望组建由自己主导的供应链，在闭环供应链中也都得到了相似结论(赵晓敏等，2012；王玉燕和申亮，2014)。不同主导模式除了影响利润外，还会影响供应商和零售商价格策略，如Tyagi(2005)认为，如果零售商是价格策略领导者，均衡时零售商价格策略(绝对零售价格(Absolute Retail Price)、绝对零售利润率(Absolute Retail Margin)、绝对制造商价格(Absolute Manufacturer Price)、绝对制造商利润率(Absolute Manufacturer Margin)对供应商无影响，如果零售商是价格策略跟随者，均衡时零售商价格策略会对供应商价格策略产生影响。Wang 等(2013)的研究证明了这一结论,即不同主导模式决定了供应商和零售商最优价格策略。参考 Choi(1991)提出的研究结构,本书认为根据供应链节点中不同势力强度,可将供应链节点企业之间的博弈问题分为供应商主导的斯坦克尔伯格博弈、零售商主导的斯坦克尔伯格博弈和双方的纳什均衡博弈。

综上所述,关于供应商和零售商由谁主导的问题,学者从理论和经济学视角均提供了相对丰富的研究成果。但在新形势下,由农户主导的"互联网＋农业"众创模式的经济效益分析相对缺乏,而工业供应链中相关主导模式的研究成果为这一研究提供了有效的实现方式。在土地流转背景下,考虑农户努力成本和土地流转收益,这些具有时代特征和农产品特性的因素,从农户主导视角研究众创模式中农户与平台博弈结果对各参与主体及供应链效益的影响。本书的研究主题主要由四个模型组成,分别从两个维度:由谁主导①和是否考虑农户努力水平②组成的四分图展开,四个研究专题之间的关系如图 1.3 所示。

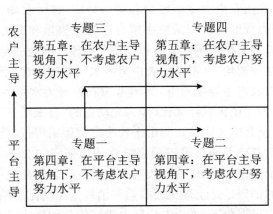

图 1.3　四个研究专题之间的关系

在四个专题对应的四个模型中:在平台主导视角不考虑农户努力水平的契约优化研究、在平台主导视角下考虑农户努力水平的契约优化研究、在农户主导视角下不考虑农户努力水平的契约优化研究、在农户主导视角下考虑农户努力水平的

---

① 经过考量后,本书采用"农户主导"一词,而不是"合作社主导"。由于合作社、农场主和小农户均属于农户的范畴,后文又对农户的异质性进行了细分,假设合作社和农场主具有异质性,小农户是同质的;虽然合作社较强的市场势力对"农户主导"模式具有积极的促进作用,但本书旨在研究平台和农户分别主导供应链的收益最大化问题:"平台主导"是指平台在双方的多阶段博弈过程中具有先动优势,平台根据所有农户的反映函数进行利润最大化决策;"农户主导"是指所有农户在双方的博弈过程中具有先动优势,农户根据平台的反映函数进行利润最大化决策;而如果采用"合作社主导"一词,农场主和小农户在所有农户及供应链中的决策顺序将会造成界定模糊。

② 在电商基础上构建的众创模式,当消费者收到产品后,对产品质量、价格、包装、物流等信息进行评分;农户努力水平是指与消费者评分相关的内容,一般认为,消费者评分越高,农户付出的努力就越多。

契约优化研究，当不考虑农户努力水平时，主要决策变量是期望销售量和土地流转收益；当考虑农户努力水平时，主要决策变量还增加了农户努力水平及其对需求函数和努力成本的影响。

专题一：平台主导视角下，不考虑农户努力水平的契约优化研究。专题一分布于第四章第一节，在平台主导视角下，当不考虑农户努力水平时，构建了农场主、合作社、小农户及平台以农户数量（或合作比例）、土地流转收益、风险成本和增产率等共同影响利润最大化的优化模型。先由农户决定销售量，其中，农场主（或合作社）根据小农户销售量的反应函数决定自己的销售量，然后由平台决定土地流转收益，销售量是土地流转收益的函数。

专题二：平台主导视角下，考虑农户努力水平的契约优化研究。专题二分布在第四章第二节，在平台主导视角下，当考虑农户努力水平时，最大化优化模型在专题一基础上增加了消费者评分（以此代表农户努力水平）和农户努力成本，并改造了需求函数形式。先由农户决定销售量和努力程度，其中农场主（或合作社）根据小农户销售量和努力程度的反应函数决策自己的销售量和努力程度，然后由平台决定土地流转收益，期望销售量和努力程度是土地流转收益的函数。

专题三：农户主导视角下，不考虑农户努力水平的契约优化研究。专题三分布在第五章第一节，在农户主导视角下，当不考虑农户努力水平时，最大化优化模型在专题一基础上增加了销售量浮动比，作为先动者的"有限增量"以反映其异质性，并在一定程度上控制其道德风险。先由平台决定期望销售量，然后由农场主（或合作社）在平均销售量基础上通过设置销售量浮动比来增加农场主（或合作社）销售量，小农户平分剩余销售量，土地流转收益由农场主或合作社唯一确定，农场主（或合作社）和小农户的销售量是土地流转收益和销售量浮动比的函数。

专题四：农户主导视角下，考虑农户努力水平的契约优化研究。专题四分布在第五章第二节，在农户主导视角下，当考虑农户努力水平时，最大化优化模型在专题二的基础上增加了销售量浮动比。先由平台决定期望销售量和土地流转收益，然后由农场主（或合作社）在平均销售量基础上通过设置销售量浮动比来增加农场主（或合作社）销售量，小农户平分剩余销售量。农场主（或合作社）根据小农户努力程度的反应函数决定自己的努力程度，期望销售量是努力程度和销售量浮动比的函数，通过对比五种决策模式的均衡解得出结论。

无论是否考虑努力成本，在平台主导视角下，农场主（或合作社）先动优势是通过对小农户的反应函数获得。在农户主导视角下，农场主（或合作社）先动优势是在期望销售量确定前提下，通过率先增加一定比例的销售量获得，当然这种行为结果可能会带来小农户销售量变化。由于在农户主导视角下假设销售量分别是土地流转收益和农户努力程度的函数，如果在总销售量不变或减小情况下，农场主（或合作社）率先增加销售量，必然会带来小农户销售量减小。如果在土地流转收益和农户努力程度作用下使总销售量增加，农场主（或合作社）率先增加销售量后小农户销售量也有增加的可能。

二、研究方法

本书采用的研究方法主要是文献分析法和非合作博弈理论。文献分析法在全文中均有体现,主要是通过对历史文献和学者的相关研究进行归纳、总结、分析和对比,或寻求本书研究的立足点,或体现本书研究价值,或支持本书研究结论。非合作博弈理论主要应用在文中第四章和第五章中的优化分析中,运用数理模型证明参与者不同决策组合的利润变动。

(一)文献分析法

文献分析法在研究中的应用主要从以下三点进行概括:① 从立足点视角:通过文献阅读和分析总结学者的研究成果、不足及未来的研究方向,发现现有农产品生产和供应模式不能很好契合农户和消费者需求,需求的不匹配必然带来一系列问题。具体包括农户面临的产销问题(边际成本高、种植收入低、种植结构失调、销路难、丰收不增收等)、农民工问题(失地、撂荒、留守人员、子女教育、社会福利等)等不确定性问题。同时,消费者对食品安全的担忧日益凸显,这一系列问题需要一种新型的供应模式去实现农户和消费者分布式融合。② 从理论基础视角:在明确研究的立足点后,通过搭建相关理论文献(包括农户竞争与合作、合作社及相关收益共享契约等理论)证明本书的研究具有坚实的理论基础,以彰显本书的研究价值。③ 从支持研究结论视角:在文献搜集、整理和归纳的基础上,发现本书得出的一些研究结论与现有的学者的结论是相符的,这些文献就是本研究的支撑,如除农场主(或合作社)决策模式外,集中决策模式优于分散决策模式,在农场主(或合作社)模式中,农场主(或合作社)优先权会有损小农户利益。当然还发现了一些新的结论,如在收益共享理论中除传统的成本共担和奖惩激励外,当考虑风险成本时适当比例的合作也可以实现供应链协调。

(二)非合作博弈理论

博弈论(Game Theory)[①]作为一种分析策略行为的标准研究工具,在产业组织

[①] 博弈论又称对策论(Game Theory)是研究具有合作或竞争性质现象的一个重要学科。近代博弈论始于策梅洛(Zermelo),波莱尔(Borel)及冯·诺依曼(Von Neumann),尤其在冯·诺依曼和摩根斯坦在1944年出版的《博弈论与经济行为》之后,博弈论得以飞速发展,先后经约翰·福布斯·纳什(John Forbes Nash Jr)、莱因哈德·泽尔腾(Reinhard Selten)和约翰·海萨尼(John C. Harsanyi)等人的推动下发展成为一门完整的方法论。

理论中的应用较为普遍,尤其是非合作博弈理论(Non-Cooperative Game Theory)①(Tirole,1988)。在传统产业组织理论发展过程中,寡头垄断模型在分析两个相互独立和竞争个体时形成了较为丰富的理论成果。然而,在双寡头垄断(Duopoly)②模型中,假设博弈双方地位对等且同时决策,如经典古诺(Cournot)模型和伯川德模型(Bertrand)假设的放宽一度成为研究产业组织理论领域的一个热点。理论上,通过多阶段博弈,我们可以跳出"古诺-伯川德悖论",能够找到子博弈完美均衡;而实际上,行业中两个厂商并不如上面所说的那么完美,博弈双方市场地位可能是不对等的,如在农场主和小农户组成的市场中,他们的市场势力和所掌握信息不同,决策顺序也有先后之分。斯坦克尔伯格模型与古诺和伯川德模型不同,它假设农场主考虑小农户如何做出反应,在农场主决策给定情况下,小农户先决定产量,然后农场主清楚小农户产量后再进行决策;即农场主清楚小农户的反应函数,且农场主可以实现该反应函数约束下的目标函数最优化。在本书的研究模型中,考虑到实际情况,平台和农户分两阶段进行目标函数的优化,在平台主导视角下,根据逆向求导优化方法,由农户先决策,平台根据农户的反应再决策。同理,在农户主导视角下,由平台先决策,农户根据平台的反应再决策。其中,还考虑了农户的异质性问题,如"农场主＋小农户""合作社＋农场主＋小农户""合作社＋小农户"这三种决策模式中,赋予农场主(或合作社)优先权,使其具有较小农户优先决策的权利。假设小农户是同质的,再次利用逆向求导的方法,农场主(或合作社)根据小农户的反应函数进行决策,这是一个完整的决策过程。

三、可能的创新点

本书围绕农户和消费者分布式融合的话题,首先构建了农产品生产和流通的众创模式。然后结合实际情况,将风险成本和农户努力程度引入模型,分类讨论并证明了"农场主＋小农户""合作社＋农场主＋小农户""合作社＋小农户"决策模式下的契约优化。本书在以下几个方面存在创新。

(一)理论上的创新

这主要包括众创模式构建和风险成本度量。

(1)构建了"互联网＋农业"的众创模式,作为理论模型主要应用在第三章,为数理模型展开做铺垫。通常,农地经营权归农户或通过契约租赁农地的承租人所

---

① 博弈论分为合作博弈和非合作博弈,二者的主要区别是参与者(Player)能否达成一个具有约束力的协议(Binding Agreement),约翰·纳什分别在1950年和1951年发表的《n人博弈中的均衡点》和《非合作博弈》两篇论文介绍了合作博弈和非合作博弈的区别,定义了纳什均衡,证明了在有限次博弈中纳什均衡的存在性。

② 双头垄断又称为双边垄断,是寡头垄断的一种形式,当一个厂商调整其产量或价格后,必定会影响对手的反应,反过来又会影响先调整的厂商。

有,只能将农地经营效用局限在一定范围内。但是借助网络平台,可以实现虚拟农地经营权有效流转,建立以农地为纽带的农户和消费者合作制。农户将农地经营权通过平台转移给消费者,消费者在平台上获得农地名义经营权。农户代替消费者管理农地[①],并按照订单组织生产完成交货。农地流转收益由平台支付给农户,消费者向平台支付最终交付的产品金额,平台将产品收益的一定比例分配给农户。这种农地效用共享的方式颠覆了传统农地经营权和农户身份定性的局限。

（2）对风险成本的度量。作为数理模型的重要影响因素,主要应用在四个研究专题中。不同专题之间,风险传递路径因决策模式的不同而不同,进而风险成本也不同。本书所定义的风险仅限于需求信息变动带来的风险,如市场价格波动、突发事件、自然环境和技术进步等因素对需求量的影响,这些需求信号变化会给供应链节点带来一定的成本。针对信息流从需求方到供应方传递的变异和放大问题[②],根据传递渠道的数量和接收方是否进行信息共享,对风险成本进行了定量化处理,主要用来区分传递渠道和节点结构的差异,及所带来的风险成本的差异。

（二）研究对象上的创新

主要包括对农户性质划分和农户道德风险控制。

（1）农户异质性及其关联效应。将农户分为合作社、农场主和小农户是为体现不同决策模式中农户决策顺序以及由此引发的关联效应。假设合作社和农场主具有决策优先权,其中,合作社内部成员之间可以进行信息共享,而小农户之间则无信息共享。由此导致不同主导模式的风险传递路径和风险成本的差异（图1.4）。

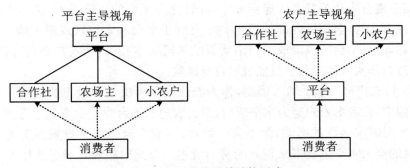

图1.4　风险传递的结构形式

---

①　委托代理理论的应用主要在第三章,用于界定消费者和农户之间基于虚拟农地建立的委托代理关系;当农户成为消费者的代理人后,同企业治理一样,道德风险或机会主义行为则成为农户（代理人）管理的重要内容;因此,在后文设置了"有限增量",用于控制异质性农户利用决策优势无限增加利润的可能性。

②　根据"牛鞭效应"（Bullwhip Effect）的相关理论,针对信息流从需求方到供应方传递的变异和放大问题;本书在此基础上,根据传递渠道的数量和接收方是否进行信息共享,对风险成本进行了定义,主要用来区分传递渠道和节点性质的差异以及所带来的风险成本的差异。

当平台主导供应链时，小农户彼此之间无信息共享，将会带来小农户自身的风险成本增加以及下游信息接收者（平台）风险成本的增加。合作社成员之间有信息共享，会带来合作社内部风险成本降低，及下游信息接收者（平台）风险成本的降低。

（2）通过设置"有限增量"对代理人实施道德风险控制。作为农场主和合作社决策的辅助参数主要应用在专题三和专题四中，用于表示农户主导供应链时，异质性农户的优先权。农户和平台之间基于农地股权或租金所形成的委托代理关系，必然导致农户道德风险或机会主义行为的发生。对于这一问题的控制，一直以来都是企业治理的重要话题。在传统 Shapely 值及其修正的研究成果基础上，并基于有限增量公式，用某个固定的增量表示任意区间的长度。在供应链的不同主导视角下，农户异质性的体现方式不同：当农户主导供应链时，由平台决定市场容量。然后由农户进行销售量分配，假设农场主和合作社在绝对平均销售量基础上和产量范围内确定其销售量，剩余销售量在小农户之间进行平均分配。这种限定范围的"特权"可以有效控制农场主和合作社的道德风险或机会主义行为的发生。

（三）数理模型上的创新

主要是新增了风险成本、农户努力水平和农地流转收益等影响因素和决策变量。

（1）将风险成本纳入模型，作为模型的重要影响因素用以分析决策模式变化带来的成本差异，及对供应链各成员收益和供应链协调的影响。在专题一和专题二中，信息流首先从消费者传递到平台，并转化为平台的风险成本，然后再传递到小农户或合作社，合作社内部的信息共享有利于平台和合作社规避风险。在专题三和专题四中，平台的风险成本与消费者的风险成本相关，与农户是否合作无关。农户通过合作实现信息共享只能规避自身风险。

（2）将农户努力水平纳入模型，作为农户的重要决策变量主要应用在专题二和专题四中，在考虑农户努力水平前后，对比农户和平台收益的变化。考虑了农户努力水平对需求函数的影响，为不失一般性，为农户努力水平设置了努力成本函数，较高的努力水平也会带来较高的努力成本。以此限制农户通过无限努力来增加收益的可能，理性农户需要在增加销售量和努力成本之间权衡。

（3）将农地流转收益纳入模型，在四个研究专题中均作为农户和平台的重要决策变量。目前，农地流转的形式主要包括农地经营权入股和农地转包两种形式，获得的收益称为分红和租金。虽然二者的性质和内涵不同，但对农户来说，二者均作为收入，故本书将其统一称为农地流转收益。为了模拟现实中平台和农户的决策能力，当平台主导供应链时，由平台确定农地流转收益；当农户主导供应链时，由农户确定农地流转收益；不管由谁主导供应链，农地流转收益都是农户与平台决策的关联变量。

（四）数值算例上的创新

主要是通过参数赋值，直观地呈现了农户数量对农地流转收益、农户努力水平、参与者收益和供应链协调的影响，揭示了农户合作比例和竞争程度的作用机理。发现考虑农户努力水平后，异质性农户的优先权在一定条件下可提高小农户收益。在分散式供应链中，农户合作存在边界，只有适度规模的合作才可以实现供应链协调，这与传统的成本分担和奖惩激励机制不同。本书在理论上丰富了相关领域的研究，在实践上对农户管理和平台运营具有重要的指导意义。

第二章　理论基础与文献评述

在交易费用理论、委托代理理论和博弈理论基础上，通过分析农户和合作社相关研究成果，收益共享契约在农产品供应链中的应用，及农产品"F2F"模式和农地经营权流转等相关问题与现状，总结了现有研究的不足，并提出了改进方案，为后文内容的展开做铺垫。

第一节　理 论 基 础

本书首先回顾了交易费用理论、委托代理理论和博弈理论，其次简要归纳了这三个理论在农户或合作社等相关领域的应用，在博弈理论中重点介绍了动态博弈理论及其持续均衡的措施。

一、委托代理理论

委托代理理论（Principal-agent Theory）起源于 20 世纪 70 年代，是契约理论的重要拓展，在研究信息不对称和激励问题过程中发展了委托代理理论（Ross，1973；Holmstrom，1986；Hart，1995）。委托代理理论主要研究在利益冲突和非对称信息下如何对代理人实施有效激励，该理论应用领域主要有会计、产业组织、金融及市场学。现从以下三个方面介绍委托代理理论。

（一）委托代理关系的产生

由于信息的非对称性，使得一方的市场参与者具有信息相对优势（代理人）而另一方处于信息相对劣势（委托人）地位；除此之外，独立决策、追求自身效用最大化是二者之间委托代理关系成立的前提。由于委托人处于信息劣势地位，无法根据结果直接判断代理人的努力程度，但代理人的行为结果会直接影响委托人的利益；甚至在某些情况下，二者之间的利益是冲突的。因此，建立二者之间风险共担约束是十分必要的（Ross，1977）。

（二）委托代理理论模型

委托代理理论经过 30 多年发展，众多学者对委托代理的基本模型进行扩展，丰富了委托代理的研究基础。基本模型的研究结论认为：在对称信息下存在帕累托最优（Ross，1977），而非对称信息下需要满足代理人的参与约束和激励相容约束（Holmstrom，1979；Hart，1995）。拓展的委托代理模型通过重复博弈发现委托人和代理人的长期契约关系可以提高激励效率。但后来发展的声誉模型发现委托人和代理人的长期契约关系即使在缺乏积极的激励措施情况下，代理人仍然会努力工作。效应模型认为代理人越是努力，委托人对其预期就会越高，这种"棘轮效应"会削弱激励的作用机制（Holmstrom，Ricart Costa，1986）。后来的扩展研究关注了单个代理人多个任务的激励约束、多个代理人的团队监督、基于预算平衡的团队激励（Holmstrom，1979）、代理人的道德风险和逆向选择、委托人的道德风险等。

（三）委托代理产生的问题

不完备和非对称信息、环境不确定性、不完全契约以及有限理性是产生委托代理问题的缘由，主要表现为道德风险和逆向选择会增加代理成本（Jensen 和 Meckling，1976）。新制度经济学认为，解决委托代理问题的关键是对代理人实施有效的监督和激励措施。

关于合作社中委托代理问题的最早研究主要是关注合作社成员关系和由谁受益的问题，在合作社中实施有效控制可以防止委托人和代理人的利益冲突及代理成本上升问题（Cook，1995）。合作社内部的委托代理关系可以根据合作社所有者身份不同，即委托人性质不同，将委托代理关系主要分为三类：基于外部投资者的委托代理关系、基于普通社员的委托代理关系和基于合作社自身的委托代理关系（马彦丽，孟彩英，2008；谭智心，孔祥智，2011）。Levin 和 Jonathan（2003）通过设计自我执行的合同关系（Self-Enforced Relational Contracts），研究委托人对代理人补偿和激励措施，发现不管成本如何变化都不能避免代理人道德风险的发生，即代理人的最优决策是提供低效的工作。

二、交易费用理论

交易费用理论（Transaction Costs Theory）也叫交易成本理论，由科斯（Coase）首次提出交易费用概念，后经威廉姆森（Williamson）发展成为理论体系。科斯在《论企业的性质》（1937）一文中，首次将交易费用引入企业经济分析，认为企业代替市场价格机制而存在，源于交易费用的动因，使交易费用小于管理成本；并在《社会成本问题》(1960)中,根据交易活动对交易费用做了明确的界定①。科斯认为,交易成本是真实存在的,当考虑了交易成本后,政策和制度无疑成为组织(或治理结构)正常运行的协调机制;也就是说,交易费用大小对企业边界起到决定性作用。威廉姆森(1975、1985、1996)从资产专用性、交易不确定性和交易频率三个方面重新界定了交易费用的分析方法,于 1985 年在《资本主义经济制度》中将交易费用进一步分类为:事前交易费用和事后交易费用,并认为交易费用产生原因是人和交易环境共同影响下的市场失灵。虽然二者对交易费用的分类标准不同,但其内容具有相似性②。交易费用理论的核心思想主要是通过整合资源,形成类似于企业的组织层级关系,可以节约在市场中的交易(交换)成本。自 20 世纪 70 年代以来,交易费用理论获得广泛关注和研究,逐渐发展为新制度经济学的重要理论之一。

在交易费用理论基础上,新制度经济学注重研究不同产权制度和委托代理问题在资源配置效率上的差异(杨小凯,2003),因而产生了多种组织形式,主要分为正式组织和非正式组织,以及近年来又发展的介于正式组织和非正式组织之间的弱组织。一般研究认为,非正式组织的产生是一种必然现象,且正式组织中也会存在非组织行为。根据 Williamson 对交易费用理论的解释,近年来有学者认为,可以用交易费用理论分析农户和农民专业合作社(或合作社)的相关活动,如从农户(合作社)认知、交易成本、资源禀赋、资产专用性和不确定性等方面分析农户(合作社)行为,并认为降低交易费用是农民专业合作社成立的动力之一(韦克游,2013;罗必良等,2012;李孔岳,2009)。杨明洪(2002)认为农业产业化经营组织形式中"公司＋农户"就是源于交易费用理论的过渡性组织。张菁菁等(2018)从内生性交易费用和外生性交易费用探讨了交易费用如何影响农地转入方、转出方的决策行为。Zaheer 和 Venkatraman(1995)通过引入信任关系变量,证明了资产专用性和不确定性能够很好地解释合作社模式优于传统的治理形式,并指出治理结构和治理过程是相互关联的。

三、动态博弈与默契合谋

博弈论可以使经济学者将经济环境"翻译"为确切的决策理论,根据博弈参与人的行为是否有先后顺序,将非合作博弈分为静态博弈和动态博弈。动态博弈(Dynamic Game)也称两阶段博弈或多阶段博弈,是指后行动者可以观察到先行动者的策略,并根据先行动者的策略做出有利于自身"支付"函数最优化的反应。虽然在价格扰动下的经典动态博弈模型较为复杂,但它是研究默契合谋最有效的方法,使我们对决策模型的优劣做出定量评估。在多阶段博弈中,斯坦克尔伯格模

---

① 荣兆梓,1995.企业性质研究的两个层面:科斯的企业理论与马克思的企业理论[J].经济研究,(5):21-28.

② 丁栋虹,2000.论企业性质的异质型人力资本模式:兼论科斯交易费用模式的内在悖论性[J].财经研究,(5):3-8.

型是较为经典的,并存在多种扩展形式[1],如果合谋是基于契约而存在的,则合谋存在子博弈精炼纳什均衡(A Subgame Perfect Nash Equilibrium,SPE)。如果将决策参与人进行一次相遇时的纳什均衡看作一种触发策略(Trigger Strategies)[2],当参与人进行第二次(或多次)相遇时,若背叛的收益小于合谋的收益,即决策双方不存在任何增加收益的决策,则合谋就是唯一的纳什均衡(Nash Equilibrium,NE)。在理性人假设前提下,均衡是稳定的,背叛策略和背叛行为就不存在。

例如,在一个由 n 个厂商构成的博弈中,假设行业影响力决定其决策顺序,从以下三个情景分析决策顺序对决策行为和决策结果的影响:

决策情景 A:若厂商 1 具有先动优势,由厂商 1 先决策,其余 $n-1$ 个厂商后决策,若该博弈存在唯一纳什均衡解,且厂商 1 利润为 π_{F1},其余 $n-1$ 个厂商的总利润为 π_{B1},则该阶段的总利润为 $\pi_{F1}+\pi_{B1}$。

决策情景 B:若其余 $n-1$ 个厂商均采取合作策略,且合作后的行业影响力较厂商 1 强,则由 $n-1$ 个厂商组成的合作团体具有先动优势,且其利润为 π_{B2},厂商 1 利润为 π_{F2},该阶段的总利润为 $\pi_{F2}+\pi_{B2}$。

决策情景 C:若 n 个厂商都采取合作策略,设该阶段利润为 π_3。

在不考虑其他条件情况下,n 个厂商都面临三种选择:

① 对厂商 1 来说,根据动态博弈先动优势,通常会存在 $\pi_{F1} \geqslant \pi_{F2}$ 的情况;因此,对厂商 1 来说,$n-1$ 个厂商合作是一种威胁;此时,厂商 1 的三种选择变成了两种:当 $\pi_{F1} \geqslant \pi_3/n$ 时,厂商 1 会设法破坏 $n-1$ 个厂商的合作,以使其解散;当 $\pi_{F1} < \pi_3/n$ 时,厂商 1 会与 $n-1$ 个厂商合作。

② 对 $n-1$ 个厂商来说,根据先动优势原理,通常有 $\pi_{B2} \geqslant \pi_{B1}$;因此,$n-1$ 个厂商也面临两个选择:当 $\pi_{B2} \geqslant (n-1)\pi_3/n$ 时,$n-1$ 个厂商选择合作,当 $\pi_{B2} < (n-1)\pi_3/n$,$n-1$ 个厂商选择与厂商 1 合作。

③ 在 A、B、C 三种决策情景中,厂商 1 和 $n-1$ 个厂商的策略选择组合有四个,只有当 $\pi_{F1} < \pi_3/n$ 和 $\pi_{B2} < (n-1)\pi_3/n$ 同时成立时,厂商 1 与 $n-1$ 个厂商的合谋具有稳定性。在其他三种策略组合中,如果三种决策情景中的总利润存在 $\pi_{F1}+\pi_{B1} \leqslant \pi_{F2}+\pi_{B2}$,$\pi_3$,则表示部分或全部合谋可以提高厂商总利润。当厂商 1 和 $n-1$ 个厂商在最优策略选择上出现分歧时,若增加的总利润可以对次优选择方实施有效利润差额补偿,使其利润不低于最优选择,则认为合谋也是稳定的,当然这种利润差额补偿只适用于 n 个厂商追求共赢的局面。如当 $\pi_{F1} \geqslant \pi_3/n$ 和 π_{B2}

---

① 斯坦科尔伯格模型的扩展形式有很多,根据竞争变量的不同,主要包括价格竞争、数量竞争、产品质量、渠道、努力程度、营销水平、投资和研发等方面,其中价格竞争和数量竞争是较为成熟的竞争策略变量,在格林-波特模型中有对价格竞争的讨论(Green,Porter,1984),关于数量竞争详见 Stigler(1964)。

② 触发策略是指当参与方 1 采取背叛行为时,参与方 2 也采取背叛行为且永远放弃合作策略,在博弈论中,触发策略被称为是对背叛者最严厉的惩罚策略,如果参与方 1 知道参与方 2 采取触发策略,那么参与方 1 绝不会采取背叛行为,详见 Friedman(1971)和 Tirole(1988),否则,合谋将难以为继。

$\geqslant (n-1)\pi_3/n$ 同时成立时，则表示厂商 1 的最优选择策略是情景 A，$n-1$ 个厂商的最优选择策略是情景 B，双方存在选择分歧。如果 $\Delta\pi_1-(\pi_{F1}-\pi_{F2})\geqslant 0$，$\Delta\pi_1=\pi_{F2}+\pi_{B2}-(\pi_{F1}+\pi_{B1})$，则意味着在决策情景 B 中，由于 $n-1$ 个厂商合作所创造的更多利润可以对厂商 1 实施利润差额补偿使其能够达到厂商 1 的最优策略所实现的利润，以此可以推广到剩余两种组合策略中。然而这种在整体最优前提下，对次优决策方进行利润差额补偿的措施并不适用于所有类型的厂商，需要具备相关行业规制和部门监管，并赋予先动者一种社会责任和共赢义务时才能保证这种利润差额补偿措施和合谋的稳定性成立。

第二节　农户竞争与合作的相关研究

分散农户的自主经营通常处于"小农户"[①]和"大市场"无法对接的尴尬境地，导致农户面临谈判的弱势地位以及更多的不确定性。在农户不断探索过程中形成了多种经营模式并存局面。近年来，农民专业合作社发展，为农户生产和销售提供了信息、技术和管理等方面的支持，在带动农户增收方面具有重要作用。

一、农户经营模式

对世界大多数国家来说，农产品的主要生产者是"小而散"的农户，这一传统经营模式也是农业转向批量化和产业化发展的重要制约因素。大型超市和连锁经营催生了"农超对接"，但"农超对接"过程中分散农户处于谈判弱势地位，这种模式有损农户利益（Federico，et al，2011；Michelson，et al，2010；Iannarelli，2012；凌六一等，2013）。农户合作的组织形式主要依托于农民专业合作社、涉农企业和农业社会企业（或组织）等多种形式，基于契约的农户横向合作的利益分配机制，形成"公司＋农户""市场＋农户""中介＋农户"（范小健，1999；郑新立，2008；党国英，2009）。尤其是近年来互联网技术应用的进一步深化，为"平台＋农户"和"网红＋农户"等多种农业产业化经营模式发展提供了技术支持，加强了农户在供应链中的作用及其稳定性，农户逐渐融入现代化经营模式，并形成一体化发展趋势。

二、农户合作研究现状

建立在合作契约基础上的农户横向合作存在最优契约（Eilers，Hanf，1999）。在合作社形成过程中，农户合作关系具有在约束前提下的稳定性（Maruta，Okada，2015；章德宾等，2017）。农户合作模型通常是基于合作风险或契约风险的，而静态

---

① 对于"小农户"的概念，前文已做解释，是指传统农业作业模式中，规模较小，市场势力和行业影响力较小的农民，与文中"未参与合作的农户统称为小农户"不同。

博弈下的收益共享利益分配机制则更有利于"公司＋农户"经营模式的契约稳定性（涂国平，冷碧滨，2010；Mérel等，2015）。基于纳什均衡的农户一对一谈判和一对多谈判均证明农户联合的必要性，农户联合可以将"小而散"的生产与"大而全"的市场相对接，增强了农户谈判能力，提高了农户谈判顺序，从而可以分得较多市场利润（邵腾伟等，2012）。农户经营模式从"小而分散"到"大而集中"的过渡对农户来说是一次重要改变。农户通过加入合作社可以降低不确定性带来的风险成本，在理论和实践中均证明了合作社对提高农户收益具有重要作用。

第三节　合作社的相关研究

关于新古典经济学对合作社理论定义和正式研究主要以 Emelianoff 和 Enke 为代表，前者将合作社定义为：以农场主为代表的垂直整合或农场的纵向延伸；后者认为：合作社实际上是归投资人所有的企业形式，而合作社管理也符合企业性质的委托代理规律，这是关于农民专业合作社最早的理论研究。随着科斯经济理论诞生，尤其是交易成本理论和委托代理理论的发展，关于合作社经济学分析开始从理论模型转移到关注合作社内部制度建设上。以 Cook 为代表的"后科斯经济学派"开始从契约与合作视角研究合作社经济行为，后来逐渐发展为从博弈理论视角分析合作社成员策略组合对目标效益的影响。

一、合作社成立动机

科斯理论的发展为合作社研究提供了新的视角，关于农民专业合作社成立动机，较为主流的思想认为降低交易费用是农民专业合作社成立的原动力，农民专业合作社是农户合作的雏形。Robotka 早在 1957 年就提出了农户生产合作社理论，即"竞争标尺"理论，该理论认为农户通过合作可以提高生产效率，并在市场竞争中获得较高收入。Hendrikse 和 Veerman（2001a，b）通过用交易费用理论对比农产品生产和加工阶段资产专用性分析，发现资产专用性越高，交易费用就越高，合作社成立的可能性就越大。类似地，从资产专用性角度分析，Royer（1995）与 Caves 和 Petersen（1986）研究都得到了证明，由于农户在生产和作业过程中对自然条件、专业技术和机械具有较高的依赖性和资产专用性，而成立合作社可以有效避免竞争对手的机会主义，降低资产专用性和交易费用。Sexton（1986a）通过运用博弈论分析单个农户决策行为，发现提高农户收益是促使其加入合作社的有效激励，如果合作社能够降低不确定性和规避风险成本的话，这一结论是合理的。

以交易成本理论为代表的科斯经济学认为合作社存在的主要动因是节约交易成本（Levay，1983；Staatz，1987），在一些资产专用性和交易成本较高的行业越容易出现合作社，如农业和畜牧业（Caves，Petersen，1986）。农户内化于合作社之中可以有效降低由较高资产专用性带来的较高交易成本，使得社员享受规模效益，并有效增强行业影响力、降低不确定性风险，有利于合作社收益稳定性和契约稳定性（Royer，1995；Fulton，Murray，1995）。以农户合作为代表的博弈论认为，合作社是由农场主或小农户发起为增加收益的团体行为（Khanna，et al，1983），但在保证合作社成员收益的同时，应兼顾公平与效率，这是合作社稳定的必要条件（国鲁来，2001；Sexton，1986b），也是检验合作社发展健康与否的试金石（张晓山，2009）。Fulton 和 Murray（1995）以及 Bijman 和 Hendrikse（2003）的研究均证明了合作社对由不确定性和风险等引发的交易费用节约。Mcdermott 等（2009）认为孤立合作社相比于孤立生产者具有与任何或许多组织（机构）联系的能力，可获得更多的知识和资源，并提升其产品品质，即农户加入合作社可使其产品融入现代化供应模式，这是增加农户利润的基础。

虽然合作社有利于成员增收，对农户具有实际带动效益，同时也存在众多问题（潘劲，2011）。单纯合作社模式发展受资金约束，"龙头企业＋合作社＋农户"发展模式虽然可以克服这一缺陷，但仍然陷入两难困境：合作社和农户面临龙头企业价格压制，而龙头企业则无法制约合作社和农户的机会主义（周立群，曹利群，2001）。农村产业融合模式为农地适度规模提供了生存空间，众创模式是农村产业融合的具体化，是实现供需双方需求对接和农地适度规模的有效转型，具有广阔的研究空间。

二、合作社内部治理

基于契约的合作社理论，以 Cook 为代表的主流思想认为，合作社是类似于投资人所有的企业制，必然会给合作社管理带来委托代理问题，对这个问题的研究已逐渐形成了合作社契约理论的一个分支。Fama（1980）认为委托代理问题是一个契约集合，在这个集合内由代理人代为实现经济目标。随着合作社规模扩大，委托代理关系也相应产生。在实际的合作社管理中，合作社所有权和最终决策权归全体成员所有，合作社所有者作为委托人，代理人享有管理权，视不同情况，代理人身份也不尽相同。有的代理人是合作社外部职业经理人，有的代理人是合作社大股东或主要成员。关于合作社表决方式，与股份制企业决策方式相似，大多是"一人一票"制。但是也有学者认为合作社中委托代理问题与股份制企业不完全相同，Eilers 和 Hanf（1999）提出合作社中可能存在双重委托代理关系。马彦丽和孟彩英（2008）结合我国实际，具体分析了基于少数核心成员的双重委托代理关系。实际上，当合作社中的核心成员管理合作社时，核心成员作为委托人同时又是代理人与其他非核心成员之间形成了双重委托代理关系：包括全体成员与代理人的委托代理关系和其他非核心成员与代理人的委托代理关系。在这种关系中，较易形成核心成员与非核心成员信息不对称、决策目标不一致以及监管上的乏力，从而导致机会主义倾向发生。

三、合作社成员异质性研究

随着合作社成员分化,关于合作社成员异质性(Heterogeneous)假设逐渐受到关注,而博弈理论为合作社成员异质性研究提供了有效范式[①]。根据博弈对象不同,将合作成员异质性分为合作社成员内部之间竞争,及合作社成员与外界组织之间的决策行为。Sexton(1986a)通过运用博弈论分析合作社内部单个农户决策行为,发现提高农户收益是促使其加入合作社的有效激励。Drivas 和 Giannakas(2010)通过建立异质性消费者合作社博弈模型,分析了合作社对产品质量提升、产品定价和相关群体福利的影响。在双重垄断背景下,开放会员式的消费者合作社与公司之间在横向差异化产品市场上竞争,结果表明,基于会员福利最大化的合作社参与创新活动,可以改变产品性质差异化和市场结构,通过增加创新活动和降低产品价格来提高产品质量和福利水平。

总之,交易成本理论、委托代理理论和博弈理论能够对合作社理论、合作社内部成员,及合作社与外部组织之间竞争与合作做出科学解释。无论是将合作社看作“企业”还是“契约”,抑或是“追求自身目标函数最大化博弈”,只不过是从不同角度对合作社成员行为展开研究,任何形式和视角的研究都具有启发意义。

第四节　收益共享契约的相关研究

收益共享契约模型是研究供应链协调的有效途径,主要研究生产商、分销商和零售商之间的契约关系,较多应用在工业品供应链中(Gérard,2003),更多拓展研究考虑了不同契约内容(Tsao,Sheen,2012;Yina,et al,2012)。随着农产品供应链发展和供应模式创新,学者将收益共享契约模型用来研究农产品供应中生产者、分销商和零售商之间的契约关系。收益共享契约模型无论是在工业品供应链,还是在农产品供应链中的研究结论具有相似性或部分通用性。

一、收益共享契约理论

收益共享契约在供应链管理中的应用较为常见,其基本含义是供应商以低于其成本(C)的批发价格(W)为零售商提供产品,然后由零售商返回一定比例(1−φ)的销售收入用以弥补供应商损失,这种集中决策效益较分散决策高。收益共享契约应用通常是为实现两大目标:一是实现决策主体的纳什均衡,即在收益共享契约约束下,保证供应链中每个决策节点企业都能实现自身目标函数最优化;二是在

[①] 相关新型经营主体与小农户的创新投资内容在《管理工程学报》审稿中。

第一条(每个决策节点企业自身目标函数最优化)基础上实现供应链协调(Ilaria,Pierpaolo,2004)。收益共享契约通常有收益共享和成本共担两种基本模型,当零售商分担供应商部分营销费用时,可以实现供应链协调(Kunter,2012),零售商参与产品设计,并分担成本可以提高供应链效益(Bhattacharya,et al,2014)。收益共享契约拓展模型在很多领域均有应用,但基本可以得出一致结论:双方合作可以实现供应链协调,通常被定义为最优策略(杨哲,2015;刘娟娟,张甜甜,2017)。

二、收益共享契约理论在供应链中的应用

收益共享契约理论除了在工业供应链中应用外,也有较多的学者研究收益共享契约对农产品供应链协调的影响。赵霞等(2009)在考虑农产品产出和需求双重不确定且呈均匀分布条件下,研究收益共享契约对两级供应链协调的影响,表明收益分配比率随产出增加而增加,在一定范围内可使最优利润在零售商和供应商之间分配,并能实现供应链协调。孙玉玲等(2015)考虑了农产品流通损耗和新鲜度以及供应链节点企业公平关切度对供应链协调影响,研究表明:当节点企业考虑公平关切时,收益共享契约在一定条件下能够实现供应链协调。陈军等(2016)以涉农龙头企业为研究对象,研究其与零售商之间基于政府补贴的两级供应链收益共享契约,通过博弈优化,发现政府补贴对供应链成员利益和社会福利具有很大提升作用;同时,成本共担的收益共享契约可以实现供应链协调,张晓林和李广(2014)研究了农产品新鲜度和风险规避系数对由合作社与超市组成的两级供应链协调的影响,运用 Stackelberg 博弈分析了合作社和超市的优化策略,研究表明,农产品新鲜度和收益分配比例与批发价格具有正向影响,合理的收益共享契约参数,可以实现供应链协调。林略等(2010)在价格内生假设下,考虑了实体损耗和产品新鲜度在农产品三级供应链中对决策节点利润的影响和基于收益共享契约的节点利润分配,验证了收益共享契约两大目标:各自目标函数最优化和供应链协调,即所有决策参与者共赢。He 和 Zhang(2008)研究了随机产出(Random Yield)对供应链节点企业生产决策和绩效影响,发现风险共担契约可以提高供应链性能,降低双边际效应。Lin 等(2010)通过对比成本(库存过剩和不足)共担契约和收益共享契约,发现供应商与零售商分担成本可以对零售商起到激励作用而得以获得最佳订单,虽然成本共担可以使供应链协调,但双方利润随成本和收益分担比例的不同而不同。

第五节　农产品流通模式的相关研究

农产品自身特点引发了很多现实性问题,如易腐性带来价值损耗和实体损耗(Asadi,Hosseini,2014)。生长周期及季节性带来库存、滞销或缺货问题,进而引发

价格跌宕，以及给农户造成价值实现风险。地域分割、政府引导、供求信息失真等造成的供给与分配不均衡，信息不对称带来食品安全等一系列问题。然而，传统模式下研究关注点主要集中于不确定性、损耗控制、库存管理、物流配送、定价及渠道等领域，在"互联网＋"背景下，较多学者研究"F2F"、众筹与预售、可视农业及"农超对接"等经营模式。

一、农产品传统流通模式

相关研究发现农产品从农户到消费者流动过程中存在很多问题，主要表现为：农产品市场价格波动较大，农户面临生产、销售及库存风险；市场需求信息失真，区域分割严重，供给分配不均衡；较多中间环节，流通损耗严重（但斌，陈军，2008；肖勇波等，2008；孙春华，2013）；信息不对称，"劣马驱逐良马"，食品安全事件频发。这些问题导致农户和消费者逐渐走向两个极端：农户种出来的好产品卖不了好价钱，甚至滞销；消费者高价买回来的农产品不能保证其是否符合食品卫生标准。

在我国农产品生产和销售渠道中，逐渐形成两种典型供应模式：自产自销和"农超对接"。关于农产品不确定性研究主要包括：天气不确定性（Chen，Yano，2010）、供给不确定性及质量不确定性（Blackburn，Scudder，2009；但斌等，2013），通过影响需求进而影响预期利润。生鲜农产品易变质及易腐性带来的损耗问题，包括实体损耗和价值损耗，或数量损耗和质量损耗（Cai，et al，2010），市场需求对销售价格和产品新鲜度较敏感（Cai，et al，2013；林略，2011），通过建立了基于损耗的最优库存策略（Dye，Hsieh，2012）对降低损耗和提高利润具有重要意义。

基于互联网的农产品供应链管理是一种优化内部成本和生产的管理方法，是电子商务技术的一种应用（Zhang，Li，2012）。关于生鲜农产品相关研究，较多学者关注其定价问题（通常是动态定价），主要是借助射频识别技术（RFID）（Salin，Rodolfo，2003；Gogou，Katsaros，2015），RFID可以促进对时间敏感产品的监测和控制（Chanded，et al，2005），减少信息失真及其放大（Dai，Tseng，2012），根据实时传递的信息确定最优定价策略和最优订货量（Tijun，et al，2014；Grunow，Piramuthu，2013），有利于零售商提高销售量和销售利润（李琳，范体军，2015）。同时，学者还发现在"公司＋合作社＋农户"模式中，政府实施补贴措施可以激发农户积极性，并对产品质量提高和农户盈利具有促进作用（熊峰等，2015）；除此之外，地域分割会增加流通成本（Fan，Wei，2006），不利于市场一体化及地区间协同（程艳，叶徵，2013；陈宇峰，叶志鹏，2014）。

有学者发现企业对农产品质量安全控制是在自身利润最大化基础上的被动行为，通常出于食品安全条例压力，或各国政府、公司和国际贸易机构的强制措施（Henson，Heasman，1998；Caswell，1998）。Hsieh和Liu（2010）研究了供应商和制造商在四种非合作博弈中质量投资和监督策略，在四种博弈模型中都对次品设置单位惩罚成本，发现相关监督信息影响双方均衡策略和利润。Baiman等（2000）研究了产品质量、质量成本和信息之间的关系，当卖方承担预防成本（降低销售有缺陷产品的可能性），买方承担鉴定产品质量成本时，如果双方通过契约共享信息后，可以降低双方的预防成本，并提高产品质量。Zhu 等（2007）研究了外包模式中产品质量控制，买方和卖方都承担与质量有关费用（客户商誉和市场份额损失等），且都有动力投资于质量改进工作，认为由于道德风险存在，使买方不能将质量改进责任完全交给卖方，买方干预质量控制对双方和整个供应链利润产生重大影响。

二、农产品"F2F"经营模式

随着互联网技术发展，农产品"F2F"供应模式逐渐兴起，"F2F"是指从田间地头配送至消费者的生鲜农产品销售模式，其目的是缩减中间环节，对由信息不对称导致的食品安全问题具有一定缓解作用（邵腾伟和吕秀梅，2016；Hoffman，et al，2012）。农户借助平台发起众筹和预售的相关项目，将碎片化分散的消费者聚合为类似于现实的团购模式，然后由生产者按照订购量组织生产，最后通过物流配送一次送达预购消费者手中（Belleflamme，et al，2014）。

现有农产品"F2F"模式主要以众筹和预售模式存在，它倡导了一种全新的农产品消费模式，并且是以实物作为回报的运营模式，其受消费者感知价值和物质回报价值影响（Chris，Ramachandran，2010；Mollick，2014）。除此之外，非对称信息、数量柔性以及预售平台的运营策略都会影响众筹项目的成功实施（Belleflamme，et al，2014）；同时，作为第三方平台也同样面临企业化治理问题（Lehner，2013）。众筹与预售将原有生产者和消费者之间的买卖关系转变为利益和风险共担的伙伴关系，对食品安全防范具有重要推动作用（Marelli，Ordanini，2016）。学术界通常认为，在注重过程监督和激励措施前提下，农产品的"农超对接"模式可以解决农民"销路难"问题，并为食品安全提供有力保障（Hu，et al，2004；古川等，2011；刘磊等，2012）。

基于互联网的团购使消费者能够获得数量折扣，但他们面临的风险和信任问题不同于现货的电子商务模式，这种质量和价格不确定性影响了消费者购买意愿（Kauffman，et al，2010）。通过构建社区取货店，将碎片化消费者聚集，这种颠覆传统生鲜电商的"众筹＋众包"的分布式业务流程再造可以提高生鲜电商经营效益（邵腾伟，吕秀梅，2016）。

第六节　农地经营权流转的相关研究

从历史观点来看，在"农民工进城"之前，农地一直以来都是农户生产和生活的基本依附品，学术界对农地经营权流转研究分歧主要有三个，除了"私易派"（黄弘，2005；周其仁，2004）和"公征派"（贺雪峰，2009、2012；陈柏峰，2012），更多学者坚持二者协调的"第三条道路"。农地经营权流转形式有很多,如出租、互换、转让、委托第三方经营、反租倒包、土地股份合作、信托及间歇性流转等(郝丽丽等,2015)。随着国家相关政策倾斜,农地经营权流转比率从 2008 年开始急剧增长(叶剑平等,2006、2010;韩长赋,2014;张曙光,2014)。

一、农地经营权流转的动因

农地"三权分离"具备一定动因,且具有重要意义。除了国家法律、政策和相关文件规定和鼓励外,还有农业作业技术进步将部分农户"挤出"(乐章,2010;张曙光,2010),分散农户自主经营无法适应社会化大生产需要(康喜平等,2005),农业生产投资回报率远低于非农生产投资回报率(李中,2013;洪名勇,关海霞,2012)。总之,非农收入增加是农地流转的重要推动力量,而农地流转在一定程度上扩大了农地经营规模,大量调研案例显示农地适度规模实现路径是多样化的。根据我国实际,可以将其概括为"政府扶持型""涉农龙头企业型""农民专业合作社型""企业+农户的订单农业型"四种典型模式(蒋和平,蒋辉,2014)。

二、农地经营权流转的问题

农地经营权流转方式多样化催生了一系列问题,制约了现代农业产业化发展布局,主要表现为:农地流转相关利益主体边界虚化,代理人权属模糊,导致农地流转收益分配不均衡(王景新,2001;刘卫柏等,2012);农地流转形式多样化,且缺乏统一的协调机制,阻碍了规模化生产和农产品产业化发展(冯振东等,2010;凌斌,2014);农地经营权流转路径不畅通,阻碍了农地流转市场供需协调(黄祖辉,王朋,2008;昝剑森,原栋,2013);由失地农户和社会保障制度引发的"养老恐慌"和"就业恐慌",在一定程度上制约了农地流转效率(郝丽丽等,2015)。

将农地所有权、承包权和经营权相分离,可以转变原有分散经营方式,实现农业生产规模化和产业化,不但可以增加农民收入,而且对产品质量控制具有重要贡献。从分散农户自主经营到专业户、合作社以及农业企业规模化经营,在"互联网+农业"背景下,这种转变仍然适用,二者合理结合,可以催生出更有效的农产品生产和供应模式。

第七节　文　献　评　述

分析和总结了现有研究成果在相关理论基础和相关研究现状方面的贡献,形成了具有参考意义的结论,为本书研究提供了重要借鉴。通过对研究现状的归纳和分析,我们发现仍有需要补充和讨论的内容,并在相关学者研究成果的基础上,通过改造现有研究结构和数理模型,形成了本书的研究框架和内容安排。

一、研究现状总结

农村经济发展、非农收入增加以及新农村建设的推进使得农民与土地的依赖关系得以弱化，这为合作社的发展提供了生存空间（杨扬，2007）。单个农户为抵抗不对称的天然弱势是合作社产生的内生动力，这也是提高农户竞争力、调整产业结构、实现规模经济和发展现代农业的有效措施（黄祖辉等，2002；苑鹏，2001）。基于"互联网＋农业"的众创模式可以实现农户和消费者协同创新（Battistella，Nonino，2013），农户通过合作可以共享资源（Henning，Linus，2012；Dahlander，Gann，2010），农村产业融合模式为农地适度规模提供了生存空间。而众创模式属于农村产业融合的范畴，是实现供需双方需求对接和农地适度规模的有效转型，具有广阔的研究空间。

综上所述，关于农民专业合作社和农地适度规模的问题，学者从理论和经济学视角均提供了相对丰富的研究成果。但在新形势下，基于互联网的农村产业融合的经济效益分析相对缺乏，而众创模式也是一种依附平台的运营模式，为农村产业融合提供了有效的实现范式。将互联网与平台有机结合，共同嵌入农业供给侧改革过程中，对农民问题、农产品产供销问题及农户与消费者分布式融合等带来重要变革（邵腾伟，吕秀梅，2016）。构建新型农业生产众创模式，以"众筹"引入消费者（以下简称消费者）和资金（但斌等，2017），以"众包"联合农户生产，同时加强过程监管，实现农产品流通的"F2F"。在土地流转背景下，以专职农业工人（以下简称农户）为对象，研究其在众创模式中最优解的变化及其与平台的博弈结果对各参与主体及供应链优化的影响。

关于农户竞争与合作、合作社、收益共享契约理论在农产品供应链中的应用、农产品"F2F"模式以及土地经营权流转等现状，本书进行了分类整理，其主要结论可以简要总结为以下五个方面：第一，传统"小而分散"农户经营模式受到冲击，增加农户收入是农户合作的源动力；第二，农民专业合作社模式可以改变原有单一农户面临的一些问题（如"小农户"与"大市场"的势力不协调、信息不对称、风险成本高、不确定性大等），具有广阔的发展前景，且在合作社成立动机和治理结构方面完全符合科斯相关理论（如交易成本理论和委托代理理论）的界定；第三，收益共享契约理论在农产品供应链中可以协调各成员利益，在一定条件下可以实现供应链协调；第四，传统农产品经营模式面临挑战，农产品"F2F"模式是基于"互联网＋农业"的创新，具有多种经营模式，可以有效解决传统渠道的多种问题；第五，非农收入增加成为推动农地流转的重要力量，不可避免地带来土地撂荒、留守人员增多和社会福利缺失等民生问题。

二、研究的不足之处

虽然现有研究成果已经相对丰富，但仍然在农户和合作社经营模式、农产品

"F2F"模式、农地流转和现有收益共享契约模型对农产品供应链研究等方面存在一定局限性,具体可以总结为以下四个方面:第一,农户通过合作(联盟)形成合作社,虽然可以降低交易费用,但(未合作)小农户和现有合作社经营模式仍然面临"销路难"和"增产不增收"等问题。第二,现有收益共享契约模型通常用来研究由供应商和零售商组成的两级供应链,或由供应商、分销商和零售商组成的三级供应链效益优化问题;其中,对于供应商定义要么是生产基地要么是合作社,对于小农户或小农户与合作社混合经营作为供应商的研究较少。第三,现有农产品"F2F"模式通常以线上销售和线下配送相结合的现货交易模式。这种模式的主要特点是先生产再销售,这也就凸显了其主要缺点是不能很好地吻合消费者需求,不能解决供给与需求的不均衡问题,不能按照消费者需求实现定制化和批量化生产,即消费者需求没有得到充分满足。第四,农地流转带来了很多农户和民生问题,即农户需求没有得到充分满足。

三、改进措施

基于以上不足,为更好对接农户和满足消费者需求,实现生产者和消费者分布式融合,本书在相关理论基础上,通过改造现有"F2F"模式,构建一种基于"互联网＋农业"的众创模式(图 2.1)。这能够有效托管低效流转的土地,实现消费者的订单式供应和农户的按需生产。通过收益共享契约协调农户与平台收益分配机制,为农户管理企业化、生产批量化和消费者需求定制化提供有效范式。具体改进措施描述如下:

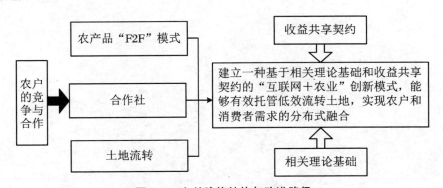

图 2.1　文献脉络结构与改进路径

第一,由于我国农地相关政策的特殊性,农地经营权流转一直没有充分的自由。随着"互联网＋农业"模式的发展,许多经营模式和租赁平台应运而生,土流网作为我国较大的农地租赁平台,在一定区域内推动了农地自由流转,大大提高农地经营效率。而基于社区支持农业的共享平台,可以实现农地效用共享。如开开农场的共享菜园和共享农庄。这种运营模式可以实现消费者对生产环节的可视性,对缓解食品安全,减少农产品流通环节,解决农产品供给分配不均衡、地域分割等问题具有重要意义。

第二，我国正处于提倡和鼓励农业创新发展及农业供给侧改革的契机，委托代理理论同样可以应用于除企业和社会组织之外的个人。如将委托代理理论嵌入到农产品众创模式中，借助农地经营权流转，将农户身份转变为受消费者雇佣的"经理人"，这种基于虚拟契约的委托代理关系对农户和消费者来说是一次重要变革。

第三，为保障小农户利益，将农地经营权嵌入运营平台中，从委托代理理论视角予以解决农户利益问题。农户不再是传统意义上的"地主"，而是消费者的名义"代理人"，实则是平台的雇员。在我国各阶层中，农民社会保障制度相对不健全。如果第三方运营平台以"雇员"名义予以解决农民社会保障问题，那么制约农地经营权流转最重要的难题得到解决。在互联网背景下，构建三方利益共同体，三者相互制约，任何一方"背叛"或"逃离"，都将导致其余两方利益受损，加之合理的监督和管理措施，可以实现三者共赢。

第四，合作社和平台协调管理可以实现农产品批量化和产业化供应，使农户和合作社联合经营模式成为现实。将产销有效对接，将农产品流通环节降到最低，消费者不但可以线上购买，而且可以线下体验，实现农户和消费者"对话"，这种"去中介化"后的"再中介化"才是解决食品安全、降低流通损耗、实现消费者和生产者双赢较为有效的运营模式。

第三章 "互联网＋农业"众创模式的系统分析

在"互联网＋农业"开放式创新发展背景下,针对生产者(农户)和消费者产供销断层的现实性难题,构建了嵌入众筹和众包的生产者与消费者分布式融合的众创模式,并从运作模式、农户生产方式和实际价值三个方面分析了该模式带来的变革,但仍然面临一些问题,如受农产品生产周期和季节等因素限制(交货提前期较长),使得供给与实际需求完美匹配存在一定困难。

第一节 "互联网＋农业"的发展背景

一、传统流通模式的问题

农产品流通过程中会伴随不同程度的价值损耗、实体损耗、物流成本、管理成本和税赋等费用,这些增加的费用通常是农产品收购价格的几倍(王崇等,2016)。由农产品自身特点引发了很多现实性问题,如易腐性带来价值损耗和实体损耗,生长周期及季节性带来库存、滞销和缺货问题,进而引发价格跌宕,并给农户造成价值实现风险,由地域分割、政府引导、市场失灵、供求信息失真等造成供给与分配不均衡(Poncet,2002,2003),以及信息不对称带来食品安全等一系列问题(邵腾伟,吕秀梅,2016)。而传统流通模式下研究关注点主要集中于不确定性、损耗控制、库存管理、物流配送、定价及渠道等领域。在"互联网＋"背景下,较多的学者研究"F2F"、众筹与预售、可视农业及"农超对接"等经营模式。同时,对农户来说"丰产不丰收",对消费者来说基本需求无法得到满足。农户和消费者逐渐相悖,甚至走向两个"极端",这种产供销断层现象越来越严重。

现有农产品运营模式存在众多问题亟须解决,农户面临"多重"难题,利益无法保证。农户生产积极性低落,农村大量闲置土地有待盘活。我国传统农地家庭承包模式决定了小农户作业模式,我国农业作业模式除合作社、大农户和专业农户等相对高效的作业模式外,还有兼业农户和不在地农户等多种低效模式,这在很大程度上影响了农户作业积极性，降低了农地流转①效率。农户生产积极性与农业收入和农户收入高度相关，提高农民收入是解决农民问题的关键。建立农产品众创模式，鼓励农户土地经营权流转，可以盘活闲置土地，提高生产效率，增加农业收入，提高农业收入对农民收入的边际贡献，进而促进民生问题的解决。通过设置利益约束机制，以此保证弱势参与者利益，探索新的运营模式是农业供给侧改革的重要任务之一。

二、"互联网＋农业"的共享经济研究

共享经济最早由 Marcus Felson 和 Joel Spaeth 在 1978 年提出，其核心理念是"使用而不占有""不使用即为浪费"。近几年来，共享经济逐渐渗透到各个领域，各种经营模式层出不穷，如共享出行、共享 Wi-Fi、共享空间、共享工作平台、共享资金价值、共享饮食等共享经济的新业态、新模式（马强，2016）。有数据显示，2016年中国共享出行次数超过百亿次，占全球市场的 67%，可见共享经济在中国拥有巨大的市场潜力。随着"互联网＋农业"逐步深化，共享经济在农业领域的发展正如火如荼地进行着，包括共享设备、共享人力、共享农技、共享土地、共享农庄和共享物流（刘奕，夏杰长，2016；王颖，2017）。"小而散"的农户合作与基于社区关系的消费者聚合是"平台＋农业"的主要运营模式，消费者与生产者的两极融合是"农业＋共享经济"的重要发展方向（邵腾伟，吕秀梅，2017）。

从根本上解决农产品生产和销售问题，关键在于探索新的渠道流通模式，生产者与消费者融合成为生产－消费者是"互联网＋农业"的重要标志，而众筹与众包无缝对接是生产者与消费者融合的依托框架，有利于分摊或转移生产、销售及库存风险，实现农产品产业化和批量化、农户管理企业化。目前，在山东、安徽、江苏、浙江、上海、海南等地已经出现了农产品众筹预售雏形，由个体农户自发生产和管理，并没有形成规模经济。

三、"互联网＋农业"发展模式的影响路径

家庭联产承包责任制在一定时期内的贡献是不可否认的。随着农业现代化改革步伐加快，细碎化土地经营逐渐暴露众多低效问题。农业生产不同于工业生产，受季节、环境、气候和市场等因素影响较明显；农业收入相对较低导致农村劳动力倾向于选择非农就业，同时，出现了农村空心化（Liu，et al，2010）、留守人员和土地"撂荒"等一系列问题（陈玉福等，2010）；农户面临外出务工和照顾老人、儿童的两难选择。不管是从政府还是农户角度，适度规模势在必行，增产、增收抑或二者兼

---

① 目前，农地流转的形式主要包括农地经营权入股和农地转包两种形式，获得的收益依次称为分红和租金；虽然二者性质和内涵不同，但对农户来说，二者均作为农户的收入，故本书将其统一称为农地流转收益（Revenue of Farmland Transfer）。

具决定了适度规模的目标和方向。单纯追求增产的"谷贱伤农"现象并不利于农户增收,单纯追求增收将导致农产品结构性失衡(许庆等,2011)。除此之外,消费者对食品安全的担忧日益凸显,不管是普通产品还是无公害产品均存在产地众多、种类五花八门、质量鱼目混珠、消费者评价褒贬不一等问题,消费者面临多重选择困境。解决食品安全的关键是建立透明的生产和供应渠道(Kim R B,2009;Behrens,et al,2010;Boxstael,et al,2013),而创新农村产业融合发展模式,实现农户和消费者需求对接是解决农户和消费者多边困境的有效手段。因此,"互联网＋农业"发展模式的影响路径可从以下四个方面进行分析:

（一）农业收入的不确定性

农业收入的不确定性导致种植结构失调和农户身份分化。农产品滞销和短缺共存已经成为一定时期内的普遍现象,这种现象背后是供需双方需求不衔接和信息不匹配,导致农产品结构性失调的直接原因是农户种植结构失调。而农业收入不确定性和风险偏好是影响农户种植结构的主要因素(钟甫宁,陆五一,2016),具体可分为环境因素、经济因素、个体因素和社会因素等。加之我国农户平均种植规模较小,作业效率低下,在城镇化和工业化进程中,传统农户逐渐向兼业和失地农户过渡;因此,从增加收入角度考虑,农户往往分化为四种身份:传统农户、非农户、专职农业工人和混合型(兼业)农户(高帆,2018)。

（二）农地流转的推动力量

非农收入增加是农地流转的主要推动力量。进入 21 世纪以来,家庭联产责任制使农户管理技术参差不齐,通常由于部分农户缺乏管理能力和种植技术、作业效率低、农地产出低,从而出现了兼业甚至失地农户,他们将土地流转出去,选择进城务工(姚洋,2000;Mullan,et al,2011),农地流转逐渐成为一种趋势(何欣等,2016)。随着国家新农村建设战略规划的推进,使得农户可以享有相对公平的公共服务,更多农户逐渐从土地中解放出来。第三方公共组织和专业流转平台(如土流网)的出现以及流转收益的增加也是农地流转的一大推动力量(王敬尧,魏来,2016)。完善土地承包制度以及城乡衔接的社会福利保障体系是促进农村劳动力转移和增加非农收入的重要措施(吴敬琏,2002)。总之,随着进城务工队伍的壮大和新农村建设步伐的加快,农村劳动力转移和非农收入增加降低了农民对农地的依赖性,推动了农地流转(Che Yi,2016;李昊等,2017)。

（三）传统农产流通模式的挑战

农地流转的兴起,农业职业工人的诞生,消费者需求的变化对传统农业产供销模式提出了挑战。我国农产品流通模式主要以批发市场和集贸市场为主,后来逐渐出现大型超市和连锁超市、"农超对接"(Michelson,et al,2010;张明月等,2017)

"订单农业""公司＋农户"等供应模式（李世杰等，2018），传统农业生产模式主要由个体农户自发生产、组织和管理，并没有形成规模经济。之后朝着多元化方向发展，主要以"平台＋农户"的模式运营（如爆炸式兴起的生鲜电商）。随着农地流转规模扩大，现代农业机械化和工业化得以实现，农户也摸索出了一条既有租金又有工资的"两栖"职业新路。基于"互联网＋农业"供应模式的创新刺激，推动着消费者需求不断经历从生理到心理、从量到质、从低到高、从浅到深过渡的时代特征。总之，传统农业模式已经不能很好地满足农户和消费者日益增长的需求。

（四）农地适度规模的可能性

农村产业融合模式为农地适度规模提供了生存空间。农地流转市场发育滞后和失地农户的后顾之忧，是真正阻碍农地流转和农地适度规模的关键因素（陈锡文，2012）。深化农地产权制度改革，建立一体化贸工农发展经营体制才能让农户真正享受土地的财富（顾益康，邵峰，2003），构建农村产业融合发展方式是让农户共享产业增值的有效途径（万宝瑞，2018）。从田头到餐桌的"F2F"模式兴起，使农产品生产及供应模式在一定程度上又对农地流转和农户身份分化起到巩固作用（冀县卿，钱忠好，2018）。农地流转收益逐渐成为研究农户行为不可或缺的一个重要因素。

综上所述，认识到农业收入不确定性与农地适度规模之间的影响机制，遵循从"农业收入不确定性"到"农地流转"再到"农地适度规模"的传导路径。具体表现为农户对传统农业收入的风险偏好影响了农户种植结构，并导致农户身份分化，加之非农收入增加共同推动了农地流转，有望扩大农地经济规模。但由种植结构失调和消费者需求变化引发的一系列营销问题不断挑战着传统农业经营模式，而农村产业融合发展模式是实现供需双方需求对接和农地适度规模的有效转型。Hoffman 等（2012）与 Belleflamme 等（2014）认为，基于互联网的农产品"F2F"众筹模式可以有效缓解因信息不对称造成的食品安全问题。而众包可以有效整合离散的社会资源，发挥其能动性和创造性（Thrift，2006；Brabham，2008）。当然，在信息不对称情况下，需要注意发包方的道德风险问题（庞建刚，2015）。在土地流转背景下以专职农业工人（以下简称农户）为对象，要研究其在众创模式中与平台的博弈结果对各参与主体及供应链效益的影响。

第二节　"互联网＋农业"的众创模式

在土地经营权流转背景下构建"互联网＋农业"的运营模式，需要从农户和消费者两个方面入手，基于委托代理理论和虚拟契约实现消费者和生产者"两极对话"，赋予生产者（农户）、消费者和平台新的特征。与现有电子商务模式不同，通过重塑三者身份,实现新型运营模式,发挥平台监督者和担保人作用,变革传统农户作业方式,给消费者创造全新的消费体验,对接生产者与消费者需求,具体运营模式如图3.1所示。

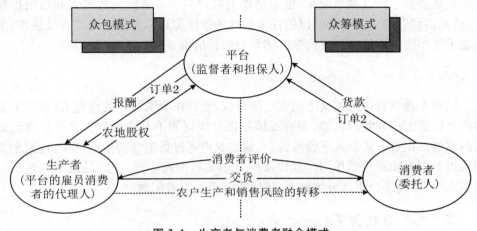

图3.1 生产者与消费者融合模式

注:图中"报酬"包括土地流转收益和部分货款。

一、运作模式

农户将农地经营权流转给平台,平台向农户支付土地租金,平台再将虚拟农地"租赁"给消费者,消费者可以在一定时期内长期持有。首先,消费者提交订单1给平台,平台根据消费者需求对订单1进行分解,再整合为订单2;其次,将其外包给农户组织生产,由平台在田间完成订单2的分解,再还原为订单1后配送至消费者;最后,通过平台完成两端资金结算任务。消费者拥有农地实际决定权,将农地实际管理权委托给农户。此时,农户身份发生了变化,作为消费者的代理人,代为生产农产品和管理农地。

(一)消费者——委托人

消费者成为农地的实际受益者,消费者有对农产品的需求,但缺乏农产品管理和种植技术,他可以将"租赁"来的农地委托给农户管理。同时,自身对种植的农产品类别、数量、水肥、生长周期、农药、是否有机等种植和生长条件等相关信息在平台上做出相应的勾选或点赞。有特殊需要的消费者可以在平台上通过会话功能申请专业顾问的帮助,从而将消费者个性化需求以数字化形式呈现在平台上。

(二)平台——监督者和担保人

平台将农户转移过来的农地经营权采用虚拟方式租赁给消费者,由消费者决定该农地使用权限。平台提前将地租支付给农户，以鼓励农户生产积极性。同时，将消费者的原始订单1根据产品类别和个性化需求等要素进行分解整合为订单2，再外包给符合条件的农户，这里是由平台为消费者选择合适的代理人。平台不单是将消费者和生产者联系起来，更多是作为农户和消费者信息监督人和信用担保人，建立消费者和生产者之间以信任为基础的隐性契约。为保证系统有效运作，平台需采取积极的主体行为激励和客体质量监管措施。

（三）农户——代理人

农户不再享有传统意义上的农地经营权，而是作为消费者的代理人，根据消费者生产决策安排和管理农地，拥有农地直接管理权而不是决定权。农户将自己原有的农地以租赁方式投入平台运营中，加之农户通过竞选拿到生产订单，这两个方面可以起到激励农户的作用。农户接到订单2后按需生产，当产品成熟或达到订单需求时，配合平台再次分解整合，还原成订单1完成配送。

二、生产方式变革

利用平台信息处理能力，对订单进行分解、整合和再还原，可以实现不同于实体超市的集中采购。同时，对消费者个性化需求进行批量定制，实现规模化生产。通过组织农户生产，对农户实施企业化管理，由原来单一农户种植并管理多种农作物变为单一农户只种植并管理一种农作物（见图3.2）。这种分类作业方式从理论上可以实现规模经济，提高作业效率。

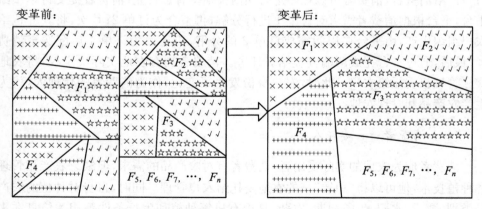

注：1. ×、√、＋、☆代表不同的农作物。
2. $F_i(i=1,2,\cdots,n)$代表第i个农户。

图3.2　农户生产方式变革

如m个消费者的菜篮子Q_m，共有n种产品类别，第i个消费者对第j种产品的需求为q_{ij}，$i=1,2,\cdots,m$，$j=1,2,\cdots,n$，即总需求$Q=|Q_1 \quad Q_2 \quad \cdots \quad Q_m|^{\mathrm{T}}$，

$$Q_i = \begin{vmatrix} q_{i1} & q_{i2} & \cdots & q_{in} \end{vmatrix}, \text{即 } Q = \begin{vmatrix} q_{11} & q_{12} & \cdots & q_{1n} \\ q_{21} & q_{22} & \cdots & q_{2n} \\ \vdots & \vdots & \vdots & \vdots \\ q_{m1} & q_{m2} & \cdots & q_{mn} \end{vmatrix}$$ 。当 m 个消费者将上

述需求信息呈现在平台上后,平台根据产品需求的类别进行原始订单的分解整合,整合后的新订单 $Q^N = \begin{vmatrix} Q_1 & Q_2 & \cdots & Q_n \end{vmatrix}$, $Q_j = \begin{vmatrix} q_{1j} & q_{2j} & \cdots & q_{mj} \end{vmatrix}^T$。然后平台为消费者选择合适的代理人,将新的订单 Q^N 外包给符合条件的农户。这种对订单进行信息处理,并分类生产的方式,可以实现分散消费者的无库存式集中采购和个性化需求的规模定制,这是传统实体超市无法超越的。

三、核心内涵

生产者与消费分布式融合模式主要是在农地经营权流转背景下,运用委托代理理论组建农户和消费者委托代理关系,借助平台的大数据处理能力实现三者的系统有机运作,这是双方分布式融合的核心内涵。

(一)平台

将平台嵌入农产品生产和运营中,构建了农地流转背景下"互联网＋农业"的众创模式。这一尝试打破了农产品传统产供销模式,众筹模式不但可以提前融得部分投资(Schwienbacher,et al,2010;Molick,2013)[①],节约财务成本,而且抓住了客户资源,转移了产品库存。通过众包模式可以为消费者选择最合适的代理人,将农户从"自主生产、自主销售"的传统模式中解放出来,农户行为从"自主"转变为"他主"。在农产品四种销售模式中(批发市场/集贸市场、超市、生鲜电商和"F2F"模式),唯独生产消费者融合的众创模式可以同时消除或转移农户生产和销售风险,最大限度地压缩流通环节,降低流通损耗,确保农产品新鲜度,降低不确定性,消除供给分配不均衡,增加信息透明度,保障食品安全等传统流通渠道无法实现的难题。

(二)委托代理理论

将委托代理理论引入到平台中,委托代理关系作为平台的关联机制。委托代理理论不仅在企业治理中发挥重要作用,而且可以将其运用在农产品的生产和运营中。基于土地经营权流转的委托代理关系可以充分发挥农户(代理人)的专业特长,代理人这种相对优势能为消费者(委托人)提供低价优质产品。委托代理理论

---

① Schwienbacher 等认为众筹就是一个项目或创意向一群个体融资,而不是向专业的金融机构筹集资金,目前仍处于萌芽阶段;Molick 基于 Schwienbacher 等人的定义提出众筹是个人和组织通过互联网从相对数量较多的公众那里获得相对数量较少的资金,作为项目的启动资金。

作为制约消费者和生产者的基本理论,建立农户与消费者利益的关联关系,为系统稳定发展提供理论支持。

(三)农地效用共享

将农地效用共享嵌入到平台中,虚拟的农地经营权流转作为平台的运营基础。在传统观念下,农地经营权归农户所有或通过契约租赁实体农地的承租人,这两种形式只能将农地经营权局限在一定范围内。但借助平台,可以实现虚拟农地经营权自由、高效流转。理论上,消费者根据需要可以随意租赁平台上的任何农地,虽然是虚拟农地租赁和基于信任的隐性契约,但消费者拥有了该农地实际生产决定权,然后委托给熟悉种植技术和管理方法的农户。这种农地效用共享方式从根本上解决了"农户卖贱"和"消费者买贵"的悖论。

四、实际价值

生产者与消费者分布式融合的最大贡献在于增加产品产供销过程的信息透明度,同时改造了农户和消费者主体身份,转变了二者的经济关系,达到了为农户谋利,使消费者满意的相对完美状态。

(一)降低信息不对称,解决食品安全,消除农产品库存

信息不对称是食品安全产生的根源,解决信息不对称的关键是农产品网络化推广,主要从两个方面解决食品安全问题:一是缩短农产品流通环节,降低供应环节不确定性;二是建立以土地为纽带的农户和消费者合作机制,实现"两极对话"。通过以上两个方面可以实现降低信息不对称,解决食品安全,消除农产品库存及供给分配不均衡问题。

(二)解放农户,降低农户经营风险

农户不再是传统意义上的农民,而是消费者的委托人,消费者作为"股东",农户是消费者的代理人或"职业经理人"。这种建立在虚拟土地上的委托代理关系和"消费者持有库存"的"雇佣制"销售模式,可以帮助农户从农产品价格跌宕甚至滞销中解脱出来。农产品生产和销售风险不再由农户独立承担,这种由平台和消费者共担风险的"储水池"运营模式可以实现消费者和生产者"双赢"。

除此之外,借助平台大数据处理功能,可以帮助平台聚集消费者闲置资金,提高平台运营成功的概率。鼓励农户出租农地经营权,可以盘活闲置农地,提高生产效率,增加农户收入。农户名义上是消费者的"代理人",实则是平台的"雇员",第三方平台理应予以重视农民的社会保障问题,这是农户面临的重大难题,也是制约土地经营权流转的主要问题。如果源头性问题得到解决,农地经营权可以自由流转,农户增收能力也将随之增强,这种"1＋1＞2"的良性循环,会对解决农民问题起

到巩固作用。

本 章 小 结

中国正处于提倡和鼓励农业创新发展及农业供给侧结构改革的契机,在农户和消费者这一经济关系中,融入土地经营权流转,将农户身份转变为受消费者雇佣的"经理人",这种基于虚拟契约的委托代理关系对农户和消费者来说是一项生产、供应与利益分配方式的重大变革。

1. 众创模式的主要贡献

构建农户双重保障,解决消费者多种担忧是"互联网＋农业"众创模式的主要贡献。考虑到保护小农户利益,将土地经营权嵌入平台中,从委托代理理论视角,通过重置农户双重身份予以解决农户利益问题。将农户纳入平台,用企业管理相关理论管理农户,采取合适的激励措施,通过农户合作实现农产品种植批量化和产业化,有利于增加农户收入。通过第三方平台的组织和管理方式,以"雇员"的名义解决农民社会保障问题,那么制约土地经营权流转最重要难题从源头上得到解决。转移农户面临的众多风险,解决农户面临的众多问题才是解决"三农"问题的关键,探索新的运营模式才是农业供给侧改革的首要任务。

2. 众创模式的主要"瓶颈"

交货提前期较长是限制众创模式推广的主要"瓶颈"。现有农产品供应模式同样受这一因素影响,也是"互联网＋农业"众创模式面临的主要难题。由于农产品生产受季节和时间因素影响较为明显,生产周期较长,即交货提前期较长且受环境影响较大,从预测订单、安排生产到成熟上市往往经过数月甚至更长,时间越长不确定性越大,预测与实际需求会产生一定偏差,农产品交付时通常会出现两种情况:供不应求和供大于求。当农产品供不应求时,供给量在短时间内补给较为困难,甚至无法实现。当供大于求时,现有存量和"在产品"对储存条件要求较高。这和一般工业生产方式有很大不同,通常当工业产品供不应求时往往可以通过扩大生产规模、重置生产流程或加班等方式在短时间内迅速补货。当工业品供大于求时,现有存量和产品对储存条件一般要求不高。

如果消费者和生产者"两极对话"模式得到合理运营,可以实现消费者需求个性化和农户生产批量化;消除农产品库存和地域分割,解决食品安全问题,消除供给分配区域不均衡现象,有效转移消费者购买风险;通过设置奖惩措施加之合理的收益契约参数,可以实现分散决策下的供应链协调,是新形势下解决农产品生产和流通问题的一种创新。

第四章　平台主导供应链的契约优化研究

农地流转和农业职业工人的兴起推动了农产品众创模式发展。针对众创模式下平台与农民专业合作社契约优化问题，提出了平台主导供应链的多阶段斯坦克尔伯格博弈模型。设计了一种集中决策模式和四种分散决策模式，考虑了五种决策模式的风险传递问题、农场主和合作社优先权问题、农户和平台边际成本和风险成本问题[①]。构建了农场主、合作社、小农户及平台以农户数量（或合作比例）、土地流转收益、增产率等共同影响的利润最大化优化模型。通过对比五种决策模式的利润和对应的算例实验，发现合作社模式优于其他决策模式，对供应链而言集中决策模式并不是最优的，适当比例的合作将更能增加供应链效益。除传统成本分担和奖惩激励外，适度合作也可以使供应链恢复协调。

第一节　专题一：不考虑努力水平的契约优化研究

一、基本问题

（一）问题描述

在多目标优化策略下，各农户和平台之间进行完全理性的动态博弈，扩展后的斯坦克尔伯格竞争是解决竞争与合作的有效手段（Wong，2012；钟德强，仲伟俊，2004）。本书构建了农场主、合作社、小农户及平台以农户数量（或合作比例）、土地流转收益、增产率等共同影响的利润最大化优化模型。先由农户决定销售量，其中，农场主（或合作社）根据小农户销售量的反应函数决定自己的销售量。然后由平台决定土地流转收益，销售量是土地流转收益的函数。土地流转收益和基于农户努力水平的销售量通过影响农户行为来影响农户利润、平台利润和供应链效益。

---

① 风险流与风险成本的相关内容已经在《统计与决策》上发表。

平台主导视角下研究模型如图4.1所示。

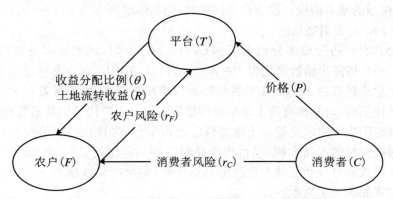

图4.1　平台主导视角下不考虑努力水平的研究模型

以农场主模式为例，F_1作为农场主，具有较强行业影响力，其余$n-1$个农户（小农户）行业影响力相当。行业影响力强弱决定了其谈判优先顺序，即n个农户中实力较强的决策主体首先发布诱导信息给其余决策者，并观察他们的反应，根据反应函数，利用逆向求导方法，得到每个农户分配的产量。平台根据农户博弈结果设置土地流转收益。当农户根据市场需求预测做销售量决策时，需求差异（市场期望销售量与产量的不匹配程度）风险就从消费者经过农户传递到平台。将这种预测偏差在不同节点之间传递称之为风险流，由此产生的成本称之为风险成本。该模型主要回答了以下三个问题：

问题1　对平台来说什么才是合适的销售量？平台在完全集中、完全分散、农场主模式、分散合作和集中合作五种决策模式中具有不同的销售量。平台先确定销售量，此时的销售量是土地流转收益决策的反应函数，即当农户确定土地流转收益后，总销售量和分配的销售量才会最终确定。

问题2　农户是否合作？合作方式以及合作边界如何？合作可以实现行业能力和谈判顺序重组，以及销售量配置，最终影响利润。并不是所有的合作都是有效的，只有适度合作才具有明显的规模效益的。

问题3　平台如何调整土地流转收益？土地流转收益对农户来说是一项敏感指标，平台根据农户选择在自身收益最大化基础上对土地流转收益做出理性调整，并对农户决策行为产生影响，农户和平台是在反复博弈基础上达到均衡的。

（二）符号描述

平台根据现有消费者数量和订购量预测下一期的销售量，然后通知农户进行销售量配置，理性农户会根据经验预测安排生产。而农作物生长周期较长且受环境影响较大，故存在一定供应风险，在产品交付时会出现两种情况：供不应求和供大于求。当产品供大于求时，在供求关系调节作用下，市场价格会降低，以弥补原有高价下短缺的需求,但可能仍有剩余需要处理,其处理价格低于生产的边际成本,这是模型的基本假设。设农户是同质的,当实际增产率为 $\varepsilon,\varepsilon\in(0,1)$ 时,产量 $Q=(1+\varepsilon)q$ 是相对宽松的。

平台和农户边际成本分别为 $C_T,C_F(C_T,C_F>0)$,风险成本分别为 C_t,C_f ($C_t,C_f>0$),将需求函数简化为 $P=a-bq$,且 $a,b>0$。农户愿意以不变的单位产量的土地流转收益 R[①],将土地种植决策权转移给消费者,消费者在平台上获得土地名义使用权,对其拥有的土地享有种植决定权。农户代替消费者管理土地,并按照订单组织生产完成交货。土地流转收益由平台支付给农户,消费者只需向平台支付最终交付的产品金额,平台将产品收益的一定比例 θ[②]分配给农户。农户结合需求函数和自身利益最大化决定其销售量,剩余产品残值为 r,且 $r<C_F$,相关参数设置如表 4.1 所示。

表 4.1 参数设置一览表

市场价格	P^{H_I}	边际成本	C_J
市场需求	q^{H_I}	风险成本	$C_j^{H_I}$
需求函数	$P=a-bq$,且 $a,b>0$	土地流转收益	R^{H_I}
增产率	$\varepsilon,\varepsilon\in(0,1)$	剩余产品的残值	$r,r<C_F$
风险值	$r_J>1$	风险成本系数	δ
风险发生概率	p_J	收益分配比例	$\theta,\theta\in(0,1)$
风险免疫能力	$\alpha,\alpha\in(0,1)$	总产量	Q^{H_I}
销售量	$S(q^{H_I},R^{H_I}),S(q^{H_I},R^{H_I})=E_{\min}(Q^{H_I},q^{H_I})$		
剩余产品数量	$L(q^{H_I},R^{H_I})=Q^{H_I}-S(q^{H_I},R^{H_I})$		
利润	$\Pi_{F_i}^H,\Pi_y^H$		

表 4.1 中,$I=1,2,3,4,5$ 分别表示完全集中、完全分散、农场主模式、分散合作和集中合作五种决策模式,$i=1,\cdots,n$,表示农户个体,$J=F,T,C$ 分别表示农户、平台和消费者,$j=f,t$ 分别表示农户和平台,$y=T,S,M,K$ 分别表示平台、供应链、分散合作社和集中合作社四个主体。

（三）相关假设

采用由 Charles(1996)提出,经 Buzna 等(2006)和 Undetwood(2009)发展的

---

① 在传统的土地租赁模式中,土地流转收益与土地的单位面积相关;在本模型设计过程中,单位面积土地受产能限制,即土地面积与产量是一一对应的;为了使模型简单有效,用产量来衡量土地面积,故将土地租金设置为单位产量租金。

② 在实际运作过程中,平台有两种收费形式:一种是固定比例,即将产品总价款的一定比例作为平台的费用;另一种是变动的,即边际成本,在此选择前者。

系统动力学中风险传递路径、特点、演化过程和表现形式,认为风险流随信息流传递。也就是说,根据决策顺序先后,风险流也有先后传递顺序,并在决策节点处转化为风险成本。Hallikas 等(2002)对风险进行了定义,认为"风险 = 事件发生的频率 × 事件的负面影响力",用以定量分析供应链中风险沿决策节点传递时对决策节点成本的影响。Juttner 等(2003)认为供应链的垂直整合是规避风险的有效方法,对增加供应链透明度和风险信息共享具有很大改进。除此之外,农户联盟也可以使成员之间共享信息、技术、设施等资源,本书所定义的风险仅限于需求信息变动带来的风险,如市场价格波动、突发事件、自然环境和技术进步等因素对需求量的影响,这些需求信号变化会给供应链节点带来一定的成本(徐娟等,2012)。

准确锁定从消费者经农户到平台的前向信息流和后向信息流是有效控制风险成本的关键,信息流同时伴随着风险流,且呈一定指数形式传递(但斌和陈军,2008),并会给节点企业带来一定风险成本(王元明,2008)。根据李刚(2011)对风险传导基本要件的总结,认为某一节点的不确定性(即风险)沿着供应链传递,并依附于传导介质(如信息)形成信息流,并对信息接收者(节点)带来一定损失。因此,集中决策情况下的风险流是从消费者直接到平台和农户两条路径组成,只有风险的前向流动会影响市场决策,后向流动的风险会影响下一次决策,现只研究一次决策行为。

假设 1 土地流收益 R 为单位产量的土地流转收益,在传统的土地租赁模式中,土地流转收益与土地的单位面积相关。在本模型设计过程中,单位面积土地受产能限制,即土地面积与产量是一一对应的。为了使模型简单有效,用产量来衡量土地面积。

假设 2 平台通知农户安排生产,农户结合经验和历史数据安排相对宽松的产量,假设所有同质农户销售量与实际产量均满足 $Q=(1+\varepsilon)\overline{q}$,其中,增产率 $\varepsilon\in(0,1)$,剩余产品的处理成本为 r,且 $r<C_F$,以此限制农户通过无限增加产量的方式达到增加利润的目的。

假设 3 风险传递沿着消费者、农户到平台方向传递,在相关研究成果(但斌,陈军,2008;王元明,2008)基础上进一步深化。假设农户风险值 $r_F=\alpha\exp(-r_C)$ 和平台风险值 $r_T=\alpha\exp(-r_F)$ 呈指数形式变化,当 $r_C>1$ 时,可得 $r_T>r_F$[①],满足传递路径越长风险值越大的假设。当风险免疫能力 $\alpha\in(0,1)$ 时,可将农户和平台风险值控制在(0,1)范围内[②]。

[①] 由于 r_F 是关于 r_C 的减函数,r_T 是关于 r_F 的减函数;因此,r_C 越大,r_F 越小,r_T 越大;故存在合理取值,使得 $r_T>r_F$。

[②] 对消费者风险值 r_C 和免疫能力 α 取值的限制,目的在于定义农户和平台的风险成本,使其与"不同主导模式的风险传递路径假设"和"是否信息共享假设"相匹配。由于消费者的风险值为初始值,且本书不考虑消费者风险值对其自身风险成本的影响,在模型设计部分关注的是农户与平台之间的博弈;故对消费者风险值 r_C 和免疫能力 α 取值的限制,只需在农户和平台之间传递时满足传递路径越长风险值越大的假设。

假设 4　为了区分小农户与农场主（或合作社）的区别，在李民和黎建强（2012）的相关研究基础上进行了推演，假设同质的小农户处于"串联"状态，与异质的农场主（或合作社）是"并联"状态，如在分散决策模式下，风险信息先经过小农户 $F_{i,i>1}$ 再到农场主 F_1 最后经过合作社 F_M 到平台，因此，平台的风险发生概率为 $p_T p_F^{n+1-m}[1-(1-p_F)^{m-1}]$。

（四）决策模式

通过建立一种集中决策模式和四种分散决策模式（如表 4.2 所示），并考虑农户性质的差异（如图 4.2 所示），及不同决策模式的风险传递路径不同（如图 4.3 所示），来对比由农户异质性导致的风险传递路径的变化，进而影响农场主（或合作社）、小农户与平台的利润。如当平台与农户完全合作时，双方采用集中决策方式，通过最大化供应链利润方式决定销售量，以此来影响市场价格，实现双方互利互惠，风险共担，利润共享。

表 4.2　五种决策模式与决策顺序

决策模式		参与主体	农户决策顺序
集中决策：$H1$		平台＋农户	无
分散决策	完全分散：$H2$	平台＋农户	无
	农场主模式：$H3$	平台＋农场主＋小农户	农场主，小农户
	分散合作模式：$H4$	平台＋合作社＋农场主＋小农户	合作社，农场主，小农户
	集中合作模式：$H5$	平台＋合作社＋小农户	合作社，小农户

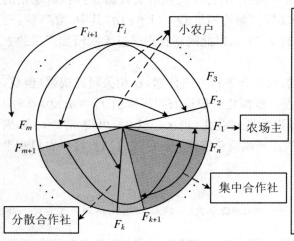

说明：

集中决策模式（$H1$）：所有农户与平台作为一个整体进行决策；

完全分散决策模式（$H2$）：所有农户（$1,\cdots,n$）独立决策；

农场主模式（$H3$）：农场主具有异质性，其余农户均视同为小农户（$2,\cdots,n$）；

分散合作模式（$H4$）：农户 F_{m+1} 至 F_n 合作成立合作社 F_M，除农场主之外的其余农户为小农户（$2,\cdots,n$）；

集中合作模式（$H5$）：农户 F_{k+1} 至 F_n 与农场主合作成立合作社 F_K，其余农户为小农户（$2,\cdots,k$）。

图 4.2　对农户性质的划分

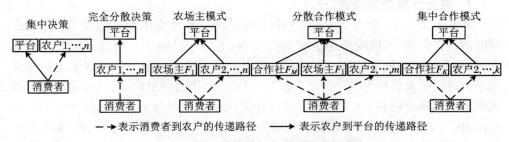

图4.3　平台主导视角下风险的概率传递路径

表4.2反映了不同决策模式的参与主体与农户的决策顺序。一般来说,合作社和农场主具有决策优先权。图4.2是为说明不同决策模式中对农户性质的划分。当确定合作社和农场主后,其余农户被定义为小农户。图4.3对不同决策模式的风险传递路径进行了区分。为了体现农户异质性对传递路径的影响,根据"合作社内部成员之间可以进行信息共享,而小农户之间则无信息共享"这一假设,引入事件与概率的作用原理。将经过同质(无信息共享,即自由竞争)小农户的风险定义为高风险,将经过异质(有信息共享,有决策优先权)合作社的风险定义为低风险[①]。如此可得,平台接收信息的渠道越多,其风险成本越低;平台接收信息的渠道越长,其风险成本越高。

1. 集中决策模式($H1$)

T 和 $F_1, \cdots, F_n$ 完全合作,即平台与农户作为一个整体进行决策。风险传递路径有两条,一是来自消费者的风险,风险流从消费者直接到平台,该路径风险流动环节最少,抵御风险的能力最强;二是来自农户的风险,风险成本由平台风险和农户风险两部分组成。农户和消费者风险值分别为 r_F 和 r_C,农户和平台风险发生概率分别为 p_F 和 p_T,对风险的免疫能力为 α,风险成本系数为 δ。在该决策状态下,平台和农户共同决策,风险成本为平台风险成本与农户风险成本之和,平台风险值和风险发生成本分别为 $r_T = \alpha \exp(-r_C)$[②]和 $C_t^{H1} = C_t^{H1} = \delta p_T r_t$,农户风险值和风险发生成本分别为 $r_F = \alpha \exp(-r_C)$ 和 $C_f^{H1} = \delta p_F r_F$。

---

① A. 在平台主导视角下,对小农户和合作社风险成本的定义:(ⅰ)小农户彼此之间无信息共享,这将会带来两个结果:一是小农户自身的风险成本较高,二是在传递过程中经过小农户的风险成本呈扩大化趋势,必然带来下游(平台)风险成本的增加。此时,平台风险发生的概率与"至少有一个小农户风险发生的概率"相关,即风险发生的概率较大。(ⅱ)合作社成员之间有信息共享,这也会带来两个结果:一是合作社内部风险成本降低了,二是在传递过程中经过合作社的风险成本呈降低趋势,必然带来下游(平台)风险成本的降低;此时,平台风险发生的概率与"所有合作社成员风险都发生的概率"相关,即风险发生的概率较小。因此,在平台主导视角下,合作社内部的信息共享有利于平台规避风险。B. 在农户主导视角下,平台的风险成本与消费者的风险成本相关,与农户是否合作无关;农户通过合作实现信息共享,只能带来一个结果,即规避自身风险。

② 之所以将农户和平台的风险值设置为指数函数形式,一是为了控制风险值的范围,如当 $\alpha \in (0,1)$ 时,$r_F \in (0,1)$;二是为了体现风险传递路径越长,风险值越大 $r_T > r_F$。

2. 完全分散决策模式（H2）

T 和 $F_1, \cdots, F_n$ 作为 2 个独立的决策个体进行斯坦克尔伯格博弈。n 个农户同时进行自由竞争，风险传递路径只有一条（下同），风险流从消费者经农户到平台，风险流动环节较多，风险成本较大，集中决策和完全分散决策模式无谈判优先顺序。将同质农户作为一个独立个体与平台博弈，平台的风险值、风险免疫能力和风险发生概率分别为 r_T、α 和 p_T，平台和农户风险分别为 $r_T = \alpha\exp(-r_F)$ 和 $r_F = \alpha\exp(-r_C)$，二者的风险成本分别为 $C_t^{H2} = \delta p_T[1-(1-p_F)^n]r_T$ 和 $C_f^{H2} = \delta p_F r_F$，其中，$1-(1-p_F)^n$ 表示农户发生风险的联合概率。

3. 农场主模式（H3）

T 和 $F_1, \cdots, F_n$ 作为 $n+1$ 个独立的决策个体进行斯坦克尔伯格博弈。与一般分散决策不同的是农户 F_1 作为农业生产专业户具有优先谈判的权利，其余 $n-1$ 个农户同时进行自由竞争，形成"农场主＋小农户"的运营模式，各主体抵御风险的能力与完全分散决策相同。现假设其在销售量分配时具有优先权，这种谈判的优先顺序会影响其销售量和收益（Jang，Klein，2011；邵腾伟等，2012）。F_1 根据 $F_{i,i>1}$ 的销售量 q_i 来决定自己的销售量；此时，F_1 与其余农户进行博弈，所有小农户同时进行自由竞争，平分剩余销售量和利润。平台和农户的风险分别为 $r_T = \alpha\exp(-r_F)$ 和 $r_F = \alpha\exp(-r_C)$，双方的风险成本分别为 $C_t^{H3} = \delta p_T p_F r_T[1-(1-p_F)^{n-1}]$ 和 $C_f^{H3} = \delta p_F r_F$。

4. 分散合作模式（H4）

T 和 $F_1, \cdots, F_m, F_M$[①] 作为 $m+2$ 个独立的决策个体进行斯坦克尔伯格博弈。F_1 享有次优决策权，其余 $m-1$ 家农户同时进行自由竞争，该模式代表"合作社＋农场主＋小农户"模式。该合作社具有较强的抵御风险能力，可以有效降低风险和风险成本，可以实现利润共享。F_M 根据 $F_{i,i>1}$ 的销售量 $q_i (i=1,2,\cdots,m)$ 决定自己的销售量。设 F_M 的边际成本为 C_M，销售量为 q_M，平台和农户的风险分别为 $r_T = \alpha\exp(-r_F)$ 和 $r_F = \alpha\exp(-r_C)$，平台风险成本为 $C_t^{H4} = \delta p_T p_F^{n+1-m}[1-(1-p_F)^{m-1}]r_T$，合作社 F_M（参与合作农户）风险成本为 $C_{fM}^{H4} = \delta p_F^{n-m} r_F$，小农户（未参与合作农户）风险成本为 $C_f^{H4} = \delta p_F r_F$。

5. 集中合作模式（H5）

T 和 $F_2, \cdots, F_k, F_K$[②] 作为 $k+1$ 个独立决策个体进行斯坦克尔伯格博弈。其余 $k-1$ 家农户同时进行自由竞争，该模式代表"合作社＋小农户"模式。F_K 根据 $F_{i,i>1}$ 的销售量 $q_i (i=2,\cdots,k)$ 决定自己的销售量。设 F_K 的边际成本为 C_K，销售量为 q_K，平台和农户的风险分别为 $r_T = \alpha\exp(-r_F)$ 和 $r_F = \alpha\exp(-r_C)$，平台风

---

① 由 $F_{m+1}, \cdots, F_n$ 等 $n-m$ 家实力较弱的农户联合为一家进行产量分配决策，且假设其联合的总行业影响力比 F_1 更强；因此，决策优先权发生了转移。

② 由 $F_{k+1}, F_{k+2}, \cdots, F_n$ 等 $n-k$ 家实力较弱的农户与 F_1 联合为一家进行产量决策，F_1 被覆盖，F_K 拥有销售量分配的优先权。

险成本为 $C_t^{H5} = \delta p_T p_F^{n+1-k} [1 - (1 - p_F)^{k-1}] r_T$，合作社 F_K（参与合作农户）风险成本为 $C_{fK}^{H5} = \delta p_F^{n-k+1} r_F$，小农户风险成本为 $C_f^{H5} = \delta p_F r_F$。该合作模式同样可以实现风险共担和利润共享，但是较分散合作社不同的是除了合作成员数量，还有二者合作方式和决策顺序不同，其合作效果也有差异。基于该假设，不同决策模式各参与主体的风险成本满足 $C_f^{H1} = C_f^{HI} \geqslant C_{fM}^{H4}, C_{fK}^{H5}; C_t^{H4}, C_t^{H5} \leqslant C_t^{H3}; C_t^{H1}, C_t^{H3} \leqslant C_t^{H2}$。

二、决策模式选择分析

农户和平台在五种情形下博弈，不同情形下最优决策不同，农户收入由收益分配率 θ、市场价格 P、销售量 $S(q, R)$、剩余产品价值 $rL(q, R)$、土地流转收益 R 组成，农户支出由边际成本 C_F 和风险成本 C_f^{HI} 决定，平台收入由收益分配率 θ、市场价格 P、销售量 $S(q, R)$ 和剩余产品价值 $rL(q, R)$ 组成，平台支出由土地流转收益 R、边际成本 C_T 和风险成本 $C_t^{HI}: C_t^{HI} = C_J + C_f^{HI}$ 决定，合作社成本：$C_M^{H4} = C_M + C_{fM}^{H4}, C_K^{H5} = C_K + C_{fK}^{H5}$。

（一）基本模型

集中决策模式中由平台和农户组成的供应链利润 $\Pi_S^{H1}(q) = PS(q) + rL(q) - Q(C_F^{H1} + C_T^{H1})$；完全分散决策中农户利润 $\Pi_{Fi}^{H2}(q, R) = \theta[PS(q, R) + rL(q, R)] + RQ - C_F^{H2}Q$；农场主模式的农场主和小农户利润 $\Pi_{Fi}^{H3}(q_i, R) = \theta[PS(q_i, R) + rL(q_i, R)] + RQ_i - C_F^{H3}Q_i$；分散合作模式的合作社、农场主和小农户利润分别为 $\Pi_M^{H4}(q_M, R) = \theta[PS(q_M, R) + rL(q, R)] + RQ_M - C_M^{H4}Q_M$ 和 $\Pi_{Fi, i \geqslant 1}^{H4}(q_i, R) = \theta[PS(q_i, R) + rL(q, R)] + RQ_i - C_F^{H4}Q_i$；集中合作模式的合作社和小农户利润分别为 $\Pi_K^{H5}(q_K, R) = \theta[PS(q_K, R) + rL(q_i, R)] + RQ_K - C_K^{H5}Q_K$、$\Pi_{Fi, i>1}^{H5}(q_i, R) = \theta[PS(q_i, R) + rL(q_i, R)] + RQ_i - C_F^{H5}Q_i$，不同模式的平台利润 $\Pi_T^{HI}(q^{HI}, R^{HI}) = (1 - \theta)PS(q^{HI}, R^{HI}) + (1 - \theta)rL(q^{HI}, R^{HI}) - R^{HI}Q^{HI} - C_T^{HI}Q^{HI}$。

（二）决策模式的均衡

在集中决策模式中直接优化供应链的目标函数，其余四种决策模式中，根据决策顺序，首先进行农户销售量决策，然后将最优销售量代入平台利润函数，求解平台最优的土地流转收益。通过对小农户、农场主、合作社和平台逐次优化求解，得不同决策模式的均衡解，如表 4.3 所示。

表 4.3　不同决策模式的均衡解

决策模式	集中决策	完全分散决策	农场主决策	分散合作模式	集中合作模式
总销售量	$q^{H1}=\dfrac{B^{H1}}{2b}$	$q^{H2}=\dfrac{B^{H2}}{2(1+\theta)b}$	$q^{H3}=\dfrac{(2n-1)B^{H3}}{2(2n-1+\theta)b}$	$q^{H4}=\dfrac{(4m-1)B^{H4}-2m(1+\epsilon)\Delta C_1}{2(4m-1+\theta)b}$	$q^{H5}=\dfrac{(2k-1)B^{H5}-k(1+\epsilon)\Delta C_2}{2(2k-1+\theta)b}$
合作社销售量		/	/	$q_M=\dfrac{A^{H4}-2m(1+\epsilon)\Delta C_1}{2\theta b}$	$q_K=\dfrac{A^{H5}-k(1+\epsilon)\Delta C_2}{2\theta b}$
农场主销售量		$q_{i,1\le i\le n}^{H2}=\dfrac{B^{H2}}{2n(1+\theta)b}$	$q_1^{H3}=\dfrac{nB^{H3}}{2(2n-1+\theta)b}$	$q_1^{H4}=\dfrac{A^{H4}+2m(1+\epsilon)\Delta C_1}{4\theta b}$	/
小农户销售量			$q_{i,2\le i\le n}^{H3}=\dfrac{q_1^{H3}}{n}$	$q_{i,2\le i\le m}^{H4}=\dfrac{q_1^{H4}}{m}$	$q_{i,1\le i\le k}^{H5}=\dfrac{A^{H5}+k(1+\epsilon)\Delta C_2}{2k\theta b}$
销售价格	$P^{H1}=a-\dfrac{B^{H1}}{2}$	$P^{H2}=a-\dfrac{B^{H2}}{2n(1+\theta)}$	$P^{H3}=a-\dfrac{(2n-1)B^{H3}}{2(2n-1+\theta)}$	$P^{H4}=a-\dfrac{(4m-1)B^{H4}-2m(1+\epsilon)\Delta C_1}{2(4m-1+\theta)}$	$P^{H5}=a-\dfrac{(2k-1)B^{H5}-k(1+\epsilon)\Delta C_2}{2(2k-1+\theta)}$
土地流转收益		$R^{H2}=C_F^{H2}-\dfrac{\theta[(1+\theta)(a+r\epsilon)-B^{H2}]}{(1+\epsilon)(1+\theta)}$	$R^{H3}=\{(C_F^{H3}-\theta[(2n-1+\theta)])(a+r\epsilon)-nB^{H3}\}/[(2n-1+\theta)(1+\epsilon)]$	$R^{H4}=C_F^{H4}-\dfrac{\theta(a+r\epsilon)}{(1+\theta)}-A^{H4}$	$R^{H5}=C_F^{H5}-\dfrac{\theta(a+r\epsilon)}{(1+\epsilon)}-A^{H5}$
合作社利润				$\Pi_M^{H4}=\dfrac{[A^{H4}-2m(1+\epsilon)\Delta C_1]^2}{8m\theta b}$	$\Pi_K^{H5}=\dfrac{[A^{H5}-k(1+\epsilon)\Delta C_2]^2}{4k\theta b}$
农场主利润	/		$\Pi_T^{H3}=\dfrac{(2n-1)(B^{H3})^2}{4(2n-1+\theta)b}$	$\Pi_T^{H4}=\dfrac{(D^{H4})^2}{4(4m-1)(4m-1+\theta)b}$	$\Pi_T^{H5}=\dfrac{(D^{H5})^2}{4(2k-1)(2k-1+\theta)b}$
小农户利润		$\Pi_{F_i,1\le i\le n}^{H2}=\dfrac{\theta(B^{H2})^2}{4(1+\theta)^2 b}$	$\Pi_{F_i,2\le i\le n}^{H3}=\dfrac{n\theta(B^{H3})^2}{4(2n-1+\theta)^2 b}$	$\Pi_{F_i,2\le i\le m}^{H4}=\dfrac{[A^{H4}+2m(1+\epsilon)\Delta C_1]^2}{16m^2\theta b}$	$\Pi_{F_i,1\le i\le k}^{H5}=\dfrac{[A^{H5}+k(1+\epsilon)\Delta C_2]^2}{4k^2\theta b}$
平台利润		$\Pi_T^{H2}=\dfrac{(B^{H2})^2}{4(1+\theta)b}$		/	/
供应链利润	$\Pi_S^{H1}=\dfrac{(B^{H1})^2}{4b}$	$\Pi_S^{H2}=\dfrac{(1+2\theta)(B^{H2})^2}{4(1+\theta)^2 b}$	$\Pi_S^{H3}=(2n-1)(2n-1+2\theta)(B^{H3})^2/[4(2n-1+\theta)^2 b]$	$\Pi_S^{H4}=\dfrac{(4m-1)(4m-1+2\theta)(D^{H4})^2 b}{4(4m-1)(4m-1+\theta)^2 b}+\dfrac{2m(2m-1)(1+\epsilon)^2\Delta C_1^2}{(4m-1)\theta b}$	$\Pi_S^{H5}=\dfrac{(2k-1)(2k-1+2\theta)(D^{H5})^2 b}{4(2k-1)(2k-1+\theta)^2 b}+\dfrac{k(k-1)(1+\epsilon)^2\Delta C_2^2}{(2k-1)\theta b}$

其中，$B^{HI} = a + r\varepsilon - (1+\varepsilon)(C_F^{HI} + C_T^{HI})$，$\Delta C_1 = C_M^{H4} - C_F^{H4}$，$\Delta C_2 = C_K^{H5} - C_F^{H5}$，$A^{H4} = \dfrac{2m(1+\varepsilon)\Delta C_1}{4m-1} + \dfrac{2m\theta[(4m-1)B^{H4} - 2m(1+\varepsilon)\Delta C_1]}{(4m-1)(4m-1+\theta)}$，$A^{H5} = \dfrac{k(1+\varepsilon)\Delta C_2}{2k-1} + \dfrac{k\theta[(2k-1)B^{H5} - k(1+\varepsilon)\Delta C_2]}{(2k-1)(2k-1+\theta)}$，$D^{H4} = (4m-1)B^{H4} - 2m(1+\varepsilon)\Delta C_1$，$D^{H5} = (2k-1)B^{H5} - k(1+\varepsilon)\Delta C_2$。

由表 4.3 可知，当农户中无合作社时，销售量、销售价格、土地流转收益和利润主要受增产率和收益分配率影响；当农户中有合作社时，还受小农户数量影响。具体分析如下：第一，增产率 ε 反映了实际销售量与实际产量之间的关系，即 $Q^{HI} = (1+\varepsilon)q^{HI}$；在 q^{HI} 不变情况下，ε 越大（小），Q^{HI} 越大（小），剩余产量的绝对量越大（小）；由于假设剩余产品的价值小于其生产投入的成本，故 ε 越大（小），利润越小（大）。第二，收益分配率 θ 代表了农户所获得的销售收入的比例；当其他条件不变时，θ 越大，农户利润越高，平台利润越低，反之亦然。第三，当农户中没有合作社，且其他条件不变时，农户数量与各成员利润具有反向变动关系；当农户中有合作社时，小农户数量与各成员利润呈二次关系，理论上存在最优合作（或未合作）比例，使其利润最大化。

（三）关键因素对决策模式选择的影响

不同决策模式的销售量、销售价格和土地流转收益变化不同，通过比较分析得出如下结论：

定理 4.1.1 不同决策模式的销售量变化关系满足如下条件：

（1）在任何条件下，总销售量满足 $q^{H1} > q^{H2}$，且 q^{H4}，$q^{H5} \geqslant q^{H3} \geqslant q^{H2}$；除此之外，当 ε 较大时，有 q^{H3}，q^{H4}，$q^{H5} > q^{H1}$，当 ε 较小时，有 q^{H3}，q^{H4}，$q^{H5} A \leqslant q^{H1}$；在 $C_T^{H4} = C_T^{H5}$，$C_M^{H4} = C_K^{H5}$，即 $B^{H4} = B^{H5}$，$\Delta C_1 = \Delta C_2$ 情况下，当 $k - 2m$ 与 $2\theta B + (1-\theta)(1+\varepsilon)\Delta C$ 同号时，则有 $q^{H5} > q^{H4}$，当 $k - 2m$ 与 $2\theta B + (1-\theta)(1+\varepsilon)\Delta C$ 异号时，则有 $q^{H5} \leqslant q^{H4}$。

（2）当 $k\Delta C_2 \geqslant 2m\Delta C_1$ 时，合作社销售量满足 $q_K^{H5} \leqslant q_M^{H4}$；当 $k\Delta C_2 < 2m\Delta C_1$ 时，合作社销售量满足 $q_K^{H5} > q_M^{H4}$。

（3）当 $\Delta B^{43} > -2b\Delta q_1^{43}$ 时，农场主销售量满足 $q_1^{H4} > q_1^{H3}$；当 $\Delta B^{43} \leqslant -2b\Delta q_1^{43}$ 时，农场主销售量满足 $q_1^{H4} \leqslant q_1^{H3}$。

（4）在任何情况下，小农户销售量满足 $q_{i,1 \leqslant i \leqslant n}^{H2} \leqslant q_{i,2 \leqslant i \leqslant n}^{H3}$；除此之外，$q_{i,1 \leqslant i \leqslant n}^{H2}$ 与 $q_{i,2 \leqslant i \leqslant m}^{H4}$，$q_{i,1 \leqslant i \leqslant n}^{H2}$ 与 $q_{i,1 \leqslant i \leqslant k}^{H5}$，$q_{i,2 \leqslant i \leqslant n}^{H3}$ 与 $q_{i,2 \leqslant i \leqslant m}^{H4}$，$q_{i,1 \leqslant i \leqslant k}^{H5}$ 与 $q_{i,2 \leqslant i \leqslant m}^{H4}$ 的关系视不同情况而不同；如当 $\Delta B^{42} \leqslant -2b\Delta C_1^{42}$ 时，小农户销售量满足 $q_{i,2 \leqslant i \leqslant m}^{H4} \leqslant q_{i,1 \leqslant i \leqslant n}^{H2}$；当 $\Delta B^{42} > -2b\Delta C_1^{42}$ 时，小农户销售量满足 $q_{i,2 \leqslant i \leqslant m}^{H4} > q_{i,1 \leqslant i \leqslant n}^{H2}$。

其中，$\Delta B^{43} = \{[a + r\varepsilon - (1+\varepsilon)C_F^{H}][(n-m)(1-\theta) - 2mn] + (1+\varepsilon)[n(4m-1+\theta)C_T^{H3} - m(2n-1+\theta)C_T^{H4}]\}/[(2n-1+\theta)(4m-1+\theta)]$，$\Delta q_1^{43} =$

$\dfrac{2m^3\theta(8m-2+\theta)(1+\varepsilon)\Delta C_1}{2\theta(4m-1)(4m-1+\theta)b}$；$\Delta B^{42}=\dfrac{B^{H4}}{4m-1+\theta}-\dfrac{B^{H2}}{n(1+\theta)}$，$\Delta C_1^{42}=\big[m(8m-2+\theta)(1+\varepsilon)\Delta C_1\big]/\big[\theta(4m-1)(4m-1+\theta)b\big]$。

定理 4.1.2 在任何条件下，销售价格满足 $P^{H1}<P^{H2}$，且 P^{H4}，$P^{H5}\leqslant P^{H3}\leqslant P^{H2}$；除此之外，当 ε 较大时有 P^{H3}，P^{H4}，$P^{H5}\leqslant q^{H1}$，当 ε 较小时有 P^{H3}，P^{H4}，$P^{H5}>P^{H1}$。

定理 4.1.3 不同决策模式的土地流转收益变化在不同条件下满足不同关系，如当 $[2-(1-\theta)/n]B^{H2}\leqslant(1+\theta)B^{H3}$ 时，完全分散决策与农场主模式的土地流转收益满足 $R^{H2}\leqslant R^{H3}$，当 $[2-(1-\theta)/n]B^{H2}>(1+\theta)B^{H3}$，二者的关系为 $R^{H2}>R^{H3}$。

通常，销售量、销售价格和土地流转收益在无决策优先权时受平台、农户边际成本及增产率影响，在农场主模式和合作社模式中还受合作规模影响；除此之外，合作社边际成本也是影响销售量、价格和土地流转收益的一项重要因素，而合作规模又决定了合作社边际成本。从定理 4.1.1 到 4.1.3 可得出以下结论：

第一，在任何条件下，销售量始终满足 $q^{H1}>q^{H2}$，且 q^{H4}，$q^{H5}\geqslant q^{H3}\geqslant q^{H2}$；也就是说，集中决策模式的销售量大于完全分散决策模式的销售量。同时，合作社模式和农场主模式的销售量大于完全分散决策模式的销售量。在五种决策模式中，唯独完全分散决策模式的销售量最小。集中决策模式与农场主模式或合作社模式的相同点是平台风险成本的节约：在集中决策模式中，是由于风险传递路径缩短带来的风险成本变小；在农场主模式和合作社模式中，是由于农场主或合作社具有不同于小农户的优先独立决策权，使得平台的两条传递路径具有相互的独立性，这大大降低了平台的风险成本。

第二，在任何条件下，小农户销售量始终满足 $q_i^{H2}\leqslant q_i^{H3}$，即在农场主模式中，农场主的决策优先权不但可以增加总销售量，而且还可以提高小农户销售量。

第三，在任何条件下，销售价格都满足 $P^{H1}<P^{H2}$，且 P^{H4}，$P^{H5}\leqslant P^{H3}\leqslant P^{H2}$，即在五种决策模式中，唯独完全分散决策的销售价格最大，其余四种决策模式都可以降低销售价格，导致这一现象的主要原因是销售量增加。除此之外，合作社销售量、农场主销售量和土地流转收益视不同情况而不同。

（四）不同决策模式选择分析

在平台主导视角下，农户选择合作与否对其成本、平台成本和各参与主体利润具有不同程度的影响，现主要对比分析不同模式下农户、平台和供应链利润变化，得出不同合作模式之间策略选择的依据。

1. 从农户视角

定理 4.1.4 农户对五种决策模式选择倾向，基于以下条件：

（1）在任何条件下，均有 $\Pi_\text{农}^{H5}\leqslant\Pi_\text{农}^{H3}$，对农场主来说分散合作社不是最优的。

（2）由于不同合作模式下合作社利润与合作规模和边际成本变化相关，当

$k\triangle C_2 \geqslant 2m\triangle C_1$ 时，可证 $\varPi_K^{H5} \leqslant \varPi_M^{H4}$，当 $k\triangle C_2 < 2m\triangle C_1$ 时，可证 $\varPi_K^{H5} > \varPi_M^{H4}$；即在其他条件不变前提下，合作规模较大或合作社边际成本变化较大都不利于合作利润增加。

（3）在任何情况下，$\varPi_{H,1\leqslant i \leqslant n}^{H2} > \varPi_{H,2\leqslant i \leqslant n}^{H3}$ 成立；在一定条件下，$\varPi_{H,2\leqslant i \leqslant m}^{H4}$、$\varPi_{H,1\leqslant i \leqslant k}^{H5} \geqslant \varPi_{H,1\leqslant i \leqslant n}^{H2}$ 成立。对小农户来说，农场主模式和任何一种合作社模式都不是最优的，完全同质的自由竞争可以使小农户获得较高利润，而农场主模式和合作社模式中的小农户利润具有相似的变化趋势，且随合作社规模和边际成本的不同而不同。

从定理 4.1.4 可知，第一，从农场主利润变化来看，分散合作社对农场主来说往往是不利的，在分散合作社模式下，农场主原有的决策优先地位被取代，从"先动"变为"被动"，同时伴随着先动优势的消失。第二，不同合作模式的利润视合作规模而不同。在给定规模和边际成本前提下，集中合作社相对于分散合作社来说更有利，集中合作社与分散合作社的区别主要是成员结构上的差异，在集中合作社下农场主内化于合作社之中，且合作社利润大于农场主模式的农场主利润，这对合作社和农场主来说都是有益的，即在"合作社＋农场主＋小农户"模式中可以实现合作社和农场主的双赢。

2. 从平台视角

定理 4.1.5　在任何条件下，$\varPi_T^{H2} \leqslant \varPi_T^{H3}$，$\varPi_T^{H4}$，$\varPi_T^{H5}$ 恒成立。对平台来说，农场主模式或合作社模式都可以提高平台利润，从平台角度考虑，农场主模式或合作社模式与完全分散决策的区别主要是信息传递路径发生了变化。在完全分散决策下，风险分别经 n 个同质农户传递到平台，由于农户彼此之间无信息共享，使得平台的风险成本较大。在农场主和合作社模式下，由于决策优先权的存在，风险沿决策先后顺序传递先经农场主（或合作社），然后再分别经同质小农户独立传递，由于风险传递渠道的增加，使得平台的风险成本较小。在农场主模式和合作社模式中，平台利润具有相似的变化趋势，且在同等条件下的差别较小。

3. 从供应链视角

定理 4.1.6　五种决策模式下的供应链利润满足如下条件：

（1）完全分散决策与其余四种模式比较：在任何条件下，$\varPi_S^{H1}$，$\varPi_S^{H3}$，$\varPi_S^{H4}$，$\varPi_S^{H5} > \varPi_S^{H2}$ 恒成立。即在五种决策模式中，完全分散决策模式的供应链利润最小。

（2）集中决策与农场主（或合作社）模式比较：当 $C_T^{H3} - C_T^{H1} \leqslant 0$ 时，$\varPi_S^{H1} \leqslant \varPi_S^{H3}$，当 $C_T^{H3} - C_T^{H1} > 0$ 时，$\varPi_S^{H1} > \varPi_S^{H3}$；当 $(4m-1)(4m-1+2\theta)B^{H4} > (4m-1+\theta)^2 B^{H1}$ 时，$\varPi_S^{H4} > \varPi_S^{H1}$；当 $(2k-1)(2k-1+2\theta)B^{H5} > (2k-1+\theta)^2 B^{H1}$ 时，$\varPi_S^{H5} > \varPi_S^{H1}$。

（3）农场主模式与合作社模式的比较：当 $2m > n$，即 $m/n > 1/2$ 时，$\varPi_S^{H4} > \varPi_S^{H3}$；当 $(4m-1)(4m-1+2\theta)(2n-1+\theta)^2 B^{H4} > (4m-1+2\theta)^2(2n-1)(2n-1+2\theta)B^{H3}$ 时，$\varPi_S^{H5} > \varPi_S^{H3}$。

（4）两种合作社模式比较：当 $k/m \leqslant 2\Delta C_1/\Delta C_2$ 时，即 $-k\Delta C_2 \leqslant -2m\Delta C_1$ 和 $k\Delta C_2^2 \leqslant 2m\Delta C_1^2$，可证 $\Pi_S^{H5} \leqslant \Pi_S^{H4}$，反之，$\Pi_S^{H5} > \Pi_S^{H4}$。

供应链利润主要与平台成本、合作规模和合作社成本变动相关。一般来说，当其他条件不变时，平台成本越大，供应链利润越小，反之亦然；合作规模和总成本的变动对供应链利润也具有重要影响，由定理 4.1.6 可知：

第一，在五种决策模式中，唯独完全分散决策的供应链利润最小，因为较其他四种模式，完全分散模式的平台成本最大，其他四种模式中平台的成本或农户的成本都有不同程度的降低。

第二，当平台的成本较小时，农场主模式和合作社模式都可以使供应链恢复协调，这一机制与传统的成本分担和奖惩激励措施的区别是，考虑风险流后农户通过合作降低了平台和合作社的成本。

第三，适当的合作规模可使合作社模式的供应链利润大于农场主模式的供应链利润。在农场主模式中，m 表示小农户数量，在合作社模式中，$n-m$（或 $n-k$）表示合作社成员数量，则 m（或 k）表示（未合作）小农户数量，如在其他条件不变时，当小农户的占比超过一半；也就是说，当合作社成员数量小于一半时，分散合作社模式的供应链利润大于农场主模式的供应链利润。

第四，在两种不同的合作社中，供应链利润与合作社成员比例和成本变动相关，在任何一种合作社模式中，当合作社成员（或小农户）数量较小时，则该模式的供应链利润较小；当合作社成员（或小农户）数量较大时，则该模式的供应链利润较大。

第五，由第三和第四可知，较低合作比例和较高合作比例都不能实现利润增加，只有合作社在控制合适的合作规模时才可以实现利润最大化。

（五）农场主（或合作社）模式的稳定机制

综上所述，农户、平台和供应链利润受边际成本和合作规模影响，在农场主模式或合作社模式中，任何一种决策优先权在一定条件下都可以提高农场主、合作社、平台和供应链利润，唯独小农户利润出现了下降趋势。因此，农场主、合作社和平台希望农场主模式和合作社模式的均衡具有可持续性，而对于小农户而言，更希望通过加入合作社分享合作社利润或解散合作社回归完全分散决策来打破这种均衡①。总之，保证小农户利润不降低是防止小农户与农场主（或合作社）矛盾激化的有效手段。

---

① 所谓"打破均衡"是指，当考虑农户的异质性后，基于合作社和农场主较强的市场势力的决策优势使得小农户的利润有降低趋势（与完全自由竞争状态的利润相比，农户的异质性使得小农户利润降低了），但是所有农户和平台的总利润增加了，即合作社和农场主的异质性使供应链恢复了协调。在该条件下，若对小农户降低的利润"视而不见"，必将导致小农户在利益诱导下的"变质"行为，进而使得合作社解散，平台利润和供应链利润降低；因此，从提高供应链利润的角度，如果能对小农户降低的利润实现有效补偿，使小农户利润不低于完全分散决策模式的利润时，可以实现农户和平台的共赢。

由于在农场主(或合作社)模式中,农场主(或合作社)和平台利润均增加了。因此,考虑对于小农户利润补偿可以通过以下三条途径:一是农场主(或合作社)独自补偿,二是平台独自补偿,三是农场主(或合作社)与平台共同补偿。① 若农场主(或合作社)对小农户利润补偿后,农场主(或合作社)利润不低于完全分散决策的农户平均利润,则农场主(或合作社)独自补偿机制成立,即 $\Pi_F^{H3} - (n-1)(\Pi_F^{H2} - \Pi_F^{H3}) \geqslant \Pi_F^{H2}$,$\Pi_M^{H4} - (m-1)(\Pi_F^{H2} - \Pi_F^{H4}) \geqslant (n-m)\Pi_F^{H2}$,$\Pi_K^{H5} - (k-1)(\Pi_F^{H2} - \Pi_F^{H5}) \geqslant (n-k+1)\Pi_F^{H2}$。② 若平台对小农户利润补偿后,平台利润不低于完全分散决策的平台利润,则平台独自补偿机制成立,即 $\Pi_T^{H3} - (n-1)(\Pi_F^{H2} - \Pi_F^{H3}) \geqslant \Pi_T^{H2}$,$\Pi_T^{H4} - (m-1) \times (\Pi_F^{H2} - \Pi_F^{H4}) \geqslant \Pi_T^{H2}$,$\Pi_T^{H5} - (k-1)(\Pi_F^{H2} - \Pi_F^{H5}) \geqslant \Pi_T^{H2}$。③ 若农场主(或合作社)与平台共同对小农户利润补偿后,农场主(或合作社)利润不低于完全分散决策的农户平均利润;同时,平台利润也不低于完全分散决策模式的平台利润,则农场主(或合作社)与平台共同补偿机制成立,即 $\Pi_F^{H3} + \Pi_T^{H3} - (n-1)(\Pi_F^{H2} - \Pi_F^{H3}) \geqslant \Pi_F^{H2} + \Pi_T^{H2}$,$\Pi_M^{H4} + \Pi_T^{H4} - (m-1)(\Pi_F^{H2} - \Pi_F^{H4}) \geqslant (n-m)\Pi_F^{H2} + \Pi_T^{H2}$,$\Pi_K^{H5} + \Pi_T^{H5} - (k-1)(\Pi_F^{H2} - \Pi_F^{H5}) \geqslant (n-k+1)\Pi_F^{H2} + \Pi_T^{H2}$。

推论 4.1.1　农场主(或合作社)对小农户利润差额的补偿机制不成立,由于该模型建立在平台主导基础上,所有农户总利润远小于平台总利润;也就是说,农场主(或合作社)优先权带来的较高利润几乎都被平台"收割"了,农场主(或合作社)利润增加量很小以至于不能弥补因此而减小的小农户利润。

推论 4.1.2　在任何条件下,$\Pi_T^{H3} - (n-1)(\Pi_F^{H2} - \Pi_F^{H3}) \geqslant \Pi_T^{H2}$,$\Pi_T^{H4} - (m-1) \cdot (\Pi_F^{H2} - \Pi_F^{H4}) \geqslant \Pi_T^{H2}$,$\Pi_T^{H5} - (k-1)(\Pi_F^{H2} - \Pi_F^{H5}) \geqslant \Pi_T^{H2}$ 恒成立;也就是说,平台对小农户利润补偿后,平台利润不低于完全分散决策模式的平台利润,即平台独自补偿机制成立。

推论 4.1.3　由定理 4.1.4 和 4.1.5 可知农场主模式或合作社都可以使平台利润增加,在推论 4.1.1 基础上,可证 $\Pi_F^{H3} + \Pi_T^{H3} - (n-1)(\Pi_F^{H2} - \Pi_F^{H3}) \geqslant \Pi_F^{H2} + \Pi_T^{H2}$,$\Pi_M^{H4} + \Pi_T^{H4} - (m-1)(\Pi_F^{H2} - \Pi_F^{H4}) \geqslant (n-m)\Pi_F^{H2} + \Pi_T^{H2}$,$\Pi_K^{H5} + \Pi_T^{H5} - (k-1) \cdot (\Pi_F^{H2} - \Pi_F^{H5}) \geqslant (n-k+1)\Pi_F^{H2} + \Pi_T^{H2}$ 成立,农场主(或合作社)与平台共同对小农户利润差额的补偿机制成立。

因此,无论是从平台角度还是从农场主(或合作社)与平台角度,在理论上都可以通过有效途径对小农户利润差额进行补偿,使其不低于完全分散决策模式的农户平均利润,说明农场主(或合作社)模式能够持续均衡,使得各参与者利润不降低或增加。

三、算例分析

在供大于求情况下,本书研究了众创模式的合作社契约优化问题;同时,也关注了供不应求情况下[①]的相应利润最大化,得出的结论有相同之处也有不同之处。如两种情况下农户和平台利润变化具有相似趋势,两种情况下都可以实现供应链协调,并在一定条件下呈增长趋势;而除了合作边界具有不同之处外,所有的决策指标都有不同程度的下降,包括土地流转收益和各参与方利润。之所以得出该结论主要归功于两点:风险流和农户合作,风险流呈一定指数形式变化,合作社可以在很大程度上共担风险成本。因此,合作社利润空间得以扩充。这一成本变化机制会放大同一合作方式的合作与未合作农户决策变量的最优解,同时会缩小同一决策主体在不同合作方式的最优解;如集中合作社(F_K)与小农户决策变量的最优解距离被放大了,即二者之间的差异较显著;而合作社 F_M 和 F_K 的最优解差距被缩小了。总之,考虑风险流后,同一合作方式下可能高估了不同参与主体之间的差异,也可能低估了同一决策主体在不同合作方式中的差异,这主要是由合作的农户数量决定,也是该模型与传统模型的主要区别。一般来讲,农户更倾向于实施合作,平台也受益于合作社,对供应链而言,合作社将更能增加供应链效益;而农户策略的选择视不同合作比例而不同。

为验证模型的稳定性,对模型参数赋值[②](如表 4.4 所示),在多组数据组合中都可以得到满意结果。

表 4.4　参数赋值表

a	b	d	C_F	C_T	r_C	p_F	p_T
30	3～5	3	9～11	2～9	2	0.3～0.6	0.2～0.8
α	δ	θ	C_M	C_K	n	r	ε
0.3	40	0.4～0.6	8～13	8～13	20	2	0.2～0.7

考虑到合作不但会增加管理成本,还存在共享效益(农户因共享农机、农技而节约的边际成本),由合作引发边际成本的双向变动,且无法准确判断孰优孰劣,故以 $C_M = C_K = C_F$ 与其余参数的一个组合为例进行数值计算,如 $b = 5$,$C_F = 11$,$C_T = 3$,$p_F = 0.3$,$p_T = 0.2$,$\theta = 0.4$,$C_M = C_K = C_F = 11$,$\varepsilon = 0.5$,得出图 4.4。

由图 4.4 可知,在考虑风险流时,完全分散决策和农场主模式的土地流转收益较大,土地流转收益变动范围较小,几乎保持相同变化趋势,并随农户数量增加呈递减趋势。而分散合作和集中合作情况下,土地流转收益随合作农户数量(合作比例)增加呈先减小后增加趋势,且正"U"形的底部较平缓,即在任何一种合作模式

---

① 鉴于文章结构的限制,对供不应求情况的优化问题及相应结论未予以报告。

② 在考察参数数据取值范围时,根据第四节中模型分析的相关结论,只对其中的关键数据进行赋值,如边际成本、风险发生概率、收益分配率和增产率等相关参数,这些参数对模型结果的范围影响较大,在控制模型结果的前提下,对这些参数的取值要求相对严格;其余参数的取值范围相对宽松,如需求弹性、努力成本的边际弹性、风险免疫力、农户总量和残值等,这些参数可以在较大的范围内任意变动。

下,土地流转收益在较大范围内都处于较低状态,即合作比例的区间很大。平台通过调整土地流转收益对合作比例进行间接控制,从图中可知,只要农户中出现合作社,平台就会迅速做出反应,即平台对合作社的控制较为谨慎,通过降低土地流收益的方式控制合作社比例,二者之间的差异不明显,说明平台对不同合作模式并不敏感,该图从另外一个层面还折射出农户和平台双赢的区间:较低的土地流转收益对合作社来说仍然具有吸引力,因为合作社的先动优势可以获得更高利润,后文有相关说明。当农场主收益满足 $\Pi_K^{\dot{\boxminus}} \geqslant \Pi_K/(n-k+1)$ 时,即集中合作成立的隐条件,只有农场主利润不低于集中合作社中所有成员的平均利润时,集中合作社才存在。

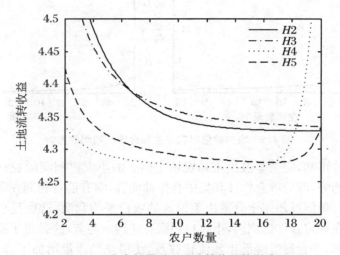

图 4.4　农户数量对土地流转收益的影响

注:不合作时,横坐标表示行业中农户数量;合作时,横坐标表示小农户数量,下同。

由图4.5左图可知,第一,不合作情况下对农户数量没有边界要求,只是随农户数量增加始终处于递减状态,这一现象不可持续,当农场主利润下降到一定程度时(即达到合作边界),农场主会寻求合作;第二,不管哪种合作方式,农场主收益随合作比例增加先呈边际递增而后转为递减趋势,当农场主利润下降到一定程度时(即超出合作边界),农场主会解散合作,采取另一种合作或不合作措施;第三,两种合作边界差异化较大,在集中合作模式中,当小农户数量为 4~17,即当合作比例约在 1/5(3/20)和 4/5(16/20)之间时,农场主对集中合作方式具有偏好性。当行业中农户数量较少时,农场主模式决策是农场主的最优策略;随着农户数量继续增加,农场主利润开始下滑,通过合作方式可以节约成本来提升利润;当合作比例小于 4/5 时,集中合作社是农场主的最优策略,分散合作社是次优策略,不合作其利润将受到威胁。总之,当农户数量较少时,农场主通过优先权可以获得较高利润,当农户数量不断增加时,农场主可以通过适当合作节约成本提升利润;可见市场竞争程度对决策模式选择具有直接影响(曹文彬,左慧慧,2015)。因为,过度合作时平台调整了土地流转收益，"挤压"了农户利润，这是平台对农户合作比例控制的有效手段。由图4.5右图中 $H3$ 的所在曲线表示农场主模式中的农场主获得的利润，与农户数量呈递减趋势，而合作社利润与农户数量呈先增加后减小趋势，与合作社相比，不难发现，合作社可以获得更高利润，对合作社来说，分散合作优于集中合作。

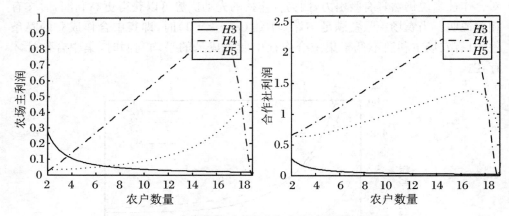

图4.5　农户数量对农场主和合作社利润的影响

由图4.6可知，完全分散决策和农场主模式的小农户利润随农户数量增加始终处于递减趋势，就分散合作社和集中合作社而言，唯有前者利润在合作比例小于2/5（9/20）时，可以反超完全分散决策模式的农户平均利润，这也是小农户最优策略区间。即在一定合作比例内，小农户利润有递增的趋势，这是由于适度合作迎合了平台的需求，平台通过降低土地流转收益，使得总销售量增加了，即使优先权可以增加合作社销售量，但是当增加的总销售量大于合作社增加的销售量时，小农户销售量才会增加，利润也随之增加，再次证明了土地流转收益是影响农户决策的敏感因素。在农场主决策模式中，小农户利润始终小于完全分散决策模式的农户平均利润，唯有合作社模式才有可能使小农户利润增加。可见，相比于农场主模式，小农户在一定条件下更倾向于合作社模式。

由图4.7左图可知，合作社模式可以给平台带来显著利润，总体来说，不同决策模式对平台收益影响较大（Arya，Mittendorf，2006；Çelik，et al，2009）。具体来说，完全分散决策模式的平台收益最小，农场主模式与合作社模式的平台利润差异较大，合作社模式的小农户数量对平台收益不具有敏感性，与图4.4中土地流转收益的结论一致。关于图4.7右图主要分析三点内容：

第一，集中决策模式的供应链利润在整个区间上均分别大于完全分散决策模式和农场主模式，与主流学者的研究结论（Lud Kovski，Sircar Ronnie，2012；林强，叶飞，2014）相符。

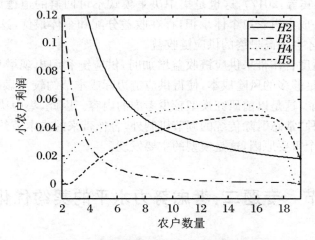

图 4.6　农户数量对小农户利润的影响

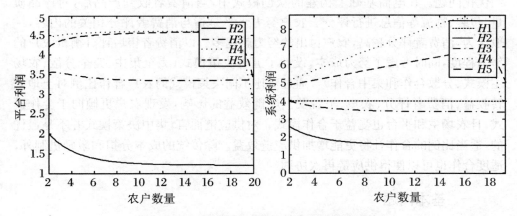

图 4.7　农户数量对平台及供应链利润的影响

　　第二,集中决策模式和农场主模式在合作比例较大时,即小农户数量较少时,二者之间的供应链利润差别不大,主要是因为当小农户数量较少时,农场主的先动优势较为明显,随着小农户数量增加,农场主的先动优势逐渐变弱(如图 4.5 所示)。

　　第三,合作社模式的供应链利润随着合作比例增加,呈先增加后减小趋势(Wei-yu Kevin,2012),且在整个区间上都大于集中决策模式的供应链利润,即供应链实现了协调。根据收益共享契约相关理论,当零售商分担供应商部分费用时(Kunter,2012)或供应商和零售商共担成本时,可以提高供应链效益(Bhatta-charya,et al,2014)。

　　结合本书的研究结论,笔者发现除传统的成本分担和奖惩激励外,适度合作也可以实现供应链协调,其原因主要归纳为两点内容:

　　第一,在集中决策模式中,理性农户不会为提高供应链利润而努力(Chavas,

Shi,2015；章德宾等,2017），这也是集中决策模式不可回避的道德风险问题；而合作情况下,这一成本由农户个体承担,存在收益分配和个体最优,这种从上游到下游的最优决策才会提高最终的供应链收益。

第二,当适度合作带来供应链收益增加时,供应链利润出现增长,即意味着合作可以屏蔽掉足够多的风险成本,使得供应链边际成本节约较为显著,才有供应链收益增加的可能,这是以前研究模型较少考虑的内容。因此,集中决策模式的效益最优并不是一种"常态",除传统的调节机制外,合作带来的成本节约是供应链再次回归协调的一个重要原因,这是模型的主要发现。

第二节　专题二：考虑努力水平的契约优化研究

从平台主导视角,运用斯坦克尔伯格模型,研究众创模式的农民专业合作社契约优化问题。在电商基础上构建的众创模式中,当消费者收到产品后,对产品质量、包装、物流等信息进行评分。农户努力水平是指与消费者评分相关的内容,一般认为,消费者评分越高,农户付出的努力就越多。以消费者售后评分衡量农户的努力程度,同时考虑了努力成本,设计了五种决策模式（完全集中、完全分散、农场主模式、分散合作和集中合作）。通过对比不同决策模式的农户合作比例对土地流转收益、消费者评分、农户、平台及供应链效益的影响,发现农户更倾向于合作模式,且农场主和平台也受益于合作模式。对供应链而言,集中决策模式并不是最优的,适当比例的合作社将更能增加供应链效益。除传统的成本分担和激励机制外,适度合作也可以使得供应链再次协调。

一、基本问题

（一）问题描述

在考虑风险成本前提下,研究农户努力水平对销售量、销售价格、土地流转收益和利润的影响。本书在平台模式背景下,用消费者售后评分作为农户努力程度,同时考虑努力水平与需求量和努力成本的关联关系。在平台主导视角下,考虑农户努力水平后,农户先进行销售量配置,研究模型如图4.8所示。

将农户努力水平纳入模型,同时考虑农户努力水平和努力成本的关系,及消费者评分与农户销量的关系。利润最大化优化模型在专题一基础上增加了消费者评分（以此代表农户努力水平）和农户努力成本,并改造了需求函数形式。先由农户决定销售量和努力程度,其中,农场主（或合作社）根据小农户销售量和努力程度的反应函数决策自己的销售量和努力程度。然后,由平台决定土地流转收益,期望销售量和努力程度是土地流转收益的函数。农户需要考虑是否合作以及合作比例,合作可以享有决策优先权和先动优势,并会影响所有参与者和供应链利润。土地流转收益和基于农户努力水平的销售量通过影响农户行为来影响农户利润、平台利润和供应链效益。该模型主要回答了以下四个问题:

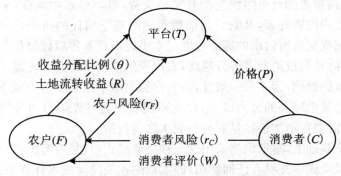

图4.8　平台主导视角下考虑努力水平的研究模型

问题1　对平台来说什么才是合适的销售量? 平台在完全集中、完全分散、农场主模式、分散合作和集中合作五种决策模式中具有不同的销售量。平台先确定销售量,此时的销售量是土地流转收益的反应函数,即当农户确定土地流转收益后,总销售量和分配的销售量才会最终确定。

问题2　对合作社来说什么是合适的合作比例? 随着农户数量增加和行业竞争加剧,农户面临合作与放弃合作的选择。对农场主来说,如果选择与小农户合作,即成立集中合作社,如果放弃合作,小农户有可能成立分散合作社,不管何种合作方式,合作社都需要对合作成本与利润做出权衡,并同时考虑小农户及平台利润是否下降,因为这是合作持续存在的基础。

问题3　对农户来说什么是合适的土地流转收益? 土地流转收益是由农户确定,平台在收益最大化基础上决定销售量。而销售量受土地流转收益影响,土地流转收益受合作比例影响,这是平台和农户的决策顺序,也是农户与平台的博弈纽带。

问题4　对农户和平台以及供应链来说,什么才是合适的消费者评分? 消费者评分决定了农户销售量,同时还会产生努力成本,农户需要提高评分带来销售量增加和成本增加之间权衡。

(二) 相关假设

作为农户的重要决策变量主要应用在专题二和专题四中,在考虑农户努力水平前后,对比供应链各成员收益及供应链协调的变化。采用了经 Blackburn 和 Scudder(2009)以及 Cai 等(2010)等扩展的考虑农户努力水平对需求函数的影响。在实际中,农户努力水平是较难控制的变量,在互联网基础上构建的众创模式,当农户完成交货,且消费者收到产品后,会对产品质量、价格、包装、物流等信息进行评价，将其称之为消费者评价。众创模式中的消费者评分与现有电商模式中的消费者评分不同，后者销售的主要是产成品。通常，商家作为中间商，并非农产品的供应商，且商家与平台之间并非完全是基于利益机制的共同体。而前者农户作为供应商，根据消费者的订单组织生产并完成交货，且不经过中间商（平台的作用更多的是作为农户的管理者，及农户与消费者之间基于信任的纽带）。因此，前者更能体现农户完成交货所付出的努力程度。本书将消费者售后评分作为衡量农户努力程度的指标，并假设消费者评分越高，农户期望销售量越高。考虑了农户努力水平对需求函数的影响，为不失一般性，为农户努力水平设置了努力成本函数。较高努力水平也会带来较高的努力成本，以此限制农户通过无限努力来增加收益的可能，理性农户需要在增加销售量和努力成本之间权衡。

在前两章基础上，本章仍然采用这五种决策模式，且是否考虑农户努力水平对农户和平台风险成本并没有任何影响；即本章的相关风险成本计算公式同专题一，风险传递路径同图4.3。在消费者评分与需求函数部分做了新的假设：

假设1 在专题一相关假设基础上，假设市场需求与农户努力水平成同向变化关系，即在价格给定前提下，努力水平越高其销售量越高[①]，将需求函数设置为 $P = a - bq/w, a, b > 0$；新增变量 w 表示农户努力水平，且 $w > 0$。

假设2 消费者根据产品情况对农户进行综合评分 w，农户为获得较高评分需要付出一定成本 $e(w)$[②]，该成本表示剥离与产量相关的边际成本 C_i 后的其他成本，是在销售价格给定前提下，农户努力水平与销售量保持相同变化关系。根据曲道钢和郭亚军（2008）、但斌等（2013）的研究成果，他们将努力成本定义为努力水平的函数，满足 $\partial e(w)/\partial w > 0, \partial^2 e(w)/\partial w^2 > 0$。本书假设农户努力成本是消费者评分的二次函数，即 $e(w) = dw^2, d > 0$，满足 $\partial e(w)/\partial w > 0$ 和 $\partial^2 e(w)/\partial w^2 > 0$，以反映农户努力成本的边际递增规律。

（三）决策模式

在专题一基础上，农户决策顺序如表4.2所示，风险传递路径如图4.3所示，考虑农户努力水平后，各决策变量和决策结果有所不同。

1. 集中决策模式（$H1$）

农户和消费者风险值分别为 r_F 和 r_C，农户和平台风险发生概率分别为 p_F 和 p_T，对风险的免疫能力为 α，风险成本系数为 δ。在该决策状态下，平台和农户共

---

① 有学者研究投资对需求函数的影响，将需求函数设置为：$P = a + bq + cI$，即在价格不变前提下，投资成功后，市场需求被放大了。但本书将需求函数设置为比例关系，一是为了体现价格给定时需求量和产品评分的同方向变化；二是便于求解，考虑农户努力水平后，平台的决策变量为土地流转收益，农户的决策变量有销售量和努力水平，由于决策变量的增加，对两阶段斯坦克尔伯格的求解带来一定难度，为了简化处理，故将需求量和农户努力水平设置为固定比例关系。

② $e(w)$是农户为获得评分付出的成本，w是消费者对与农户相关行为的评分，与平台的行为无关。

同决策,风险成本为平台风险成本与农户风险成本之和,平台风险值和风险发生成本分别为 $r_T = \alpha\exp(-r_C)$ 和 $C_t^{H1} = \delta p_T r_T$,农户风险值和风险发生成本分别为 $r_F = \alpha\exp(-r_C)$ 和 $C_f^{H1} = \delta p_F r_F$。

2．完全分散决策模式($H2$)

农户消费者评分无差异均为 $w_{i,i\geqslant 1}$,平台和农户的风险分别为 $r_T = \alpha\exp(-r_F)$ 和 $r_F = \alpha\exp(-r_C)$,由于 $r_T > r_F$ 满足风险传递路径越长风险值越大的基本假设。二者的风险成本分别为 $C_t^{H2} = \delta p_T(1-(1-p_F)^n)r_T$ 和 $C_f^{H2} = \delta p_F r_F$,其中,$1-(1-p_F)^n$ 表示农户发生风险的联合概率。

3．农场主模式($H3$)

农场主 F_1 拥有较强的市场势力和较高的评分 w_1,其余 $n-1$ 个小农户的消费者评分为 $w_{i,i>1}$,现假设其在销售量分配时具有优先权。平台和农户风险分别为 $r_T = \alpha\exp(-r_F)$ 和 $r_F = \alpha\exp(-r_C)$,二者的风险成本分别为 $C_t^{H3} = \delta p_T p_F[1-(1-p_F)^{n-1}]r_T$ 和 $C_f^{H3} = \delta p_F r_F$。

4．分散合作模式($H4$)

设 F_M 的边际成本为 C_M,销售量为 q_M,消费者评分为 w_M,农场主的评分 w_1,其余 m 个小农户的消费者评分为 $w_{i,i>1}$。平台和农户的风险分别为 $r_T = \alpha\exp(-r_F)$ 和 $r_F = \alpha\exp(-r_C)$,平台风险成本为 $C_t^{H4} = \delta p_T p_F^{n+1-m}(1-(1-p_F)^{m-1})r_T$,合作社 F_M 风险成本为 $C_M^{H4} = \delta p_F^{n-m} r_F$,小农户风险成本为 $C_f^{H4} = \delta p_F r_F$,该合作社具有较强的抵御风险能力,可以有效降低风险和风险成本,可以实现利润共享。

5．集中合作模式($H5$)

设 F_K 的边际成本为 C_K,销售量为 q_K,消费者评分为 w_K,其余 k 个小农户的消费者评分为 $w_{i,i>1}$。平台和农户的风险分别为 $r_T = \alpha\exp(-r_F)$ 和 $r_F = \alpha\exp(-r_C)$;平台风险成本为 $C_t^{H5} = \delta p_T p_F^{n+1-k}[1-(1-p_F)^{k-1}]r_T$,合作社 F_K 的风险成本为 $C_{JK}^{H5} = \delta p_F^{n-k+1} r_F$,小农户风险成本为 $C_f^{H5} = \delta p_T p_F r_F$;该合作模式同样可以实现风险共担和利润共享,但与较分散合作社不同的是,除了合作社成员数量,还有二者的合作方式和决策顺序不同,其合作效果有差异。基于该假设,不同决策模式的各参与主体的风险成本满足 $C_f^{H1} = C_f^{H2} = C_f^{H1} \geqslant C_{fM}^{H4}, C_{fK}^{H5}$,且 $C_t^{H2} \geqslant C_t^{H3} \geqslant C_t^{H4}, C_t^{H5}$。

二、决策模式选择分析

农户和平台在五种决策模式下博弈,不同情形的最优决策不同,农户利润由收益分配率 θ、市场价格 P、销售量 $S(q,R)$、剩余产品价值 $rL(q,R)$、土地流转收益 R、消费者评分 w 和成本共同决定,平台的成本中不包括努力成本,所有的努力成本由农户承担;农户和平台的成本包括边际成本和风险成本:$C_J^{H1} = C_J + C_J^{H1}$,同理,合作社成本 $C_M^{H4} = C_M + C_{JM}^{H4}, C_K^{H5} = C_K + C_{JK}^{H5}$。

(一)基本模型

集中决策模式的供应链利润 $\Pi_S^{H1}(q,w) = PS(q,w) + rL(q,w) - (C_{F1}^{H1} +$

$C_T^{H1})Q-e(w)$；完全分散决策模式的农户利润 $\Pi_F^{H2}(q,w)=\theta[PS(q,w)+rL(q,w)]+RQ-C_F^{H2}Q-e(w)$；农场主模式的农户利润 $\Pi_{Fi}^{H3}(q_i,w_i)=\theta[PS(q_i,w_i)+rL(q,w)]+RQ_i-C_F^{H3}Q_i-e(w_i)$；分散合作模式的合作社利润 $\Pi_M^{H4}(q_M,w_M)=\theta[PS(q_M,w_M)+rL(q,w)]+RQ_M-C_M^{H4}Q_M-e(w_M)$，农场主和小农户利润 $\Pi_{Fi,i\geqslant1}^{H4}(q_i,w_i)=\theta[PS(q_i,w_i)+rL(q_i,w_i)]+RQ_i-C_F^{H4}Q_i-e(w_i)$；集中合作模式的合作社利润 $\Pi_K^{H5}(q_K,w_K)=\theta[PS(q_K,w_K)+rL(q_i,w_i)]+RQ_K-C_K^{H5}Q_K-e(w_K)$，小农户利润 $\Pi_{Fi,i>1}^{H5}(q_i,w_i)=\theta[PS(q_i,w_i)+rL(q_i,w_i)]+RQ_i-C_F^{H5}Q_i-e(w_i)$；不同决策模式的平台利润 $\Pi_T^{HI}(q^{HI},w^{HI})=(1-\theta)[P^{HI}S(q^{HI},w^{HI})+rL(q^{HI},w^{HI})]-R^{HI}Q^{HI}-C_T^{HI}Q^{HI}$。

（二）决策模式的均衡

从平台主导视角，先优化农户销售量和消费者评分，平台根据农户决策结果再进行土地流转收益决策。农场主（或合作社）具有决策优先权，在农场主和合作社模式中，小农户的反应函数是农场主和合作社决策的依据。通过优化可得不同决策模式的均衡解（见表 4.5）。

设 $B^{HI}=a+r\varepsilon-(1+\varepsilon)(C_F^{HI}+C_T^{HI})$，其中，$I=1,2,3,4,5$；$A^{HI}=\theta(a+r\varepsilon)+(1+\varepsilon)(R^{HI}-C_F^{HI})$，其中，$I=4,5$；$\Delta C_1=C_M^{H4}-C_F^{H4}$，$\Delta C_2=C_K^{H5}-C_F^{H5}$。

从表 4.5 可知，销售量、消费者评分、土地流转收益和各方利润主要受到收益分配率、增产率和边际成本影响，具体分析如下：

第一，收益分配率表示销售收入在农户和平台之间的分配比例，在其他条件不变的前提下，收益分配率越高农户获得收益越高；反之，收益分配率越低农户获得的收益越低。

第二，增产率表示农户在接受订单后，按要求安排生产，在不可控因素下增加的产量，通常是由有利天气、季节和气候等自然因素造成的。产量增加会带来剩余，而假设剩余产品的单位价值低于生产的边际成本，故增产率越大，剩余产量越多，处理成本越高，农户利润越小。

第三，边际成本反映了单位产品在生产和销售中发生的成本，这部分成本是从销售收入中扣除，故边际成本越大利润空间越小；反之，边际成本越小利润空间越大。在产品的边际生产成本给定前提下，当边际风险成本降低时也能实现利润增加，从平台主导视角，在农场主模式中，由于农场主决策优先权可以带来平台风险传递路径和风险成本变化。我们在农场主模式基础上对模型进行了扩展和延伸，由于平台的决策变量是隐函数，在模型分析中较难表示，故后文通过赋值计算予以详细分析。

表 4.5　不同决策模式的均衡解

决策模式	集中决策	完全分散决策	农场主模式	分散合作模式	集中合作模式
总销售量	$q^{H1}=\dfrac{(B^{H1})^3}{16db^2}$	$q^{H2}=\dfrac{27\theta\,(B^{H2})^3}{128\,(1+\theta)^3\,db^2}$	$q^{H3}=\dfrac{27\,(2n-1)^2\theta\,(B^{H3})^3}{128\,(2n-1+\theta)^3\,db^2}$	$q^{H4}=\dfrac{w[(4m-1)A^{H4}-2m\Delta C_1]}{4mb}$	$q^{H5}=\dfrac{w[(2k-1)A^{H5}-k\Delta C_2]}{2k\theta b}$
合作社销售量	/		/	$q_M^{H4}=\dfrac{w(A^{H4}-2m\Delta C_1)}{2\theta b}$	$q_K^{H5}=\dfrac{w(A^{H5}-k\Delta C_2)}{2\theta b}$
农场主销售量		$q_{1,i,i\geq1}^{H2}=\dfrac{27\theta\,(B^{H2})^3}{128\,(1+\theta)^3\,ndb^2}$	$q_1^{H3}=\dfrac{27\,(2n-1)\theta\,(B^{H3})^3}{128\,(2n-1+\theta)^3\,db^2}$	$q_1^{H4}=\dfrac{w(A^{H4}+2m\Delta C_1)}{4\theta b}$	/
小农户销售量			$q_{i,i>1}^{H3}=\dfrac{27\,(2n-1)\theta\,(B^{H3})^3}{128\,(2n-1+\theta)^3\,db^2}$	$q_{i,i>1}^{H4}=\dfrac{w(A^{H4}+2m\Delta C_1)}{4mb}$	$q_{i,i>1}^{H5}=\dfrac{wA^{H5}}{k\theta b}-\dfrac{q_K^{H5}}{k}$
消费者评分	$w^{H1}=\dfrac{(B^{H1})^2}{8db}$	$w^{H2}=\dfrac{9\theta\,(B^{H2})^2}{32\,(1+\theta)^2\,db}$	$w^{H3}=\dfrac{9\,(2n-1)\theta\,(B^{H3})^2}{32\,(2n-1+\theta)^2\,db}$	$w^{H4}=\{(4m-1)[(A^{H4})^2+4m^2\Delta C_1^2]\\-4m\Delta C_1 A^{H4}\}/(32m^2\theta db)$	$w^{H5}=[k(A^{H5}-k\Delta C_2)^2+(k-1)\\\cdot(A^{H5}+k\Delta C_2)^2]/(8k^2\theta db)$
销售价格	$P^{H1}=a-\dfrac{B^{H1}}{2}$	$P^{H2}=a-\dfrac{3B^{H2}}{4(1+\theta)}$	$P^{H3}=a-\dfrac{3(2n-1)B^{H3}}{4(2n-1+\theta)}$	$P^{H4}=a-\dfrac{(4m-1)A^{H4}-2m\Delta C_1}{4m\theta}$	$P^{H5}=a-\dfrac{(2k-1)A^{H5}-k\Delta C_2}{2k\theta}$
土地流转收益	/	$R^{H2}=[[(1-2\theta)\theta(a+r\varepsilon)C_T^{H2}+(2-\theta)\\\cdot(1+\varepsilon)C_F^{H2}]-3\theta(1+\varepsilon)C_T^{H2}]\\/[2(1+\theta)\cdot(1+\varepsilon)]$	$R^{H3}=[[(2-2\theta-n)\theta(a+r\varepsilon)\\+(4n-3n\theta+2\theta-2)(1+\varepsilon)C_T^{H3}]\\\cdot C_F^{H3}-3n\theta(1+\varepsilon)C_T^{H3}]\\/[2(2n-1+\theta)(1+\varepsilon)]$	$R^{H4}=\dfrac{A^{H4}-\theta(a+r\varepsilon)}{(1+\varepsilon)}+C_F^{H4}$	$R^{H5}=\dfrac{A^{H5}-\theta(a+r\varepsilon)}{(1+\varepsilon)}+C_F^{H5}$

续表

决策模式	集中决策	完全分散决策	农场主模式	分散合作模式	集中合作模式
合作社利润			/	$\Pi_M^{H4} = (A^{H4} - 2m\Delta C_1)^2\{(3m-1)\cdot[(A^{H4})^2 + 4m^2\Delta C_1^2] - 4mA^{H4}\Delta C_1(1-m)\}/(2^8 m^3 \theta^2 db^2)$	$\Pi_K^{H5} = (A^{H5} - k\Delta C_2)^2\{(3k-2)\cdot[(A^{H5})^2 + k^2\Delta C_2^2] - 2A^{H5}k\Delta C_2(2-k)\}/(2^6 k^3 \theta^2 db^2)$
农场主利润		$\Pi_F^{H2} = \dfrac{3^4 \theta^2 (B^{H2})^4}{2^{10}(1+\theta)^4 db^2}$	$\Pi_{Fi}^{H3} = \dfrac{3^4 \theta^2 n(3n-2)(B^{H3})^4}{2^{10}(2n-1+\theta)^4 db^2}$	$\Pi_{Fi}^{H4} = (A^{H4} + 2m\Delta C_1)^2[(7m-2)(A^{H4})^2 + 4m^2\Delta C_1^2 - 4mA^{H4}\Delta C_1(2+m)]/(2^{10} m^3 \theta^2 db^2)$	/
小农户利润			$\Pi_{Fi,i>1}^{H3} = \dfrac{3^4 \theta^2 (4n-3)(B^{H3})^4}{2^{10}(2n-1+\theta)^4 db^2}$	$\Pi_{Fi,i>1}^{H4} = (A^{H4} + 2m\Delta C_1)^2\{(8m-3)\cdot[(A^{H4})^2 + 4m^2\Delta C_1^2] - 12mA^{H4}\Delta C_1\}/(2^{10} m^4 \theta^2 db^2)$	$\Pi_{Fi,i>1}^{H5} = (A^{H5} + k\Delta C_2)^2\{(4k-3)\cdot[(A^{H5})^2 + k^2\Delta C_2^2] - 6A^{H5}k\Delta C_2\}/(2^6 k^4 \theta^2 db^2)$
平台利润		$\Pi_T^{H2} = \dfrac{3^3\theta(B^{H2})^4}{2^9(1+\theta)^3 db^2}$	$\Pi_T^{H3} = \dfrac{3^3 \theta (2n-1)^2 (B^{H3})^4}{2^9 (2n-1+\theta)^3 db^2}$	$\Pi_T^{H4} = [4m\theta B^{H4} - (4m-1+\theta)A^{H4} + 2(1-\theta)m\Delta C_1]q^{H4}/(4m\theta)$	$\Pi_T^{H5} = [2k\theta B^{H5} - (2k-1+\theta)A^{H5} + (1-\theta)k\Delta C_2]q^{H5}/(2k\theta)$
供应链总利润	$\Pi_S^{H1} = \dfrac{(B^{H1})^4}{2^6 db^2}$	$\Pi_S^{H2} = 3^3\theta(5\theta+2)(B^{H2})^4/[2^{10}(1+\theta)^4 db^2]$	$\Pi_S^{H3} = 3^3\theta[(2n-1)^3 + \theta(29n^2 - 35n + 11)](B^{H3})^4/[2^{10}(2n-1+\theta)^4 db^2]$	$\Pi_S^{H4} = (m-1)\Pi_{Fi,i>1}^{H4} + \Pi_{Fi}^{H4} + \Pi_T^{H4} + \Pi_M^{H4} + \Pi_T^{H4}$	$\Pi_S^{H5} = (k-1)\Pi_{Fi,i>1}^{H5} + \Pi_K^{H5} + \Pi_T^{H5}$

（三）关键因素对决策模式选择的影响

基于表 4.5，具体分析销售量、消费者评分、销售价格和土地流转收益变化，通过比较分析得出如下结论：

定理 4.2.1　不同决策模式的销售量变化关系满足如下条件：

（1）农户总销售量与收益分配率、边际成本和农户数量相关，如当 $\dfrac{(B^{H1})^3}{(B^{H2})^3} \geqslant$ $\dfrac{27\theta}{8(1+\theta)^3}$ 时，完全集中与完全分散决策模式的总销售量满足 $q^{H1} \geqslant q^{H2}$；当 $\dfrac{(B^{H1})^3}{(B^{H3})^3} \geqslant$ $\dfrac{27(2n-1)^2\theta}{8(2n-1+\theta)^3}$ 时，集中决策与农场主模式的总销售满足 $q^{H1} \geqslant q^{H3}$；当 $\dfrac{(B^{H2})^3}{(B^{H3})^3} \geqslant$ $\dfrac{(2n-1)^2(1+\theta)^3}{(2n-1+\theta)^3}$ 时，完全分散决策与农场主模式的总销售满足 $q^{H2} \geqslant q^{H3}$，反之亦然。

（2）小农户销售量与收益分配率、边际成本和农户数量相关，如当 $\dfrac{(B^{H2})^3}{(B^{H3})^3} \geqslant$ $\dfrac{n(2n-1)(1+\theta)^3}{(2n-1+\theta)^3}$ 时，完全分散决策与农场主模式的小农户销售量满足 $q_{i,i\geqslant1}^{H2} \geqslant$ $q_{i,i>1}^{H3}$，反之亦然。

（3）农场主销售量与收益分配率、边际成本和农户数量相关，如当 $\dfrac{(B^{H2})^3}{(B^{H3})^3} \geqslant$ $\dfrac{n^2(2n-1)(1+\theta)^3}{(2n-1+\theta)^3}$ 时，$q_{i,i\geqslant1}^{H2} \geqslant q_1^{H3}$，农场主的销售量较完全分散决策模式的销售量降低了，反之亦然。

定理 4.2.2　消费者评分变化满足如下条件：当 $\dfrac{(B^{H1})^2}{(B^{H2})^2} \geqslant \dfrac{9\theta}{4(1+\theta)^2}$ 时，$w^{H1} \geqslant$ w^{H2}；当 $\dfrac{(B^{H1})^2}{(B^{H3})^2} \geqslant \dfrac{9(2n-1)\theta}{4(2n-1+\theta)^2}$ 时，$w^{H1} \geqslant w^{H3}$；当 $\dfrac{(B^{H2})^2}{(B^{H3})^2} \geqslant \dfrac{(2n-1)(1+\theta)^2}{(2n-1+\theta)^2}$ 时，$w^{H2} \geqslant w^{H3}$，反之亦然。

定理 4.2.3　销售价格变化满足如下条件：当 $\dfrac{B^{H2}}{B^{H1}} \geqslant \dfrac{2(1-\theta)}{3}$ 时，$P^{H1} \geqslant P^{H2}$；当 $\dfrac{B^{H3}}{B^{H1}} \geqslant \dfrac{2(2n-1+\theta)}{3(2n-1)}$ 时，$P^{H1} \geqslant P^{H3}$；当 $\dfrac{B^{H3}}{B^{H2}} \geqslant \dfrac{(2n-1+\theta)}{(2n-1)(1-\theta)}$ 时，$P^{H2} \geqslant P^{H3}$，反之亦然。

定理 4.2.4　不同决策模式的土地流转收益变化满足如下条件：当 $\dfrac{B^{H2}}{C_T^{H2}-C_T^{H3}} \geqslant$ $\dfrac{n(1+\varepsilon)(1+\theta)}{(n-1)(1-\theta)}$ 时，$R^{H2} \geqslant R^{H3}$，反之亦然。

从定理 4.2.1 到定理 4.2.4 可知，销售量、消费者评分、销售价格和土地流转收益主要受到收益分配率、增产率、边际成本和农户数量影响，在不同条件下，各变

量大小不尽相同:

第一,如果农场主模式的总销售量降低,那么小农户销售量一定会降低:如当 $\dfrac{(B^{H2})^3}{(B^{H3})^3} \geqslant \dfrac{(2n-1)^2 (1+\theta)^3}{(2n-1+\theta)^3}$ 时,完全分散决策与农场主模式的总销售满足 $q^{H2} \geqslant q^{H3}$;当 $\dfrac{(B^{H2})^3}{(B^{H3})^3} \geqslant \dfrac{n(2n-1)(1+\theta)^3}{(2n-1+\theta)^3}$ 时,完全分散决策与农场主模式的小农户销售量满足 $q^{H2}_{ii,i \geqslant 1} \geqslant q^{H3}_{ii,i > 1}$。农场主模式与完全分散决策模式的区别是农场主具有决策优先权,先于小农户决策,且农场主的销售量必定大于小农户销售量,故在农场主模式中,如果总销售量降低了,小农户销售量一定降低。

第二,在一定条件下,不同决策模式的销售量和评分保持同步变化关系,即销售量增加,评分也增加,销售量减小,评分也相应减小:如当 $\dfrac{(B^{H1})^3}{(B^{H2})^3} \geqslant \dfrac{27\theta}{8 (1+\theta)^3}$ 时,完全集中与完全分散决策模式的总销售量满足 $q^{H1} \geqslant q^{H2}$,当 $\dfrac{(B^{H1})^2}{(B^{H2})^2} \geqslant \dfrac{9\theta}{4 (1+\theta)^2}$ 时,$w^{H1} \geqslant w^{H2}$,若 $\theta \leqslant 0.5$ 且 $C^{H2}_T - C^{H1}_T \leqslant 0$ 时,当 $\dfrac{(B^{H1})^3}{(B^{H2})^3} \geqslant \dfrac{27\theta}{8 (1+\theta)^3}$ 成立时,$\dfrac{(B^{H1})^2}{(B^{H2})^2} \geqslant \dfrac{9\theta}{4 (1+\theta)^2}$ 必定成立。

第三,在完全分散决策和农场主模式的总销售量较易降低,土地流转收益较易降低,如当 $\dfrac{(B^{H2})^3}{(B^{H3})^3} \geqslant \dfrac{(2n-1)^2 (1+\theta)^3}{(2n-1+\theta)^3}$ 时,完全分散决策与农场主模式的总销售满足 $q^{H2} \geqslant q^{H3}$,当 $\dfrac{B^{H2}}{C^{H2}_T - C^{H3}_T} \geqslant \dfrac{n(1+\varepsilon)(1+\theta)}{(n-1)(1-\theta)}$ 时,$R^{H2} \geqslant R^{H3}$;这主要是由决策顺序和决策变量决定的,当农户决定了销售量和消费者评分后,平台进行土地流转收益的决策。若农户的总销售量降低了,平台只能通过降低成本支出的方式维持利润,与边际成本相比,土地流转收益是较易调整的成本支出项。

(四) 不同决策模式选择分析

农户和平台对不同决策模式选择主要依赖于不同决策模式的利润差异,现主要对比分析集中决策、完全分散决策和农场主模式中各方利润变化。

1. 从农户视角

定理 4.2.5　农户对不同决策模式的选择满足如下条件:

(1) 当 $\dfrac{(B^{H3})^4}{(B^{H2})^4} \geqslant \dfrac{(2n-1+\theta)^4}{n^2(3n-2)}$ 时,$\Pi^{H3}_{Fi} \geqslant \Pi^{H2}_{Fi}$,即当农场主具有优先权后,农场主利润大于完全分散决策模式的农户平均利润;反之亦然。

(2) 当 $\dfrac{(B^{H3})^4}{(B^{H2})^4} \geqslant \dfrac{(2n-1+\theta)^4}{n(4n-3)(1+\theta)^4}$ 时,$\Pi^{H3}_{Fi,i>1} \geqslant \Pi^{H2}_{Fi,i \geqslant 1}$,即农场主模式的小农户利润大于完全分散决策模式的农户平均利润;反之亦然。

2. 从平台视角

定理 4.2.6 当 $\dfrac{(B^{H3})^4}{(B^{H2})^4} \geqslant \dfrac{(2n-1+\theta)^3}{(2n-1)^2(1+\theta)^3}$ 时，$\Pi_T^{H3} \geqslant \Pi_T^{H2}$，即农场主模式的平台利润大于完全分散决策模式的平台利润；反之亦然。

3. 从供应链视角

定理 4.2.7 供应链利润变化满足如下条件：

(1) 当 $\dfrac{(B^{H2})^4}{(B^{H1})^4} \geqslant \dfrac{2^4(1+\theta)^4}{3^3\theta(5\theta+2)}$ 时，$\Pi_S^{H2} \geqslant \Pi_S^{H1}$，即完全分散决策模式的供应链利润大于集中决策模式的供应链利润；当 $\dfrac{(B^{H3})^4}{(B^{H1})^4} \geqslant \dfrac{2^4(2n-1+\theta)^4}{3^3\theta[(2n-1)^3+\theta(29n^2-35n+11)]}$ 时，$\Pi_S^{H3} \geqslant \Pi_S^{H1}$，即农场主模式的供应链利润大于集中决策模式的供应链利润；反之亦然。

(2) 当 $\dfrac{(B^{H3})^4}{(B^{H2})^4} \geqslant \dfrac{(5\theta+2)(2n-1+\theta)^4}{[(2n-1)^3+\theta(29n^2-35n+11)](1+\theta)^4}$ 时，$\Pi_S^{H3} \geqslant \Pi_S^{H2}$，即农场主模式的供应链利润大于完全分散决策模式的供应链利润；反之亦然。

从定理 4.2.5 到定理 4.2.7 可知，农户、平台和供应链利润主要受收益分配率、边际成本和农户数量影响。

第一，当平台边际成本和收益分配率足够小时，农场主模式的农场主和小农户利润均大于完全分散决策模式的农户平均利润。如当 $\dfrac{(B^{H3})^4}{(B^{H2})^4} \geqslant \dfrac{(2n-1+\theta)^4}{n^2(3n-2)}$ 时，$\Pi_{Fi}^{H3} \geqslant \Pi_{Fi}^{H2}$，平台的边际成本和收益分配率降低会给平台带来较大的利润空间，即使较高的土地流转收益也能使平台获得较高的利润，主要是通过土地流转收益这一路径影响农场主模式中的农场主和小农户利润。

第二，在农场主模式中，当小农户利润大于完全分散决策模式的农户平均利润时，农场主利润一定也大于完全分散决策模式的农户平均利润，反之不成立。如当 $\dfrac{(B^{H3})^4}{(B^{H2})^4} \geqslant \dfrac{(2n-1+\theta)^4}{n^2(3n-2)}$ 时，$\Pi_{Fi}^{H3} \geqslant \Pi_{Fi}^{H2}$，当 $\dfrac{(B^{H3})^4}{(B^{H2})^4} \geqslant \dfrac{(2n-1+\theta)^4}{n(4n-3)(1+\theta)^4}$ 时，$\Pi_{Fi,i>1}^{H3} \geqslant \Pi_{Fi,i\geqslant 1}^{H2}$，且 $n \geqslant 1+(1+\theta)^2/3$，农场主优先权使得农场主利润增加可能性较大，即使平台提高土地流转收益也很难使农场主模式的小农户利润增加，如当 $\dfrac{(B^{H3})^4}{(B^{H2})^4} \leqslant \dfrac{(2n-1+\theta)^4}{n(4n-3)(1+\theta)^4}$ 时，$\Pi_{Fi,i>1}^{H3} < \Pi_{Fi,i\geqslant 1}^{H2}$，可见当农户数量增加后，农场主模式的小农户利润必定小于完全分散决策模式的农户平均利润。

第三，当平台边际成本足够小时，完全分散决策和农场主模式可以实现供应链协调。如当 $\dfrac{(B^{H2})^4}{(B^{H1})^4} \geqslant \dfrac{2^4(1+\theta)^4}{3^3\theta(5\theta+2)}$ 时，$\Pi_S^{H2} \geqslant \Pi_S^{H1}$；当 $\dfrac{(B^{H3})^4}{(B^{H1})^4} \geqslant [2^4(2n-1+\theta)^4]/\{3^3\theta[(2n-1)^3+\theta(29n^2-35n+11)]\}$ 时，$\Pi_S^{H3} \geqslant \Pi_S^{H1}$。

第四，在农场主模式中，当小农户利润大于完全分散决策模式的农户平均利润时,农场主模式的供应链利润一定大于完全分散决策模式的供应链利润,反之不成立。如当 $\dfrac{(B^{H3})^4}{(B^{H2})^4} \geqslant \dfrac{(2n-1+\theta)^4}{n(4n-3)(1+\theta)^4}$ 时,$\Pi_{Fi,i>1}^{H3} \geqslant \Pi_{Fi,i\geqslant1}^{H2}$,当 $\dfrac{(B^{H3})^4}{(B^{H2})^4} \geqslant \dfrac{(5\theta+2)(2n-1+\theta)^4}{[(2n-1)^3+\theta(29n^2-35n+11)](1+\theta)^4}$ 时,$\Pi_S^{H3} \geqslant \Pi_S^{H2}$,且 $\dfrac{1}{n(4n-3)} \geqslant \dfrac{(5\theta+2)}{(2n-1)^3+\theta(29n^2-35n+11)}$;也就是说,农场主模式的小农户利润容易出现低于完全分散决策模式的农户平均利润的情况。

（五）农场主模式的稳定机制

基于以上分析可知,当小农户利润大于完全分散决策模式的农户平均利润时,农场主利润一定也大于完全分散决策模式的农户平均利润,反之不成立。当小农户利润大于完全分散决策模式的农户平均利润时,农场主模式的供应链利润一定大于完全分散决策模式的供应链利润,反之不成立。也就是说,在农场主模式中,当农场主具有决策优先权时,较易导致农场主利润增加和小农户利润减小。考虑到农场主模式在一定条件下可以使供应链恢复协调,因此我们认为,农场主模式具有存在的意义。

在农场主模式中,当小农户利润降低时,农场主模式能否持续稳定取决于小农户利润差额能否实现有效补偿,使其不低于完全分散决策模式的农户平均利润。具体补偿措施可以通过农场主独自补偿、平台独自补偿和农场主与平台共同补偿三种途径,补偿后各方利润不低于完全分散决策模式的对应利润是判断补偿措施是否有效的标准,即农场主和平台追求共赢,这是防止农场主模式"质变"的有效途径,即在满足 $\dfrac{(B^{H3})^4}{(B^{H2})^4} \geqslant \dfrac{(2n-1+\theta)^4}{n^2(3n-2)}$ 时,证明 $\Pi_{F1}^{H3}-(n-1)(\Pi_{Fi}^{H2}-\Pi_{Fi}^{H3}) \geqslant \Pi_{Fi}^{H2}$,$\Pi_T^{H3}-(n-1)(\Pi_{Fi}^{H2}-\Pi_{Fi}^{H3}) \geqslant \Pi_T^{H2}$ 和 $\Pi_{F1}^{H3}+\Pi_T^{H3}-(n-1)(\Pi_{Fi}^{H2}-\Pi_{Fi}^{H3}) \geqslant \Pi_{Fi}^{H2}+\Pi_T^{H2}$ 成立。

推论 4.2.1 当 $\dfrac{(B^{H3})^4}{(B^{H2})^4} \geqslant \dfrac{(2n-1+\theta)^4}{(7n^2-9n+3)(1+\theta)^4}$ 时,农场主独自补偿成立。

推论 4.2.2 当 $\dfrac{(B^{H3})^4}{(B^{H2})^4} \geqslant \dfrac{\sigma_2}{\sigma_1}$ 时,平台独自补偿成立,其中,$\sigma_1 = n(1+\theta)^4[2 \cdot (2n-1+\theta)(2n-1)^2]+3\theta(n-1)(4n-3)$,$\sigma_2 = (2n-1+\theta)^4(2n+5n\theta-3\theta)$。

推论 4.2.3 由推论 4.2.1 和推论 4.2.2 可证农场主和平台共同补偿也成立。

由推论 4.2.1 到推论 4.2.3 可知,在农场主模式中,当小农户利润降低时,可以通过农场主独自补偿、平台独自补偿和农场主与平台共同补偿措施对小农户利润差额进行补偿,使补偿方和被补偿方利润均不低于完全分散决策模式的对应利润。因此,可认为农场主模式具有稳定性,均衡具有可持续性。

三、算例分析

为了验证模型的有效性,对模型参数赋值(如表 4.6 所示),一方面合作会增加管理成本,同时还会存在共享效益(农户因共享农机、农技而节约的边际成本),考虑到合作引发际成本双向变动,且无法准确判断孰优孰劣,故取 $C_M = C_K = C_F$。因消费者初始风险沿着供应节点向上游传递,并在每个决策节点处转化为风险成本,且不同合作方式风险成本的差别主要由农户合作比例决定。

表 4.6　参数赋值表

a	b	d	C_F	C_T	r_C	p_F	p_T
30	4~5	3	9~12	3~7	2	0.2~0.4	0.2~0.5

α	δ	θ	C_M	C_K	n	r	ε
0.3	40	0.4~0.6	9~12	9~12	20	2	0.2~0.5

根据模型分析结果,对部分关键参数的取值进行了考察,如边际成本、收益分配率、增产率等,在多组数据组合中都可以得到满意结果。现以 $C_M = C_K = C_F$ 和其余参数的一个组合为例进行数值计算,如 $b = 5, C_F = 11, C_T = 3, p_F = 0.3, p_T = 0.2, \theta = 0.4, C_M = C_K = 11, \varepsilon = 0.2$,通过数值计算,得出图 4.9 和图 4.10。

由图 4.9 可知,第一,当考虑风险流时,在完全分散决策和农场主模式中,土地流转收益增加变动范围较小,几乎保持相同变化趋势,并随农户数量增加呈递减趋势;第二,两种合作模式中,土地流转收益随着合作农户数量(或合作比例)增加先呈边际递减趋势,当到达最高点后呈递减趋势,且"合作社 + 农场主 + 小农户"模式的变动范围较"合作社 + 小农户"模式大;第三,平台通过调整土地流转收益对合作比例进行间接控制,从图中可知,平台对集中合作的比例控制边界约为 1/2 (9/20),对分散合作的比例控制边界约为 3/5(13/20),二者存在一定差异;说明平台对不同合作模式的敏感性不同,且"合作社 + 农场主 + 小农户"模式的土地流转收益变化速度较快,即平台对该合作社的比例控制较为谨慎。该图从另外一个层面似乎可以折射出农户和平台双赢的区间:较高土地流转收益不但可以迎合农户需求也是平台所期望的,较低土地流转收益是农户所厌恶的同时也是平台所排斥的。因此,适度合作是平台决策的重要依据,平台需要控制适当的土地流转收益,不但可以吸引农户,而且可以保证流转土地持有量。当不考虑风险流时,完全分散决策和农场主模式情况下农户和平台总成本变小,土地流转收益会有所下降;同理,分散合作社和集中合作社情况下,因合作节约了边际成本使得总成本变小,土地流转收益也会有下降趋势。因此,考虑风险流后,平台决策变量被扩大化了。

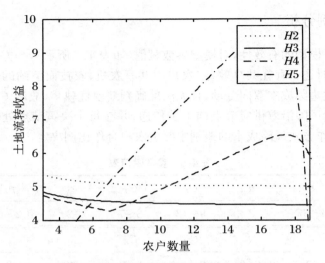

图 4.9　农户数量对土地流转收益的影响

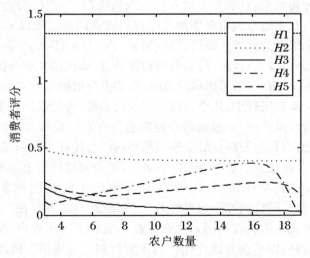

图 4.10　农户数量对消费者评分的影响

　　消费者评分与农户努力成本呈边际递减趋势,较高消费者评分并不是最优策略,而消费者评分与农户销售量保持固定比例(参数 b)变化关系,较低评分意味着较低销售量。较低消费者评分虽然可以保持较低农户努力成本,但不利于自身利润实现。所以,"中庸之道"是农户的最佳选择。由图 4.10 可知,不同决策方式对消费者评分影响较大。在集中决策模式中,农户为提高消费者评分付出的努力成本由供应链承担,且农户没有目标函数,不存在利润最大化决策。因此,最高的消费者评分在提高农户销售量的同时,产生了最高的努力成本,但没有给供应链带来最高利润(由后文图 4.13 可知),出现理性行为假设下的"不理性"结果。而在完全分散决策模式中,由于平台目标与农户目标不协同导致该决策也不是供应链最优状态。因为,平台为保证自身利润将土地流转收益控制在较低水平上(结合图4.9可知),而较低土地流转收益对农户是不利的。与完全分散决策模式几乎相同的是"农场主＋小农户"模式,由于土地流转收益较低致使消费者评分较低。因此,无合作状态下无法实现农户数量和消费者评分或土地流转收益的协同变化,而任何一种合作模式的适度合作都可以实现消费者评分和土地流转收益的协调变化(图4.11)。

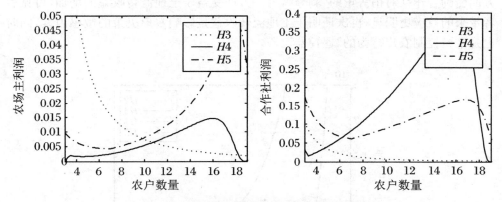

图4.11　农户数量对农场主和合作社利润的影响

在"合作社＋小农户"模式中,农场主收益满足 $\Pi_{\dagger\dagger}^{H5} \geqslant \Pi_K/(n-k+1)$,这是合作成立的隐条件,即只有农场主利润不降低时,这种模式才会存在。由图4.11左图可知,不合作情况下对农户数量没有边界要求,只是随农户数量增加始终处于递减状态,这一现象不可持续。当农场主利润下降到一定程度时(即达到合作边界),农场主会寻求合作;不管哪种合作方式,农场主收益随合作比例增加先呈边际递减而后转为递减趋势。当农场主利润下降到一定程度时(即超出合作边界),合作社会解散,农场主采取不合作措施。两种合作边界值差异化不大,均约为1/2(10/20),当行业中农户数量较少时,"农场主＋小农户"模式是农场主的最优策略。随着农户数量继续增加,农场主利润开始下滑,会通过合作方式节约成本来提升利润,当合作比例小于1/2时,"合作社＋小农户"模式是农场主的最优策略,"合作社＋农场主＋小农户"模式是次优策略,不合作其利润将受到威胁。总之,当农户数量较少时,农场主通过最优策略可以获得较高利润,当农户数量不断增加时,农场主可以通过适当合作节约成本提升利润,随着合作社不断壮大,利润开始下降。可见市场竞争程度对决策模式选择具有直接影响。因为过度合作时平台调整了土地流转收益,"挤压"了农户利润,这是平台对农户合作比例控制的有效手段。由图4.11右图可知,当合作比例控制在1/10(2/20)和2/3(14/20)之间时,"合作社＋农场主＋小农户"模式优于"合作社＋小农户"模式,与图4.9的结果具有一致性。虽然"合作社＋小农户"模式在整个区间上都优于"农场主＋小农户"模式,但由于前者的土地流转收益不高(与农场主模式的土地流转收益没有太大偏离)，由此可知，在"合作社＋小农户"模式并不是平台所期望的。

由图 4.12 可知，"农场主＋小农户"模式的小农户利润随农户数量增加始终处于递减趋势，就分散合作模式而言，唯有前者利润在合作比例小于 2/5(8/20)时可以反超"农场主＋小农户"模式的小农户利润，这也是小农户最优策略区间。即在一定合作比例内，小农户利润有递增的情况。这是由于适度合作迎合了平台的需求，平台通过提高土地流转收益来鼓励农户行为并维持适当的合作比例，小农户一方面受到合作社对销售量的"剥夺"，另一方面受益于土地流转收益的增加，可见后者带来的效应更明显，再次证明了土地流转收益是影响农户决策的敏感因素，同时也是平台控制农户行为的"遥控器"。

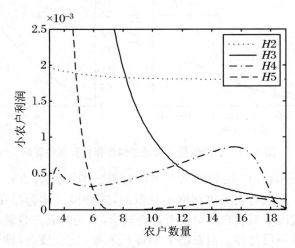

图 4.12   农户数量对小农户利润的影响

由图 4.13 左图可知，分散合作模式在较大的合作比例范围内均可以给平台带来显著的利润。总体来说，不同决策模式对平台收益的影响较大；具体来说，农场主模式的平台收益最小，集中合作模式与之差异不大，其次是完全分散决策模式，且这三种决策模式的小农户数量对平台收益均不具有敏感性；一般来说，平台对分散合作模式具有偏好性，与图 4.9 结论一致。关于图 4.13 右图主要总结三点内容：第一，集中决策模式的供应链利润，在整个区间上均分别大于完全分散决策模式、集中合作模式和农场主模式，即集中决策的供应链利润大于分散决策的供应链利润，这与主流学者的研究结论相符；第二，集中合作模式和农场主模式在供应链利润变化上具有同步性，主要是因为二者在决策顺序及结构上的相似性；第三，分散合作模式的供应链利润随着合作比例增加呈先增加后减小趋势。当合作比例在 1/2(10/20)和 1/10(2/20)之间时，供应链利润大于集中决策模式的供应链利润，即供应链恢复了协调，而低度合作或过度合作均不利于供应链利润增加；即分散合作模式具有明显的效益优势，而集中合作模式的供应链利润虽然较完全分散决策模式高,但低于农场主模式和集中决策模式。

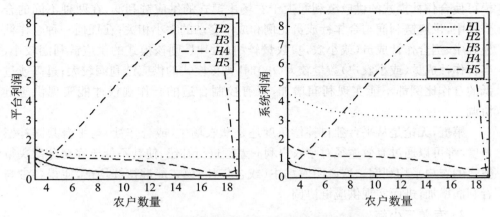

图 4.13　农户数量对平台及供应链利润的影响

本 章 小 结

1. 专题一小结

在平台主导视角下,将风险成本考虑进模型后,通过对比五种决策模式的利润,发现除传统的成本分担和激励机制之外,适度合作也可以使得供应链再次协调,并呈现明显的溢出增长趋势,具体的结论我们从以下几点进行总结。

第一,销售量、销售价格和土地流转收益在无决策优先权时,受平台、农户边际成本及增产率影响。在农场主模式和合作社模式中还受合作规模影响。集中决策模式销售量大于完全分散决策模式销售量;同时,合作社模式和农场主模式的销售量大于完全分散决策模式的销售量。在五种决策模式中,唯独完全分散决策模式的销售量最小;在农场主模式中,农场主的决策优先权不但可以带来总销售量增加,而且还可以提高其余小农户销售量。在五种决策模式中,唯独完全分散决策模式的销售价格最大,其余四种决策模式都可以降低销售价格;合作社销售量、农场主销售量和土地流转收益视情况不同而不同。

第二,从农场主利润变化来看,分散合作社对农场主来说往往是不利的。不同合作模式的利润视合作规模而不同,在给定规模和边际成本前提下,集中合作模式对合作社来说更有利,且合作社利润大于农场主模式的农场主利润,这对合作社和农场主来说都是有益的。

第三,对平台来说,农场主模式和合作社模式都可以提高平台利润。在这两种模式中,平台利润具有相似的变化趋势,且在同等条件下的差别较小。

第四,在五种决策模式中,唯独完全分散决策模式的供应链利润最小。当平台的成本较小时,农场主模式和合作社模式都可以使供应链恢复协调;适当的合作规模可使合作社模式的供应链利润大于农场主模式的供应链利润;在两种不同的合作社中,供应链利润与合作社成员比例和成本变动的大小相关;在任何一种合作社模式中,当合作社成员(或小农户)数量较小(大)时,则该模式的供应链利润较小,当合作社成员(或小农户)数量较大(小)时,则该模式的供应链利润较大;过高或过低的合作比例都不能实现利润增加,只有控制合适的合作规模才能实现供应链协调。

第五,无论是从平台独自补偿角度还是从农场主(或合作社)与平台共同补偿角度,都可以通过有效途径对小农户利润差额进行补偿,使其不低于完全分散决策模式的农户平均利润。这说明农场主(或合作社)模式能够持续均衡,使得各参与者利润增加,进而实现供应链协调。

2.专题二小结

从平台主导视角,并考虑农户努力水平时,农户需要考虑提高努力程度以提高评分,从而增加销售量;同时,还会带来努力成本增加。因此,农户在自身利益最大化基础上做出最优评分决策。当考虑农户努力水平时得到的结论与不考虑农户努力水平时的结论不尽相同,由于模型的复杂性,在模型分析中并没有对比合作社模式中的相关指标,但从数值计算的结果认为农场主和合作社模式在一定条件下都可以增加农场主(或合作社)和平台利润,及供应链协调。为了结论的严谨性,对农场主模式与两种完全决策模式的对比结果总结如下:

第一,销售量、消费者评分、销售价格和土地流转收益主要受收益分配率、增产率、边际成本和农户数量影响。在不同条件下,各变量不尽相同。如果农场主模式的总销售量降低,那么小农户销售量一定会降低;在满足一定条件时,不同决策模式的销售量和评分保持同步变化关系,即销售量增加评分也增加,销售量减少评分也相应减少;在分散合作模式和农场主模式中,总销售量较易降低,土地流转收益较易降低;这主要是由决策顺序和决策变量决定的,当农户决定了销售量和消费者评分后,平台进行土地流转收益的决策,若农户的总销售量降低了,平台只能通过降低成本支出的方式维持利润;与边际成本相比,土地流转收益是较易调整的成本支出项。

第二,当平台边际成本和收益分配率足够小时,在农场主模式中,农场主和小农户利润大于完全分散决策模式的农户平均利润。平台边际成本和收益分配率降低给平台带来较大利润空间,即使较高的土地流转收益也能使平台获得较高利润,主要是通过土地流转收益这一路径影响"农场主＋小农户"模式的农场主和小农户利润。

第三,在农场主模式中,当小农户利润大于完全分散决策模式的农户平均利润时,农场主利润一定也大于完全分散决策模式的农户平均利润,反之不成立。农场主优先权使得农场主利润增加可能性较大,即使平台提高土地流转收益也很难使小农户利润增加,可见当农户数量增加后,小农户利润必定小于完全分散决策模式的农户平均利润。

第四,当平台边际成本足够小时,农场主模式可以实现供应链协调。当小农户利润大于完全分散决策模式的农户平均利润时,该模式的供应链利润一定大于完全分散决策模式的供应链利润,反之不成立;也就是说,该模式的小农户利润容易出现低于完全分散决策模式的农户平均利润的情况。

第五,在"农场主＋小农户"模式中,当小农户利润降低时,可以通过农场主独自补偿、平台独自补偿和农场主与平台共同补偿措施对小农户利润的差额进行补偿,使补偿方和被补偿方利润均不低于完全分散决策模式的对应利润。

第五章　农户主导供应链的契约优化研究

在第四章基础上,研究主导模式不同对参与者及供应链最优利润的影响①。由主导模式的变化,带来的决策顺序变化、信息传递路径变化、风险成本变化、决策变量变化以及均衡解的变化等,这些变化必将带来研究结论的差异,通过对比第四章和本章的研究结论,可获得有益的启发。在农户主导视角下,研究一个平台和多个农户之间的博弈问题,农户通过合作不但可以节约成本而且可以获得决策优先权,具有显著的规模效益。当总销售量确定后,假设具有优先决策权的农场主(或合作社)可以在一定范围内提高销售量,即通过设置销售量浮动比来体现农场主(或合作社)的异质性,通过设置这一变量可以有效控制农场主和合作社的道德风险。针对农户主导视角下的合作社契约优化问题,运用斯坦克尔伯格模型,通过对比五种决策模式(完全集中、完全分散、农场主、分散合作、集中合作)的农户数量对土地流转收益、农户、平台及供应链效益的影响,发现合作社模式带来的收益优于其他三种模式。笔者具体分析了"合作社 + 农场主 + 小农户"与"合作社 + 小农户"之间的效益差异,发现后者更有利于农户增收;对供应链而言,集中决策模式并不是最优的,适度合作将更能增加供应链效益,但任何一种合作社都不利于小农户利润的实现;研究还发现除传统的成本分担和激励机制之外,适度合作也可以使得供应链再次协调。

第一节　专题三:不考虑努力水平的契约优化研究

一、基本问题

(一)问题描述

在农户主导视角下,首先,平台根据现有消费者数量和订购量做出销售量决

---

① 本专题的核心内容已被《中国管理科学》录用。

策;其次,通知农户进行销售量配置,农户中实力较强的决策主体首先决定其销售量和土地流转收益。最大化优化模型在第四章基础上增加了销售量浮动比,即在平台决定总销售量后,农场主(或合作社)在平均销售量基础上通过设置销售量浮动比来增加自身销售量,小农户平分剩余销售量;并将这一假设称为合作社或农场主的"有限增量"。土地流转收益由农场主或合作社唯一确定,所有农户的销售量是土地流转收益和销售量浮动比的函数,农户数量和基于土地流转收益的销售量通过影响农户行为来影响农户利润、平台利润和供应链效益。具体研究模型如图5.1所示。

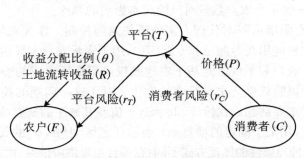

图 5.1　农户主导视角下不考虑努力水平的研究模型

在农户主导视角下,由于决策顺序变化,风险传递路径也发生变化。根据决策顺序,当平台决策时,消费者相关需求风险就从消费者传递到平台;当农户进行决策时,平台的风险信息就从平台传递到农户。风险信息伴随着决策顺序从消费者经平台传递到农户,该模型主要回答了以下三个问题:

问题 1　对平台来说,什么才是合适的销售量?平台在完全集中、完全分散、农场主模式、分散合作和集中合作五种决策模式中具有不同的销售量。平台先确定销售量,此时的销售量是土地流转收益决策的反应函数,即当农户确定土地流转收益后,总销售量和分配的销售量才会最终确定。

问题 2　对合作社来说,什么是合适的合作比例?随着农户数量增加和行业竞争加剧,农户面临合作与放弃合作的选择;对农场主来说如果选择与小农户合作,即成立集中合作社,如果放弃合作,小农户有可能成立分散合作社,不管何种合作方式,合作社都需要对合作成本与利润做出权衡,并同时考虑小农户及平台利润是否下降,因为这是合作持续存在的基础。

问题 3　对农户来说,什么是合适的土地流转收益?土地流转收益是由农户确定,平台在收益最大化基础上决定销售量;而销售量受土地流转收益影响,土地流转收益受合作比例影响,这是平台和农户的决策顺序,也是农户与平台的博弈纽带。

(二)相关假设

从农户主导视角,风险信息先从消费者经平台最后到农户。不同决策模式的农户风险发生概率直接受到来自平台风险信息影响。除合作社外,不同决策模式的平台和其余农户的风险成本没有发生变化。如在分散决策模式中，合作社 F_M 的风险发生概率为 $p_F^{n-m}p_T$。在实际的合作社运作中，其边际成本与单个小农户的边际成本不同且存在双边际效用；即由合作社内部共享农机、农机和规模经济带来的边际成本降低，同时合作规模扩大带来管理和协调上的困难。因此，合作社内部的边际成本受共享效益和运作成本双重影响，这和经典的科斯交易成本理论相吻合。假设合作社共享效益和运作成本均与合作规模呈指数形式变化，设其边际成本由运作成本 C_F 和风险成本 $ne^{(-\sigma m)}+\sigma e^{\sigma m}$ 组成，其中 n 表示农户总数量，m 表示小农户数量，σ 表示小农户数量对风险成本影响的弹性。

通过设置"有限增量"①对代理人实施道德风险控制。作为农场主和合作社决策的辅助参数主要应用在专题三和专题四中，用于表示农户主导供应链时，异质性农户的优先权。农户和平台之间基于农地股权或租金所形成的委托代理关系，必然导致农户道德风险或机会主义行为的发生。对于这一问题的控制，一直以来都是企业治理中的重要话题。在传统 Shapely＋值及其修正的研究成果基础上，并基于有限增量公式，用某个固定的增量 Δx 表示任意区间 $[a,b]$ 的长度。但是，在不同主导视角下这种异质性的体现方式不同：在平台主导供应链时，由农户决定市场容量。在农户主导供应链时，由平台决定市场容量。当平台确定总销量后，由农户进行销售量分配，且作为代理人通过合作可以获得优先权，并在一定范围内提高销售量。假设农场主和合作社在绝对平均销售量基础上和产量范围内，通过设置销售量浮动比来体现其异质性，这种异质性是以影响小农户销售量为前提，剩余销售量在小农户之间进行平均分配。这种限定范围的"特权"可以有效控制农场主和合作社的道德风险，如挪用不合规或非标准化生产的其他产品来达到增加销售量和利润的目的。

（三）决策模式

同第四章，在五种决策模式中，研究合作带来的风险成本差异对最优利润的影响，农户的决策顺序如表 4.2 所示，不同决策模式的风险传递路径如图 5.2 所示。其中，集中决策模式是平台与农户作为一个主体共同决策，这种决策方式通常具有较高利润，完全分散决策模式是平台和农户独立决策，所有农户都是同质的，这种"完全平等"的决策方式使农户承担较大的风险成本和边际成本。农场主模式使农

---

① 文中"有限增量"是为了体现农户主导供应链时，异质性农户的决策优先权；其基本含义是：在农户主导视角下，当平台确定了总销售量后，农户彼此之间竞争进行销售量的分配；由于合作社和农场主的优先决策权，使其具有优先决定销售量的权利，假设其在所有农户平均销售量基础上和产量范围内可以选择其自身的销售量，剩余销售量在小农户中进行平均分配。即 $q=(1+\varepsilon x)\bar{q}$，其中 $\bar{q}$ 表示完全分散决策模式的均衡销售量，满足 $q\in(\bar{q},Q)$；其中，$x=\varphi,\mu,\eta,\lambda\in(0,1)$，分别表示农场主模式的农场主销售量浮动比、分散合作模式的合作社和农场主销售量浮动比、集中合作模式的合作社销售量浮动比；其余小农户平分剩余销售量；以农场主模式为例，农场主销售量为 $q_1^{f3}=(1+\varepsilon\varphi)\bar{q}$，小农户销售量为 $q_{i\neq1}^{f3}=(\bar{q}-q_1^{f3})/(n-1)$。通过这一设置可以有效控制农场主和合作社在享有决策优先权时的道德风险（如挪用不合规或非标准化生产的其他产品来达到增加销售量和利润的目的）。

场主具有决定销售量的优先权并与其余小农户进行销售量竞争,当农户中出现合作社(分散合作社和集中合作社)时,就存在共享效益和运作成本的双重效应,每一种决策环境变化都将给平台带来新的均衡。

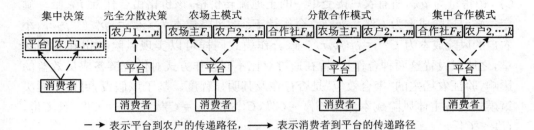

图5.2 农户主导视角下风险的概率传递路径

由图5.2可知,消费者风险经平台传递到农户,与平台主导视角下风险的传递路径不同。五种决策模式的平台风险与小农户风险均相同,不同的是合作社通过信息共享实现了风险规避,降低了风险成本。因此,本章的研究内容与第四章不同,主要表现在两个方面:一是主导模式的变化对平台和农户利润分配的影响,二是合作社与小农户的异质性不仅体现在决策顺序上,还体现在风险成本差异上。

1. 集中决策模式(H_1)

平台风险值和风险发生成本分别为 $r_T = \alpha\exp(-r_C)$ 和 $C_t^{H1} = \delta p_T r_T$,农户风险值和风险发生成本分别为 $r_F = \alpha\exp(-r_C)$ 和 $C_f^{H1} = \delta p_F r_F$。

2. 完全分散决策模式(H_2)

平台和农户的风险分别为 $r_T = \alpha\exp(-r_C)$ 和 $r_F = \alpha\exp(-r_T)$,风险成本分别为 $C_f^{H2} = \delta p_F p_T r_F$ 和 $C_t^{H2} = \delta p_T r_T$。

3. 农场主模式(H_3)

将参与决策的农户区分为农场主 F_1 和小农户 $F_{i,i>1}$,若存在唯一一个有足够资源和能力的农场主可以优先决定销售量,这种优先权会带来较高收益(邵腾伟等,2012;Jang,Klein,2011)。农场主与小农户进行博弈,其余 $n-1$ 个小农户同时进行自由竞争,平分剩余销售量和利润,所有农户接受单一的土地流转价格,该价格由农场主唯一确定。平台和农户的风险成本分别为 $C_t^{H3} = \delta p_T r_T$ 和 $C_f^{H3} = \delta p_F p_T r_F$,各主体抵御风险的能力与完全分散决策相同。

4. 分散合作模式(H_4)

将参与决策的农户细分为合作社 F_M、农场主 F_1 和小农户 $F_{i,i>1}$。F_1 享有次优决策权,其余 $m-1$ 家小农户同时进行自由竞争平分剩余销售量和利润,所有农户接受合作社确定的土地流转价格。设 F_M 的边际成本为 C_M,销售量为 q_M,所有农户接受单一的土地流转价格,该价格由合作社 F_M 唯一确定。平台的风险成本为 $C_t^{H4} = \delta p_T r_T$,合作社 F_M(参与合作农户)风险成本为 $C_{fM}^{H4} = \delta p_F^{n-m} p_T r_F$,小农户风险成本为 $C_f^{H4} = \delta p_F p_T r_F$。该合作社具有较强的抵御风险能力,可以有效降低风险和风险成本,实现利润共享。

5. 集中合作模式(H_5)

将参与决策的农户细分为合作社 F_K 和小农户 $F_{i,i>1}$。设 F_K 的边际成本为 C_K,销售量为 q_K,所有农户接受单一的土地流转价格,该价格由合作社 F_K 唯一确定。平台风险成本为 $C_t^{H5} = \delta p_T r_T$,合作社 F_K 的风险成本为 $C_{fK}^{H5} = \delta p_F^{n-k+1} p_T r_F$,小农户的风险成本为 $C_f^{H5} = \delta p_T p_F r_F$。该合作模式同样可以实现风险共担和利润共享,之所以设置这两种合作社,旨在通过对比不同合作方式对供应链各成员效益的影响,验证农场主的"聚合效应"是否存在及其明显程度。基于该假设,可得不同决策模式的各主体风险成本满足 $C_t^{H1} = C_t^{HI}$,$C_f^{H1} \leqslant C_f^{H2} = C_f^{H3} = C_f^{H4} = C_f^{H5}$,且 C_{fM}^{H4},$C_{fK}^{H5} \leqslant C_f^{H2}$。

二、决策模式选择分析

农户和平台在五种情形下博弈,不同情形下的最优决策也不同,农户利润由收益分配率 θ、销售量浮动比 $\varphi, \mu, \eta, \lambda \in (0,1)$、市场价格 P、销售量 $S(q,R)$、剩余产品价值 $rL(q,R)$、土地流转收益 R 和成本共同决定,平台利润不含剩余产品价值,农户和平台的成本包括边际成本和风险成本:$C_f^{HI} = C_J + C_f^{HI}$,同理,合作社的成本 $C_M^{H4} = C_M + C_{fM}^{H4}$,$C_K^{H5} = C_K + C_{fK}^{H5}$。

(一)基本模型

集中决策模式的供应链利润 $\Pi_S^{H1}(q) = PS(q) + rL(q) - C_F^{H1}Q - C_T^{H1}S(q)$;完全分散决策模式的农户利润 $\Pi_F^{H2}(q,R) = \theta PS(q,R) + rL(q,R) + RS(q,R) - C_F^{H2}Q$;农场主模式的农户利润 $\Pi_{Fi}^{H3}(q_i,R) = \theta PS(q_i,R) + rL(q_i,R) + RS(q_i,R) - C_F^{H3}Q_i$;分散合作模式的小农户和合作社利润分别为 $\Pi_{Fi,i \geqslant 1}^{H4}(q_i,R) = \theta PS(q_i,R) + rL(q_i,R) + RS(q_i,R) - C_F^{H4}Q_i$ 和 $\Pi_M^{H4}(q_M,R) = \theta PS(q_M,R) + rL(q_M,R) + RS(q_M,R) - C_M^{H4}Q_M$;集中合作模式的小农户和合作社利润分别为 $\Pi_{Fi,i>1}^{H5}(q_i,R) = \theta PS(q_i,R) + rL(q_i,R) + RS(q_i,R) - C_F^{H5}Q_i$ 和 $\Pi_K^{H5}(q_K,R) = \theta PS(q_K,R) + rL(q_K,R) + RS(q_K,R) - C_K^{H5}Q_K$;不同决策模式的平台利润 $\Pi_T^{HI}(q^{HI},R^{HI}) = (1-\theta)PS(q^{HI},R^{HI}) - R^{HI}S(q^{HI},R^{HI}) - C_T^{HI}S(q^{HI},R^{HI})$。

(二)决策模式的均衡

在集中决策模式中,直接优化供应链的目标函数,在其余 4 种决策模式中,根据决策顺序,首先进行平台销售量决策。然后根据平台的反应函数优化农户的目标函数,进行土地流转收益决策。当农户中存在决策优先权时,由优先决策者决定行业的土地流转收益,后决策者接受这一土地流转收益。不同决策模式的均衡解如表 5.1 所示。

表 5.1 不同决策模式的均衡解

决策模式	集中决策	完全分散决策	农场主模式	分散合作模式	集中合作模式
总销售量	$q^{H1} = \dfrac{B^{H1}}{2b}$	$q^{H2} = \dfrac{B^{H2}}{2(2-\theta)b}$	$q^{H3} = \dfrac{B^{H3}}{2(2-\theta)(1+\varepsilon\varphi)b}$	$q^{H4} = \dfrac{B^{H4}}{2(2-\theta)(1+\varepsilon\mu)b}$	$q^{H5} = \dfrac{B^{H5}}{2(2-\theta)(1+\varepsilon\lambda)b}$
合作社销售量	/		/	$q_M = \dfrac{(n-m)B^{H4}}{2n(2-\theta)b}$	$q_K = \dfrac{(n-k+1)B^{H5}}{2n(2-\theta)b}$
农场主销售量	/	$q_i^{H2} = \dfrac{B^{H2}}{2n(2-\theta)b}$	$q_1^{H3} = \dfrac{B^{H3}}{2n(2-\theta)b}$	$q_1^{H4} = \dfrac{(1+\varepsilon\eta)B^{H4}}{2n(2-\theta)(1+\varepsilon\mu)b}$	/
小农户销售量			$q_{Fi,i>1}^{H3} = (n-1-\varepsilon\varphi)B^{H3}/[2n(n-1)(2-\theta)(1+\varepsilon\varphi)b]$	$q_{Fi,i>1}^{H4} = B^{H4}[m-(n-m)\varepsilon\mu]-(1+\varepsilon\eta)]/[2n(m-1)(2-\theta)(1+\varepsilon\mu)b]$	$q_{Fi,i>1}^{H5} = \dfrac{B^{H5}[(k-1)(1+\varepsilon\lambda)-n\varepsilon\lambda]}{2n(k-1)(2-\theta)(1+\varepsilon\lambda)b}$
销售价格	$P^{H1} = a - \dfrac{B^{H1}}{2}$	$P^{H2} = a - \dfrac{B^{H2}}{2(2-\theta)}$	$P^{H3} = a - \dfrac{B^{H3}}{2(2-\theta)(1+\varepsilon\varphi)}$	$P^{H4} = a - \dfrac{B^{H4}}{2(2-\theta)(1+\varepsilon\mu)}$	$P^{H5} = a - \dfrac{B^{H5}}{2(2-\theta)(1+\varepsilon\lambda)}$
土地流转收益	/	$R^{H2} = [(1-\theta)^2 a - (1-\theta)C_F^{H2} r\varepsilon + (1-\theta)(1+\varepsilon)C_F^{H2} - C_T^{H2}]/(2-\theta)$	$R^{H3} = [(1+\varepsilon\varphi)(1-\theta)^2 a - r\varepsilon(1-\theta)C_T^{H3} + (1-\theta)(1+\varepsilon)C_F^{H3}]/[(2-\theta)(1+\varepsilon\varphi)]$	$R^{H4} = [(1+\varepsilon\mu)(1-\theta)^2 a - r\varepsilon(1-\theta) \cdot (1-\mu)-(1+\varepsilon\mu)C_F^{H4} + (1-\theta) \cdot (1+\varepsilon)C_M^{H4}]/[(2-\theta)(1+\varepsilon\mu)]$	$R^{H5} = [(1+\varepsilon\lambda)(1-\theta)^2 a - r\varepsilon(1-\theta)(1 - \lambda) - (1-\theta)(1+\varepsilon)C_k^{H5}]/[(2-\theta)(1+\varepsilon\lambda)]$

续表

决策模式	集中决策	完全分散决策	农场主模式	分散合作模式	集中合作模式
合作社利润			/	$\Pi_M^{H4} = \dfrac{(n-m)(B^{H4})^2}{4n(2-\theta)(1+\varepsilon\mu)b}$	$\Pi_K^{H5} = \dfrac{(n-k+1)(B^{H5})^2}{4n(2-\theta)(1+\varepsilon\lambda)b}$
农场主利润			$\Pi_{F1}^{H3} = \dfrac{(B^{H3})^2}{4n(2-\theta)(1+\varepsilon\varphi)b}$	$\Pi_{F1}^{H4} = B^{H4}\{(1+\varepsilon)(1+\varepsilon\mu)(a-C_T^{H4}) + r\varepsilon[(1+\varepsilon\eta)(\mu-\eta)-(1+\varepsilon) \cdot [2(1+\varepsilon)C_F^{H4}-(1+\varepsilon\eta)C_M^{H4}]\} /[4n(2-\theta)(1+\varepsilon\mu)^2 b]$	/
小农户利润		$\Pi_F^{H2} = \dfrac{(B^{H2})^2}{4(2-\theta)b}$	$\Pi_{Fi,i>1}^{H3} = B^{H3}\{(n-1-\varepsilon\varphi)(a-C_T^{H3})-(n-1-\varepsilon\varphi+2n\varepsilon\varphi)C_F^{H3}+r\varepsilon[2(n-1-\varepsilon\varphi)(1+\varepsilon\varphi)(1+\varepsilon)-(n-1)(2-\theta)(1-\varphi)]\}/[4n(n-1)(2-\theta)(1+\varepsilon\varphi)^2 b]$	$\Pi_{Fi,i>1}^{H4} = B^{H4}[(1+\varepsilon\mu)(a-C_T^{H4})U + r\varepsilon(2V(1+\varepsilon\mu)-(1-\mu)U)-(1+\varepsilon) \cdot (2(m-1)(1+\varepsilon\mu)C_F^{H4}-UC_M^{H4})] /[4n(m-1)(2-\theta)(1+\varepsilon\mu)^2 b]$	$\Pi_{Fi,i>1}^{H5} = B^{H5}[(1+\varepsilon\lambda)T(a-C_T^{H5})+r\varepsilon \cdot (2S(1+\varepsilon\lambda)-(1-\lambda)T)-(1+\varepsilon) \cdot (2(k-1)(1+\varepsilon\lambda)C_F^{H5}-TCk^{H5})] /[4n(k-1)(2-\theta)(1+\varepsilon\lambda)^2 b]$
平台利润		$\Pi_T^{H2} = \dfrac{(1-\theta)(B^{H2})^2}{4(2-\theta)^2 b}$	$\Pi_T^{H3} = \dfrac{(1-\theta)(B^{H3})^2}{4(2-\theta)^2(1+\varepsilon\varphi)^2 b}$	$\Pi_T^{H4} = \dfrac{(1-\theta)(B^{H4})^2}{4(2-\theta)^2(1+\varepsilon\mu)^2 b}$	$\Pi_T^{H5} = \dfrac{(1-\theta)(B^{H5})^2}{4(2-\theta)^2(1+\varepsilon\lambda)^2 b}$
供应链利润	$\Pi_S^{H1} = \dfrac{(B^{H1})^2}{4b}$	$\Pi_S^{H2} = \dfrac{(3-2\theta)(B^{H2})^2}{4(2-\theta)^2 b}$	$\Pi_S^{H3} = \Pi_{F1}^{H3} + (n-1)\Pi_{Fi,i>1}^{H3} + \Pi_T^{H3}$	$\Pi_S^{H4} = (m-1)\Pi_{Fi,i>1}^{H4} + \Pi_{F1}^{H4} + \Pi_M^{H4} + \Pi_T^{H4}$	$\Pi_S^{H5} = (k-1)\Pi_{Fi,i>1}^{H5} + \Pi_K^{H5} + \Pi_T^{H5}$

其中，$B^{HI} = a + r\varepsilon - (1+\varepsilon)C_F^{HI} - C_T^{HI}$，$I = 1,2$；$B^{H3} = (1+\varepsilon\varphi)(a - C_T^{H3}) + (1-\varphi)r\varepsilon - (1+\varepsilon)C_F^{H3}$，$\varphi$ 表示农场主在该模式的销售量浮动比；在 $m/(n-m) \geqslant \varepsilon\mu + (1+\varepsilon\eta)/(n-m)$ 前提下，$B^{H4} = (1+\varepsilon\mu)(a - C_M^{H4}) + (1-\mu)r\varepsilon - (1+\varepsilon) \cdot C_M^{H4}$，$\mu$ 和 η 分别表示该模式的合作社和农场主销售量浮动比；在 $(k-1)/n \geqslant \varepsilon\lambda/(1+\varepsilon\lambda)$ 前提下，$B^{H5} = (1+\varepsilon\lambda)a + (1-\lambda)r\varepsilon - (1+\varepsilon)C_K^{H5} - (1+\varepsilon\lambda)C_T^{H5}$，$\lambda$ 表示该模式的合作社销售量浮动比；并设 $U = m - (n-m)\varepsilon\mu - (1+\varepsilon\eta)$，$V = (n-m)\mu + m - (1-\eta)$，$T = (k-1)(1+\varepsilon\lambda) - n\varepsilon\lambda$，$S = (k-1)(1-\lambda) + n\lambda$。

由表 5.1 可知，当农户中无合作社时，销售量、销售价格、土地流转收益和利润主要受收益分配率 θ、增产率 ε 和销售浮动比 φ 影响。当出现合作社时还受合作农户数量（合作规模）影响。一般来说，当其他条件不变时，土地流转收益越大，销售量越小，销售价格越大，农户利润越小，平台利润越大，供应链利润越小，反之亦然。具体从以下几个方面分析：

第一，土地流转收益作为无风险的固定收入代表了农户产前所得，对农户参与平台模式的积极性具有一定鼓励作用。

第二，收益分配率是平台按照销售利润的一定比例予以返还农户，或者说农户按照销售利润向平台缴纳 $1-\theta$ 比例的"过桥费"。当总利润不变时，收益分配率越大，农户获得的返还就越大，反之越小。

第三，增产率反映的是农户在非可控条件下产量的自然增长，这主要是受气候、环境等自然因素影响。当 $\varepsilon > 0$ 时，剩余产品价值小于其生产投入，这相当于对农户利润"倒灌"了一项成本；当 $\varepsilon \leqslant 0$ 时，实际销售量等于产量，剩余产品价值为非正数，这相当于对农户施加了一项惩罚成本。如果这样的话，在完全集中和完全分散决策模式中，农户不可能通过任何行为降低这一惩罚成本；而在农场主（或合作社）模式中，农场主（或合作社）通过优先权增加销售量以扩大利润空间。

第四，销售量浮动比反映了具有决策优先权的农场主或合作社为增加自身销售量而采取的临时措施，而这种措施的结果是通过"剥削"绝对平均情况下的其他小农户的销售量。除非农场主或合作社能够找到一种均衡，即通过适当降低土地流转收益的方式来达到增加总销售量和总利润且不影响其他小农户利润的目的，否则无法实现系统的长久均衡和持续发展。除此之外，农户和平台成本，包括边际成本和风险成本也是影响利润的决定因素。一般来说，总成本越大利润越小，反之越大；而通过合作降低边际成本和风险成本以达到增加利润的目的，正是合作社存在的动力。

（三）关键因素对决策模式选择的影响

不同决策模式的销售量、销售价格和土地流转收益变化不同，通过比较分析得出如下结论：

定理 5.1.1 不同决策模式的销售量变化关系满足如下条件：

（1）若 $\varphi = \mu = \lambda$，当 $C_M^{H4} < C_K^{H5}$ 时；或若 $C_M^{H4} = C_K^{H5}$，当 $\lambda > \mu$ 时；农户销售量均满足 $q^{H1} > q^{H5} > q^{H4} > q^{H3} > q^{H2}$。当 $C_M^{H4} > C_K^{H5}$ 时，或当 $\lambda < \mu$ 时，有 $q^{H1} > q^{H4} > q^{H5} > q^{H3} > q^{H2}$。

（2）若 $C_M^{H4} = C_K^{H5}$，当 $m = k - 1$，且 $\mu > \lambda$ 时；或当 $m < k - 1$，且 $\mu = \lambda$ 时；合作社销售量满足 $q_M > q_K$。当 $m = k - 1$，且 $\mu < \lambda$ 时；或当 $m > k - 1$，且 $\mu = \lambda$ 时；有 $q_M < q_K$。若 $m = k - 1$，当 $\mu = \lambda$，且 $C_M^{H4} > C_K^{H5}$ 时，有 $q_M < q_K$，反之，$q_M > q_K$。

（3）若 $\varphi = \mu = \eta$，或 $\varphi > \mu = \eta$，农场主在两种模式的销售量满足 $q_1^{H3} < q_1^{H4}$；若 $\varphi < \mu = \eta$，当 $\eta - \varphi > \dfrac{(1 + \varepsilon\mu)(C_F^{HI} - C_M^{H4})}{r\varepsilon}$ 时，则 $q_1^{H3} > q_1^{H4}$，反之，$q_1^{H3} < q_1^{H4}$，以此类推。

（4）当 $n < \dfrac{(1 + \varepsilon\varphi)(a - C_T^{HI} - r)}{(1 + \varepsilon)(C_F^{HI} - r)}$ 时，完全分散决策模式农户的平均销售量与农场主模式的小农户销售量满足 $q_i^{H2} > q^{H3}$，反之，$q_i^{H2} < q^{H3}$；在合作社模式中，小农户销售量还受合作规模影响，同时，合作社边际成本也受合作规模影响，该情况较为复杂，后文会通过数值仿真进行分析。

定理 5.1.2　不同决策模式的销售价格变化关系满足如下条件：结合定理 5.1.1 可得，当 $C_M^{H4} = C_K^{H5}$ 时，或 $\mu = \lambda$，且 $C_M^{H4} < C_K^{H5}$ 时，销售价格满足 $P^{H2} > P^{H3} > P^{H5} > P^{H4} > P^{H1}$；若 $\mu = \lambda$，当 $C_M^{H4} > C_K^{H5}$ 时，有 $P^{H2} > P^{H3} > P^{H4} > P^{H5} > P^{H1}$。

定理 5.1.3　平台在不同决策模式的土地流转收益变化关系满足如下条件：结合定理 5.1.1 可得，当 $C_M^{H4} = C_K^{H5}$ 时，或 $\mu = \lambda$，且 $C_M^{H4} > C_K^{H5}$ 时，土地流转收益满足 $R^{H2} > R^{H3} > R^{H4} > R^{H5}$；若 $\mu = \lambda$，当 $C_M^{H4} < C_K^{H5}$ 时，有 $R^{H2} > R^{H3} > R^{H5} > R^{H4}$。

通常，销售量、销售价格和土地流转收益在无决策优先权时受平台、农户边际成本及增产率影响，在农场主模式和合作社模式中，还受销售量浮动比影响，除此之外，合作社边际成本也是影响销售量、价格和土地流转收益的一项重要因素，而合作规模又决定了合作社边际成本。由定理 5.1.1 到 5.1.3 可知：

第一，不管增产率和边际成本如何变化，销售量始终满足 $q^{H1} > q^{H3} > q^{H2}$。也就是说，集中决策模式的销售量大于农场主模式，大于完全分散决策模式的销售量。农场主模式与完全分散决策模式的区别在于农场主优先决定增加自己的销售量并在自身利益最大化基础上定义行业的土地流转收益。由于农场主销售量增加，其最优土地流转收益低于完全分散决策模式的土地流转收益，这一作用结果使得平台的最优销售量增加了，进而影响了销售价格。

第二，不管增产率、边际成本和销售量浮动比如何变化，任何一种合作模式的销售量均小于农场主模式，小农户通过合作可以节约边际成本和风险成本这是农场主模式中所没有的，这就使得合作社总成本降低了。同时，由于合作社率先决定在产量范围内增加一定比例的销售量，在二者共同作用下，合作社所定义的土地流转收益出现了新低，销售价格也出现了新低。似乎可以认为，在保证产品质量不变前提下,合作社模式可以实现农户和消费者双赢。

第三,不同合作模式的销售量、销售价格和土地流转收益受边际成本和销售量浮动比影响表现出不同变化趋势。

（四）不同决策模式选择分析

农户选择合作与否对其成本、平台成本和各参与方利润具有不同程度影响,通过对比分析不同决策模式的农户和平台利润变化,得出不同合作模式之间农户和平台的决策依据。

1. 从农户视角

定理5.1.4　农户对五种决策模式选择倾向需要满足以下条件:

（1）当 $\mu > \eta > \varphi$ 时,存在 $\Pi_M^{H4} \geqslant \Pi_K^{H3}$,除此之外的其他情形,对农场主来说分散合作社都不是最优的。

（2）由于不同合作模式的利润与合作规模相关,为避开合作规模对合作社边际成本的影响,现只比较不同合作模式的最优解:若 $m = k - 1$,当 $\mu > \lambda$ 时,$(\Pi_M^{H4})_{max} > (\Pi_K^{H5})_{max}$,反之,$(\Pi_M^{H4})_{max} < (\Pi_K^{H5})_{max}$;若 $\mu = \lambda$,当 $m > k - 1$ 时,$(\Pi_M^{H4})_{max} > (\Pi_K^{H5})_{max}$,反之,$(\Pi_M^{H4})_{max} < (\Pi_K^{H5})_{max}$。

由定理5.1.4可知,第一,从农场主利润变化来看,分散合作模式对农场主来说往往是不利的。除非合作社在很大程度上提高销售量,同时农场主销售量也要大于农场主模式的销售量;在分散合作社中,农场主原有的决策优先权变为了次优决策权,在合作社做出销售量决策后农场主再进行决策,农场主若想使利润不降低唯有进一步提高销售量浮动比例（η）,且不宜超过合作社提高的销售量浮动比例（μ）。第二,不同合作模式的利润视销售量增加比例和合作规模而不同。在规模给定时,销售量越高,最大利润越大,销售量越低,最大利润越小;在销售量给定时,规模越大,最大利润越大,反之亦然。

2. 从平台视角

定理5.1.5　在任何情况下,$\Pi_T^{H2} \leqslant \Pi_T^{H3}$ 恒成立。在完全分散、农场主和合作社这三种决策模式中,完全分散决策模式的平台利润最低,其余两种情况均可以提高平台利润;当 $(1 + \varepsilon\varphi) C_M^{H4} - r\varepsilon\varphi > (1 + \varepsilon\mu) C_F^{H3} - r\varepsilon\mu$ 时,$\Pi_T^{H3} > \Pi_T^{H4}$,对平台来说,农场主模式优于分散合作模式,当 $(1 + \varepsilon\varphi) C_M^{H4} - r\varepsilon\varphi \leqslant (1 + \varepsilon\mu) C_F^{H3} - r\varepsilon\mu$ 时,$\Pi_T^{H3} \leqslant \Pi_T^{H4}$,对平台来说,分散合作模式优于农场主模式;以此类推,可得农场主模式与集中合作模式以及分散合作与集中合作模式之间平台的最优选择。

定理5.1.6　在任何情况下,$\Pi_{Fi, i>1}^{H2} > \Pi_{Fi, i>1}^{H3}$,$\Pi_{Fi, i>1}^{H4}$,$\Pi_{Fi, i>1}^{H5}$ 恒成立。对小农户来说,农场主模式和任何一种合作社模式都不是最优的,完全同质的自由竞争可以使小农户获得较高利润,而农场主模式和合作社模式的小农户利润具有相似变化趋势,且随销售量浮动比、合作社规模和边际成本的大小不同。

因此,不管在任何情形下,平台最优选择是农场主模式或合作社模式,完全分散决策模式是对平台最不利的情形，当销售浮动比和边际成本满足一定关系时，农场主模式与合作社模式才有比较的意义。结合定理 5.1.1 可知，在农场主模式和合作社模式中，由于农场主和合作社优先增加一定比例的销售量，使得其优化后的土地流转收益低于完全分散决策模式的土地流转收益，进而提高了平台的目标销售量。对平台来说，土地流转收益是一项成本，故在收入增加和成本减少的双重作用下扩大了利润空间。通过"增加一定比例销售量"到"降低行业土地流转收益"再到"提高总销售量"这一影响路径达到平台与农场主或合作社协同的目的。与定理 5.1.5 相反，对小农户来说，在任何条件下，完全分散决策模式都是其最优选择。在农场主模式和合作社模式中，小农户利润都有不同程度的下降。如在完全分散决策模式和农场主模式中，虽然通过上述路径可以提高总销售量，但土地流转收益降低了，且对小农户来说只有当农户数量足够多时，农场主优先权才能带来小农户销售量增加。因此，在这两种模式的对比中，农场主模式的小农户处于被动状态。

3. 从供应链视角

定理 5.1.7　五种决策模式的供应链利润满足如下条件：

（1）集中决策模式与其余四种决策模式比较：在任何条件下，$\Pi_S^{H1} > \Pi_S^{H2}$ 恒成立；当 $\varphi > \dfrac{C_F^{H3}}{2\left[C_F^{H3} - r(1+\varepsilon)\right]}$ 或 $\dfrac{C_F^{H3} - C_F^{H1}}{\varepsilon(C_F^{H1} + r)}$ 时，有 $\Pi_S^{H3} \leqslant \Pi_S^{H1}$；当

$\dfrac{\varepsilon\mu\left[(1+\varepsilon)C_M^{H4} - r\varepsilon(1+\varepsilon\mu)\right]}{r\varepsilon(1+\varepsilon\mu) + (1+\varepsilon)\left[C_M^{H4} - (1+\varepsilon\mu)C_F^{H4}\right]} \geqslant \dfrac{m}{n-m}$ 且 $\mu \geqslant \dfrac{C_M^{H4} - C_F^{H1}}{\varepsilon(C_F^{H1} - r)}$ 时，有 $\Pi_S^{H4} \leqslant$

Π_S^{H1}；当 $\dfrac{\varepsilon\lambda}{1+\varepsilon\lambda} < \dfrac{k-1}{n} \leqslant \dfrac{\varepsilon\lambda(C_K^{H5} - r)}{(1+\varepsilon\lambda)(C_K^{H5} - C_F^{H5})}$，且 $\lambda \geqslant \dfrac{C_K^{H5} - C_F^{H1}}{\varepsilon(C_F^{H1} - r)}$ 时，有 $\Pi_S^{H5} \leqslant \Pi_S^{H1}$，反之亦然。

（2）完全分散决策模式与农场主（或合作社）模式比较：当 $\varphi \leqslant \dfrac{C_F^{H3}}{2\left[C_F^{H3} - r(1+\varepsilon)\right]}$

时，有 $\Pi_S^{H3} > \Pi_S^{H2}$；当 $\dfrac{m}{n-m} > \dfrac{\varepsilon\mu\left[(1+\varepsilon)C_M^{H4} - r\varepsilon(1+\varepsilon\mu)\right]}{r\varepsilon(1+\varepsilon\mu) + (1+\varepsilon)\left[C_M^{H4} - (1+\varepsilon\mu)C_F^{H4}\right]}$，且 $\mu \geqslant$

$\dfrac{C_M^{H4} - C_F^{H2}}{\varepsilon(C_F^{H2} - r)}$ 时，有 $\Pi_S^{H4} > \Pi_S^{H2}$；当 $\dfrac{k-1}{n} > \dfrac{\varepsilon\lambda(C_K^{H5} - r)}{(1+\varepsilon\lambda)(C_K^{H5} - C_F^{H5})}$，且 $\lambda \geqslant \dfrac{C_K^{H5} - C_F^{H2}}{\varepsilon(C_F^{H2} - r)}$

时，有 $\Pi_S^{H5} > \Pi_S^{H2}$，反之亦然。

（3）农场主模式与两种合作社模式比较：当

$\dfrac{m}{n-m} > \dfrac{\varepsilon\mu\left[(1+\varepsilon)C_M^{H4} - r\varepsilon(1+\varepsilon\mu)\right]}{r\varepsilon(1+\varepsilon\mu) + (1+\varepsilon)\left[C_M^{H4} - (1+\varepsilon\mu)C_F^{H4}\right]}$，$\varphi > \dfrac{C_F^{H3}}{2\left[C_F^{H3} - r(1+\varepsilon)\right]}$，且 $(1+$

$\varepsilon\mu)C_F^{H3} + r\varepsilon(\varphi - \mu) - (1+\varepsilon\varphi)C_M^{H4} \geqslant 0$ 时，有 $\Pi_S^{H4} > \Pi_S^{H3}$；当 $\varphi >$

$\dfrac{C_F^{H3}}{2\left[C_F^{H3} - r(1+\varepsilon)\right]}$，$\dfrac{k-1}{n} > \dfrac{\varepsilon\lambda(C_K^{H5} - r)}{(1+\varepsilon\lambda)(C_K^{H5} - C_F^{H5})}$，且 $(1+\varepsilon\lambda)C_F^{H3} + r\varepsilon(\varphi - \lambda) - (1+$

$\varepsilon\varphi)C_K^{H5} \geqslant 0$ 时，有 $\Pi_S^{H5} > \Pi_S^{H3}$，反之亦然。

（4）两种合作社模式比较：当 $\dfrac{m}{n-m} > \dfrac{\varepsilon\mu\left[(1+\varepsilon)C_M^{H4} - r\varepsilon(1+\varepsilon\mu)\right]}{r\varepsilon(1+\varepsilon\mu) + (1+\varepsilon)\left[C_M^{H4} - (1+\varepsilon\mu)C_F^{H4}\right]}$，

$$\frac{\varepsilon\lambda}{1+\varepsilon\lambda}<\frac{k-1}{n}\leqslant\frac{\varepsilon\lambda(C_K^{H5}-r)}{(1+\varepsilon\lambda)(C_K^{H5}-C_F^{H5})},且(1+\varepsilon\lambda)C_M^{H4}+r\varepsilon(\mu-\lambda)-(1+\varepsilon\mu)C_K^{H5}$$

$\geqslant 0$ 时，有 $\Pi_S^{H5}>\Pi_S^{H4}$，反之亦然。

从农户和平台组成的供应链来说，销售浮动比和合作比例不同，农场主模式和合作社模式的供应链利润不尽相同。首先补充一点：由于 m 和 $k-1$ 表示小农户数量，$n-m$ 表示合作社成员数量，则 $m/(n-m)$ 表示小农户与合作社成员数量比值，而 $(k-1)/n$ 表示小农户在所有农户总数中的占比。因此，$m/(n-m)$ 和 $(k-1)/n$ 均体现了小农户比例。由定理5.1.7可总结为以下四点：

第一，销售浮动比过大或过度参与合作都不能提高供应链利润，反之，如当

$$\frac{m}{n-m}>\frac{\varepsilon\mu\bigl[(1+\varepsilon)C_M^{H4}-r\varepsilon(1+\varepsilon\mu)\bigr]}{r\varepsilon(1+\varepsilon\mu)+(1+\varepsilon)\bigl[C_M^{H4}-(1+\varepsilon\mu)C_F^{H4}\bigr]},且\mu<\frac{C_M^{H4}-C_F^{H4}}{\varepsilon(C_F^{H1}-r)}时，分散合作$$

社模式的供应链利润大于集中决策模式，即适度合作和适当销售浮动比可以实现供应链再次协调，在集中合作社模式中仍然可以得出相似结论。根据前文所述的影响路径，如果合作社成员数量越多、销售浮动比越大，使土地流转收益越小，小农户利润越低。

第二，在适度合作条件下，提高销售浮动比可使合作模式的供应链利润大于完全分散决策模式的供应链利润，如当 $\dfrac{m}{n-m}>\dfrac{\varepsilon\mu\bigl[(1+\varepsilon)C_M^{H4}-r\varepsilon(1+\varepsilon\mu)\bigr]}{r\varepsilon(1+\varepsilon\mu)+(1+\varepsilon)\bigl[C_M^{H4}-(1+\varepsilon\mu)C_F^{H4}\bigr]}$，

且 $\mu\geqslant\dfrac{C_M^{H4}-C_F^{H2}}{\varepsilon(C_F^{H2}-r)}$ 时，有 $\Pi_S^{H4}>\Pi_S^{H2}$。

第三，当农场主销售浮动比较大时，合作社可以通过控制合作比例实现合作模式的供应链利润大于农场主模式的供应链利润，如当 $\varphi>\dfrac{C_F^{H3}}{2\bigl[C_F^{H3}-r(1+\varepsilon)\bigr]}$，

$$\frac{m}{n-m}>\frac{\varepsilon\mu\bigl[(1+\varepsilon)C_M^{H4}-r\varepsilon(1+\varepsilon\mu)\bigr]}{r\varepsilon(1+\varepsilon\mu)+(1+\varepsilon)\bigl[C_M^{H4}-(1+\varepsilon\mu)C_F^{H4}\bigr]},且(1+\varepsilon\mu)C_F^{H3}+r\varepsilon(\varphi-\mu)-$$

$(1+\varepsilon\varphi)C_M^{H4}\geqslant 0$ 时，有 $\Pi_S^{H4}>\Pi_S^{H3}$。

第四，在两种合作社模式中，适度合作的供应链利润大于过度合作的供应链利润。总之，通过对比五种决策模式的供应链利润，我们发现了合作边界及分散决策的（农场主模式和两种合作模式）供应链恢复协调的条件。

（五）农场主（或合作社）模式的稳定机制

基于以上分析，如果销售浮动比和合作规模得到有效控制，在其他条件不变前提下，农场主模式和合作社模式可以提高农场主、合作社、平台和供应链利润。因此，从农场主、合作社、平台和供应链角度来说，农场主模式和合作社模式具有存在的意义。而对于小农户来说，任何一种具有优先权的决策模式（农场主模式和合作模式）都不是最优的。通过对比平台和供应链最优决策的条件可以发现，小农户加入合作社是其增加自身利润的原动力，这会破坏合作边界、打破模型均衡。因此，

维持小农户利润不降低是保证模型持续平稳发展的必要条件。

由于在农场主（或合作）模式中，农场主（或合作社）和平台利润均增加了，因此，对于小农户利润补偿可以考虑三条途径：一是农场主（或合作社）独自进行补偿，二是平台独自补偿，三是农场主（或合作社）与平台共同补偿。若农场主（或合作社）对小农户利润补偿后，农场主（或合作社）利润不低于完全分散决策模式的农户利润，则农场主（或合作社）独自补偿机制成立，即 $\Pi_{F_{\mathbb{H}}}^{H3} - (n-1)(\Pi_{F_{\mathbb{H}}}^{H2} - \Pi_{F_{\mathbb{H}}}^{H3}) \geqslant \Pi_{F_{\mathbb{H}}}^{H2}$，$\Pi_M^{H4} - (m-1)(\Pi_{F_{\mathbb{H}}}^{H2} - \Pi_{F_{\mathbb{H}}}^{H4}) \geqslant (n-m)\Pi_{F_{\mathbb{H}}}^{H2}$，$\Pi_K^{H5} - (k-1)(\Pi_{F_{\mathbb{H}}}^{H2} - \Pi_{F_{\mathbb{H}}}^{H5}) \geqslant (n-k+1)\Pi_{F_{\mathbb{H}}}^{H2}$。若农场主（或合作社）与平台共同对小农户利润补偿后，农场主（或合作社）利润不低于完全分散决策模式的农户平均利润，同时平台利润也不低于完全分散决策模式的平台利润，则农场主（或合作社）与平台共同补偿机制成立，即 $\Pi_{F_{\mathbb{H}}}^{H3} + \Pi_T^{H3} - (n-1)(\Pi_{F_{\mathbb{H}}}^{H2} - \Pi_{F_{\mathbb{H}}}^{H3}) \geqslant \Pi_{F_{\mathbb{H}}}^{H2} + \Pi_T^{H2}$，$\Pi_M^{H4} + \Pi_T^{H4} - (m-1)(\Pi_{F_{\mathbb{H}}}^{H2} - \Pi_{F_{\mathbb{H}}}^{H4}) \geqslant (n-m)\Pi_{F_{\mathbb{H}}}^{H2} + \Pi_T^{H2}$，$\Pi_K^{H5} + \Pi_T^{H5} - (k-1)(\Pi_{F_{\mathbb{H}}}^{H2} - \Pi_{F_{\mathbb{H}}}^{H5}) \geqslant (n-k+1)\Pi_{F_{\mathbb{H}}}^{H2} + \Pi_T^{H2}$ 成立。

推论 5.1.1　农场主（或合作社）对小农户利润差额补偿

（1）当 $\varphi \leqslant \dfrac{C_F^{H3}}{2[C_F^{H3} - r(1+\varepsilon)]}$ 时，农场主对小农户利润差额补偿成立。

（2）当 $\dfrac{m}{n-m} \geqslant \dfrac{\varepsilon\mu[(1+\varepsilon)C_M^{H4} - r\varepsilon(1+\varepsilon\mu)]}{r\varepsilon(1+\varepsilon\mu) + (1+\varepsilon)[C_M^{H4} - (1+\varepsilon\mu)C_F^{H4}]}$，且 $\mu \geqslant \dfrac{C_M^{H4} - C_F^{H2}}{\varepsilon(C_F^{H2} - r)}$ 时，合作社 F_M 对小农户利润差额补偿成立。

（3）当 $\dfrac{k-1}{n} \geqslant \dfrac{\varepsilon\lambda(C_K^{H5} - r)}{(1+\varepsilon\lambda)(C_K^{H5} - C_F^{H5})}$，且 $\lambda \geqslant \dfrac{C_K^{H5} - C_F^{H2}}{\varepsilon(C_F^{H2} - r)}$ 时，合作社 F_K 对小农户利润差额补偿成立。

推论 5.1.2　平台独自补偿机制不成立，由于该模型建立在农户主导基础上，所有农户总利润远远大于平台总利润。也就是说，农场主（或合作社）优先权带来的较高利润几乎都留在了农场主（或合作社）中，平台利润增加量很少。

推论 5.1.3　由定理 5.1.5 可知，农场主模式或合作社都可以使平台利润增加，在推论 5.1.1 基础上，可证明农场主（或合作社）与平台共同对小农户利润差额补偿机制成立。

因此，无论是从农场主（或合作社）角度还是从农场主（或合作社）与平台角度，在理论上都可以通过有效途径对小农户利润差额进行补偿，使其不低于完全分散决策模式的农户平均利润。这说明农场主（或合作社）模式能够稳定存在，使得各参与者利润不降低甚至增加。

三、算例分析

研究主要对比并分析了两种不同合作社之间由决策变量和农户数量变化引发的各参与主体及供应链利润变化，并将之与非合作社情形做了比较，发现合作社边际成本变化规律是决定供应链均衡与稳定的关键。在实际的合作社运营中，共享效益（农户因共享农机、农技而节约的边际成本）和运作成本（管理和协调成本）共存，即随着合作社规模扩大由于共享效益使得合作社边际共享成本减少，同时由于管理幅度扩大使得边际运作成本增加。如果将二者混为一谈，即假设合作社边际成本与规模无关时，不管合作前后边际成本在一定范围内增加、不变或减小，随着合作规模扩大都具有供应链协调的趋势，不存在合作边界，不能维持系统均衡，所有农户决策结果是纷纷加入合作社，这有悖于制度经济学经典理论；因此，将二者区分开来是符合实际的。

根据学者的研究结论，现假设共享成本和运作成本与合作社规模均呈指数形式变化，将合作社边际成本简化为：$C_M = C_F + ne^{(-0.2m)} + 0.2e^{0.2m}$，$C_K = C_F + ne^{(-0.2k)} + 0.2e^{0.2k}$，当 $m = k$ 时，$C_M = C_K$。由于假定农场主与合作社相对小农户具有优先决策权，在"理性人"假设下，农场主与合作社会将其销售目标制定在较高水平上，由于对不同合作方式是否存在销售目标的差异尚缺乏合理解释，故取 $\varphi = \eta$，$\mu = \lambda$，通过设置农产品增产率和有限增量，可以有效控制农场主和合作社在享有决策优先权时的道德风险（如挪用不合规或非标准化生产的其他产品来达到增加销售量和利润的目的）。

表 5.2　参数赋值表

a	b	C_F	C_T	r_C	p_F	p_T	α	δ
30	4~5	7~9	2~6	2	0.3~0.6	0.2~0.4	0.3	40
θ	n	r	ε	φ	μ	η	λ	
0.4~0.6	20	2	0.2~0.5	0.2~0.8	0.2~0.6	0.2~0.8	0.2~0.6	

为了验证模型的有效性，对模型参数赋值（如表 5.2 所示），根据模型分析结果，本书只考察了部分关键参数的取值，如边际成本、收益分配率、增产率和销售浮动比等，在多组数据组合中都可以得到满意结果。考虑到合作一方面会增加管理成本，同时还会存在共享效益（农户因共享农机、农技而节约的边际成本），由合作引发边际成本的双向变动，且无法准确判断孰优孰劣，故以 $C_M = C_K$、$\varphi = \eta$、$\mu = \lambda$ 与其余参数的一个组合为例进行数值计算，如 $b = 4$，$C_F = 8$，$C_T = 2$，$p_F = 0.6$，$p_T = 0.3$，$\theta = 0.6$，$\varepsilon = 0.5$，$\varphi = \eta = 0.8$，$\mu = \lambda = 0.6$，得图 5.3。

由图 5.3 左图可知，完全分散决策和农场主模式的土地流转收益与农户数量无关，而任何一种合作模式的土地流转收益与农户数量呈正"U"形变化，且合作模式的土地流转收益通常较非合作社模式高，尤其当合作比例偏离 1/2（9 和 14 之间）越多时。即在合作比例约为 1/2 时，合作社模式的土地流转收益最小，接近完全分散决策模式的土地流转收益。当考虑销售量后，不难发现，也是在相似的合作比例上，合作模式的销售量接近完全分散决策模式的销售量，并呈倒"U"形变化。

这是由于当农户追求较高的土地流转收益时会有损平台利益,平台则通过降低销售量予以应对。由图 5.3 右图可知,完全分散决策和"合作社＋小农户"模式对小农户来说相对优于"农场主＋小农户"和"合作社＋农场主＋小农户"模式。这是因为平台通过保持适当的土地流转收益使销售量维持在相对较高的水平上,小农户在该土地流转收益基础上,仍然可以获得与完全分散决策模式几乎相同的利润。除此之外,"合作社＋小农户"与"农场主＋小农户"两种模式的小农户利润几乎保持相同的变化趋势,这主要是因为二者在决策顺序和模型结构上具有相似性。而两种合作模式的小农户利润相去甚远,主要是因为合作社确定了土地流转收益后,农场主为保持利润不下降会在给定的土地流转收益下增加销售量浮动比。这对小农户来说是双重"挤压":接受较低的土地流转收益和更少的剩余市场份额。由此可见,对小农户来说,"合作社＋小农户"这种合作模式具有稳定性。

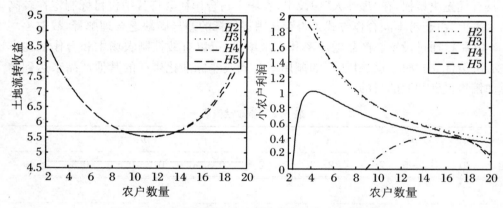

图 5.3　农户数量对土地流转收益和小农户利润的影响

　　虽然"农场主＋小农户"和"合作社＋农场主＋小农户"这两种模式的小农户利益未得到充分保障,但是所有农户总利润反而超出了完全分散决策模式的农户总利润(由图 5.4 左图可知),出现这一现象的原因主要是适度合作节约了合作社边际成本(张聪颖等,2018;许庆等,2011)和风险成本,为其带来了较高利润空间。从图 5.4 右图可知,农场主利润随农户数量增加始终处于递减趋势,农场主虽然具有优先决策销售量的权利,但其利润增加并没有带动所有农户实现协同,反而低于完全分散决策模式的农户总利润;而任何一种合作方式都可以使农户总利润出现反弹。这一结论也表明:农场主在一定时期(区间)内具有显著效益,但从长远来看这种组织模式并不利于所有农户收入增加;与此相反,农民专业合作社则具有较强的带动效应。

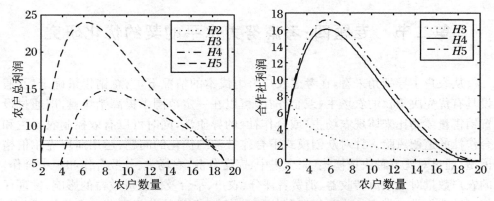

图 5.4 农户数量对所有农户和合作社利润的影响

由以上分析可知,存在一种合作社可以使得合作社和小农户利润增加或不降低,但是对单纯以营利为目的的平台来说,这不是最优结果。由图 5.5 左图可知,即使在合作比例处于 1/2 左右时,平台利润较农场主模式仍然有较大幅度下滑。由此可以推测,如果合作社模式得以长期存在,则需要采取一定措施要么从农户角度保持适当的合作比例,要么从平台角度满足平台需求。由图 5.5 右图可知,集中决策模式优于完全分散和农场主模式,与主流学者的研究结论完全相符,合作模式的供应老总利润随着合作比例增加先增加后减小。任何一种合作社在一定合作比例内都可以实现供应链协调,除成本分担和奖惩激励外,适度合作也是供应链协调的重要措施,这一结果再次证明了合作社模式具有存在意义。

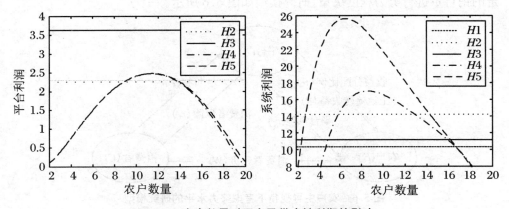

图 5.5 农户数量对平台及供应链利润的影响

第二节　专题四:考虑努力水平的契约优化研究

从农户主导视角来看,在考虑农户努力成本的情况下,当总销售量确定后,假设具有优先决策权的农场主(或合作社)可以在一定范围内提高销售量,即通过设置销售量浮动比来体现农场主(或合作社)的异质性,同时可以有效控制农场主和合作社的道德风险。针对众创模式下合作社契约优化的问题,运用斯坦克尔伯格模型,通过对比五种决策模式(完全集中、完全分散、农场主、分散合作和集中合作)的农户数量对土地流转收益、消费者评分、农户、平台及供应链效益的影响,发现任何一种合作模式带来的收益优于其他三种模式,并具体分析了分散合作模式与集中合作模式之间的效益差异,发现前者更有利于农户增收,对平台和供应链而言,集中决策模式并不是最优的,适度合作将更能增加供应链效益。这验证了基于风险流和合作优先权带来的适度规模效益,并认为能否为小农户制定有效利润补偿措施是系统能否持久发展的关键。

一、基本问题

(一)问题描述

在农户主导视角下,由平台优先确定销售量和土地流转收益,然后农户根据确定的销售量进行努力程度决策,研究模型如图 5.6 所示。

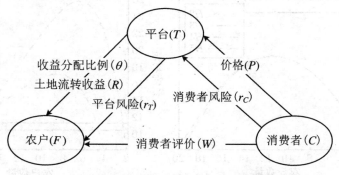

图 5.6　农户主导视角下考虑努力水平的研究模型

在决策过程中,农场主(或合作社)优先权通过设置销售量浮动比予以体现,即农场主(或合作社)在产量范围内和平均销售量基础上增加一定比例销售量。然后,进行最优努力程度决策,消费者评分受到农户努力程度影响,销售量与消费者评分——对应。如果该模式的消费者评分增加,则总销售量增加;如果评分减少,总销售量也减少。这是由需求函数假设决定的,小农户销售量视具体情况会出现不同变化方式。目标函数在专题三基础上增加了销售量浮动比。先由平台决定期望销售量和土地流转收益,然后由农场主(或合作社)在平均销售量基础上通过设置销售量浮动比来增加农场主(或合作社)销售量,小农户平分剩余销售量,农场主(或合作社)根据小农户努力程度的反应函数决定自己的努力程度,期望销售量是努力程度和销售量浮动比的函数。

(二)决策模式与相关假设

关于不同决策模式的风险成本假设同第四章,即是否考虑农户努力水平对该部分并没有影响,只是关于农场主(或合作社)销售浮动比对销售量和利润的关联关系需要具体予以界定;风险的传递路径如图5.2所示。

1. 集中决策模式($H1$)

风险成本由农户风险和平台风险两部分组成,平台风险值和风险成本分别为 $r_T = \alpha\exp(-r_C)$ 和 $C_t^{H1} = \delta p_T r_T$,农户风险值和风险发生成本分别为 $r_F = \alpha\exp(-r_C)$ 和 $C_f^{H1} = \delta p_F r_F$。

2. 完全分散决策模式($H2$)

平台和农户风险分别为 $r_T = \alpha\exp(-r_C)$ 和 $r_F = \alpha\exp(-r_T)$,由于 $r_F > r_T$ 满足风险传递路径越长,风险值越大的基本假设。风险成本分别为 $C_f^{H2} = \delta p_F p_T r_F$ 和 $C_t^{H2} = \delta p_T r_T$,完全集中和完全分散决策模式无决策优先顺序。

3. 农场主模式($H3$)

农场主 F_1 在完全分散决策模式基础上,通过提高销售量浮动比 φ,$\varphi \in (0,1]$ 来增加销售量。平台和农户风险分别为 $r_T = \alpha\exp(-r_C)$ 和 $r_F = \alpha\exp(-r_T)$,风险成本分别为 $C_t^{H3} = \delta p_T r_T$ 和 $C_f^{H3} = \delta p_F p_T r_F$,

4. 分散合作模式($H4$)

设合作社 F_M 销售量浮动比为 μ,$\mu \in (0,1]$,农场主 F_1 销售量浮动比为 η,$\eta \in (0,1]$,平台风险成本为 $C_t^{H4} = \delta p_T r_T$,合作社 F_M(参与合作农户)风险成本为 $C_{fM}^{H4} = \delta p_F^{n-m} p_T r_F$,小农户风险成本为 $C_f^{H4} = \delta p_F p_T r_F$,该合作社具有较强的抵御风险能力,可以有效降低风险和风险成本,可以实现利润共享。

5. 集中合作模式($H5$)

设合作社 F_K 销售量浮动比为 λ,$\lambda \in (0,1]$,平台风险成本为 $C_t^{H5} = \delta p_T r_T$,合作农户风险成本为 $C_{fK}^{H5} = \delta p_F^{n-k+1} p_T r_F$,小农户风险成本为 $C_f^{H5} = \delta p_T p_F r_F$,该合作模式同样可以实现风险共担和利润共享。之所以设置这两种合作社,旨在通过对比不同合作方式对供应链各成员效益的影响,验证农场主的"聚合效应"是否存在及其明显程度。基于该假设,不同决策模式各参与主体的风险成本满足 $C_t^{H1} = C_t^{H2} = C_t^{HI}$,$C_f^{H2} = C_f^{H3} = C_f^{H4} = C_f^{H5} \geqslant C_f^{H1}$,$C_{fM}^{H4}$,$C_{fK}^{H5}$。

二、决策模式选择分析

农户和平台在五种情形下博弈,不同情形的最优决策也不同,农户利润由收益

分配率 θ、市场价格 P、销售量 $S(q,R)$、剩余产品价值 $rL(q,R)$、土地流转收益 R、消费者评分和成本共同决定。平台成本中不包括努力成本，所有努力成本由农户承担；农户和平台成本包括边际成本和风险成本为 $C_F^{H1} = C_J + C_{jF}^{H1}$，同理，合作社成本为 $C_M^{H4} = C_M + C_{jM}^{H4}$，$C_K^{H5} = C_K + C_{jK}^{H5}$。

（一）基本模型

集中决策的供应链利润 $\Pi_S^{H1}(q,w) = PS(q,w) + rL(q,w) - C_F^{H1}Q - C_T^{H1}S \cdot (q,w) - e(w)$；完全分散决策的农户利润 $\Pi_F^{H2}(q^{H1},w^{H1}) = \theta PS(q,w) + rL(q,w) + RS(q,w) - C_F^{H2}Q - e(w)$；农场主模式的农户利润 $\Pi_F^{H3}(q_i,w_i) = \theta PS(q_i,w_i) + rL(q_i,w_i) + RS(q_i,w_i) - C_F^{H3}Q_i - e(w_i)$；分散合作社模式的合作社利润 $\Pi_M^{H4}(q_M,w_M) = \theta PS(q_M,w_M) + rL(q_M,w_M) + RS(q_M,w_M) - C_M^{H4}Q_M - e(w_M)$，农场主和小农户利润 $\Pi_{Fi,i\geqslant 1}^{H4}(q_i,w_i) = \theta PS(q_i,w_i) + rL(q_i,w_i) + RS(q_i,w_i) - C_F^{H4}Q_i - e(w_i)$；集中合作社模式的合作社利润 $\Pi_K^{H5}(q_K,w_K) = \theta PS(q_K,w_K) + rL(q_K,w_K) + RS(q_K,w_K) - C_K^{H5}Q_K - e(w_K)$，小农户利润 $\Pi_{Fi,i>1}^{H5}(q_i,w_i) = \theta PS(q_i,w_i) + rL(q_i,w_i) + RS(q_i,w_i) - C_F^{H5}Q_i - e(w_i)$；不同决策模式的平台利润 $\Pi_T^{HI}(q^{HI},w^{HI}) = (1-\theta)P^{HI}S(q^{HI},w^{HI}) - R^{HI}S(q^{HI},w^{HI}) - C_T^{H2}S(q^{HI},w^{HI})$。

（二）决策模式的均衡

在集中决策模式中，直接优化供应链的目标函数。由于该模型假设销售量由消费者评分决定，故先优化销售量，再根据销售量反应函数优化努力程度。在其余四种决策模式中，首先优化平台销售量和土地流转收益，然后农户根据平台反应函数由先决策者（农场主和合作社）决定销售量，后决策者（小农户）再决定销售量及消费者评分，最后先决策者（农场主和合作社）再根据后决策者的消费者评分优化自身消费者评分。不同决策模式的均衡解如表5.3所示。

其中，$A^{H1} = a + r\varepsilon - (1+\varepsilon)C_F^{H1} - C_T^{H1}$，$A^{H2} = a - C_T^{H2} - (2-\theta)/[4(1-\theta)] + r\varepsilon - (1+\varepsilon)C_F^{H2}$，$A^{H3} = (n-1-\varepsilon\varphi)\left[a - C_T^{H3} - \dfrac{2-\theta}{4(1-\theta)}\right] + r\varepsilon(n-1+\varphi) - (n-1) \cdot (1+\varepsilon)C_F^{H3}$，$\Delta C_1^{H3} = 2n(1+\varepsilon)(n-1-\varepsilon\varphi)(C_F^{H3}-r)$；在 $\dfrac{m}{n-m} \geqslant \varepsilon\mu + \dfrac{1+\varepsilon\eta}{n-m}$ 前提下，$A^{H4} = U\left[a - C_T^{H4} - \dfrac{2-\theta}{4(1-\theta)}\right] + r\varepsilon[(n-m)\mu + m - 1 + \eta] - (1+\varepsilon)(m-1)C_F^{H4}$，$U = m - (n-m)\varepsilon\mu - (1+\varepsilon\eta)$，$\Delta C_1^{H4} = 2(1+\varepsilon)(n-m)U \cdot [(m-1)C_F^{H4} - C_M^{H4} + \varepsilon\mu(C_F^{H4}-r) + \varepsilon\eta(C_M^{H4}-r) + (n-m)\varepsilon\mu C_M^{H4}]$，$\Delta C_2^{H4} = 2\varepsilon \cdot (1+\varepsilon)U(C_F^{H4}-r)[\mu(n-m) + m\eta]$；在 $\dfrac{k-1}{n} \geqslant \dfrac{\varepsilon\lambda}{1+\varepsilon\lambda}$ 前提下，$A^{H5} = V \cdot \left[a - C_T^{H5} - \dfrac{2-\theta}{4(1-\theta)}\right] + r\varepsilon[(k-1)(1-\lambda) + n\lambda] - (1+\varepsilon)(k-1)C_F^{H5}$，$V = (k-1)$

表 5.3　不同决策模式的均衡解

决策模式	集中决策	完全分散决策	农场主模式	分散合作模式	集中合作模式
总销售量	$q^{H1}=\dfrac{(A^{H1})^3}{16db^2}$	$q^{H2}=\dfrac{A^{H2}}{32\,(1-\theta)^2db^2}$	$q^{H3}=nA^{H3}[32\,(1-\theta)^2\\ \cdot(n-1-\epsilon\varphi)^2db^2]$	$q^{H4}=\dfrac{nA^{H4}}{32\,(1-\theta)^2U^2db^2}$	$q^{H5}=\dfrac{nA^{H5}}{32V^2\,(1-\theta)^2db^2}$
合作社销售量			/	$q_M=\dfrac{(n-m)(1+\epsilon\mu)A^{H4}}{32\,(1-\theta)^2U^2db^2}$	$q_K=\dfrac{(n-k+1)(1+\epsilon\lambda)A^{H5}}{32V^2\,(1-\theta)^2db^2}$
农场主销售量	/	$q^{H2}_{1;i\geqslant1}=\dfrac{A^{H2}}{32\,(1-\theta)^2ndb^2}$	$q^{H3}_1=(1+\epsilon\varphi)A^{H3}/[32(1\\-\theta)^2(n-1-\epsilon\varphi)db^2]$	$q^{H4}_1=\dfrac{(1+\epsilon\eta)A^{H4}}{32\,(1-\theta)^2U^2db^2}$	/
小农户销售量			$q^{H3}_{1;i>1}=A^{H3}/[32\,(n-1)\\ \cdot(1-\theta)^2(n-1-\epsilon\varphi)db^2]$	$q^{H4}_{1;i>1}=\dfrac{A^{H4}}{32(m-1)(1-\theta)^2U^2db}$	$q^{H5}_{i;i>1}=\dfrac{A^{H5}}{32V(k-1)(1-\theta)(1-\theta)^2db^2}$
消费者评分	$w^{H1}=\dfrac{(A^{H1})^2}{8db}$	$w^{H2}=\dfrac{A^{H2}}{8(1-\theta)db}$	$w^{H3}=nA^{H3}/[8\,(n-1-\epsilon\varphi)db]\\ \cdot(1-\theta)$	$w^{H4}=\dfrac{nA^{H4}}{8(1-\theta)U^2db}$	$w^{H5}=\dfrac{nA^{H5}}{8V^2(1-\theta)db}$
销售价格	$P^{H1}=a-\dfrac{A^{H1}}{2}$	$P^{H2}=a-\dfrac{1}{4(1-\theta)b}$	$P^{H3}=P^{H2}$	$P^{H4}=P^{H2}$	$P^{H5}=P^{H2}$
土地流转收益	/	$R^{H2}=(1-\theta)a-C^{H2}_T-\dfrac{1}{2}$	$R^{H3}=(1-\theta)a-C^{H3}_T-\dfrac{1}{2}$	$R^{H4}=(1-\theta)a-C^{H4}_T-\dfrac{1}{2}$	$R^{H5}=(1-\theta)a-C^{H5}_T-\dfrac{1}{2}$

续表

决策模式	集中决策	完全分散决策	农场主模式	分散合作模式	集中合作模式
合作社利润			／	$\Pi_M^{H4} = [(3U-n+1+\epsilon\eta)(n-m)(1+\epsilon\eta) \cdot (A^{H4})^2 + \Delta C\{^{H4} A^{H4}] \cdot U^4 db^2]$	$\Pi_K^{H5} = [(3V-n)(n-k+1)(1+\epsilon\lambda) (A^{H5})^2 + \Delta C_1^{H5} A^{H5}]/[64V^4(1-\theta)^2 \cdot db^2]$
农场主利润	／	$\Pi_F^{H2} = \dfrac{(A^{H2})^2}{64(1-\theta)^2 db^2}$	$\Pi_{F1}^{H3} = [2n-3-3\epsilon\eta(1+\epsilon\varphi) \cdot (A^{H3})^2] + \Delta C_1^{H3} A^{H3}]/ [64(n-1-\epsilon\varphi)^4(1-\theta)^2 db^2]$	$\Pi_{F1}^{H4} = [(2U-1-\epsilon\eta)(1+\epsilon\eta)(A^{H4})^2 + \Delta C_2^{H4} A^{H4}]/[64(1-\theta)^2 U^2 db^2]$	／
小农户利润			$\Pi_{Fn}^{H3} = (2n-3)(A^{H3})^2 /[64(n-1)^2(1-\theta)^2(n-1-\epsilon\varphi)^2 ab^2]$	$\Pi_{Fi,i>1}^{H4} = \dfrac{(2m-3)(A^{H4})^2}{64(m-1)^2(1-\theta)^2 U^2 db^2}$	$\Pi_{Fi,i>1}^{H5} = \dfrac{(2k-3)(A^{H5})^2}{64V^2(1-\theta)^2(k-1)^2 db^2}$
平台利润		$\Pi_T^{H2} = \dfrac{A^{H2}}{128(1-\theta)^2 db^2}$	$\Pi_T^{H3} = nA^{H3}/[128(1-\theta)^2 ab^2] \cdot (n-1-\epsilon\varphi)^2$	$\Pi_T^{H4} = \dfrac{nA^{H4}}{128(1-\theta)^2 U^2 db^2}$	$\Pi_T^{H5} = \dfrac{nA^{H5}}{128V^2(1-\theta)^2 db^2}$
供应链利润	$\Pi_S^{H1} = \dfrac{(A^{H1})^4}{64db^2}$	$\Pi_S^{H2} = \dfrac{(2A^{H2}+1)A^{H2}}{128(1-\theta)^2 db^2}$	$\Pi_S^{H3} = \Pi_{F1}^{H3} + (n-1)\Pi_{Fi,i>1}^{H3} + \Pi_T^{H3}$	$\Pi_S^{H4} = (m-1)\Pi_{Fi,i>1}^{H4} + \Pi_{F1}^{H4} + \Pi_M^{H4} + \Pi_T^{H4}$	$\Pi_S^{H5} = (k-1)\Pi_{Fi,i>1}^{H5} + \Pi_K^{H5} + \Pi_T^{H5}$

$\bullet (1 + \varepsilon\lambda) - n\varepsilon\lambda, \Delta C_1^{H5} = 2V(n - k + 1)(1 + \varepsilon)[(1 + \varepsilon\lambda)(k - 1)(C_F^{H5} - C_K^{H5}) + n\varepsilon\lambda(C_K^{H5} - r)]$。基于此，经整理，可得供应链利润为

$$\Pi_S^{H3} = [2A^{H3}(2n - 3)(n - 1)(n - \varepsilon\varphi) + \varepsilon^2\varphi^2 + (n - 1)2\Delta C_1^{H3} + n(n - 1 - \varepsilon\varphi)^2]$$
$$\bullet A^{H3}/[128(n - 1)(1 - \theta)^2(n - 1 - \varepsilon\varphi)^4 db^2],$$

$$\Pi_S^{H4} = \{2A^{H4}\{(m - 1)[(n - m)(1 + \varepsilon\mu)(3U - n + 1 + \varepsilon\eta) + (1 + \varepsilon\eta)(2U - 1 - \varepsilon\eta)] + (2m - 3)U^2\} + (m - 1)(2\Delta C_1^{H4} + 2\Delta C_2^{H4} + nU^2)A^{H4}\}/[128(m - 1)$$
$$\bullet (1 - \theta)^2 U^4 db^2],$$

$$\Pi_S^{H5} = \{2[(k - 1)(3V - n) \times (n - k + 1)(1 + \varepsilon\lambda) + V^2(2k - 3)](A^{H5})^2 + (k - 1)(2\Delta C_1^{H5} + nV^2)A^{H5}\}/[128(k - 1)(1 - \theta)^2 V^4 db^2].$$

一般来说，当农户中无合作社时，销售量、销售价格、土地流转收益、消费者评分和利润主要与收益分配率、增产率、边际成本有关，当农户中出现合作社后，合作比例和销售量浮动比也是一项重要影响因素。由表5.3可知：

第一，集中决策模式的销售价格只受到边际成本影响与其余四种模式的销售价格不同。在其余四种决策模式中，销售价格和土地流转收益均相等，且为 $P^{HI} = a - 1/[4(1 - \theta)b]$ 和 $R^{HI} = (1 - \theta)a - C_T^{HI} - 0.5$；集中决策与其余四种决策模式的区别主要是后者采用分散决策模式，且平台先于农户决策，由平台确定产品销售量和土地流转收益，在销售量与消费者评分等比例变化假设下，销售价格和土地流转收益是固定不变的。

第二，在不同决策模式中，平台利润只与总销售量相关，销售量越高，利润越大，销售量越低，利润越小，这是由平台决策顺序和决策变量决定的。

第三，农场主（或合作社）在产量范围内提高一定比例的销售量，需要在满足一定合作规模的前提下才是有效的。即在保证小农户销售量大于零的情况下，农场主（或合作社）可以提高一定比例的销售量。

第四，在不同合作模式中，合作社与小农户的决策变量和利润不尽相同。分散合作与集中合作模式的区别，在于是否将农场主取代；在分散合作模式中，农场主仍然存在且处于次优决策顺序；在集中合作模式中，农场主内化于合作社中，这两种不同决策顺序，会影响农场主追求利润的决策方式和策略选择。

（三）关键因素对决策模式选择的影响

不同决策模式的销售量、销售价格和土地流转收益变化不同，通过比较分析得出如下结论。

定理5.2.1　不同决策模式的销售量变化关系满足如下条件：

（1）五种决策模式的总销售量视不同情况表现出不同的大小关系：如当 $0 \leqslant \dfrac{A^{H2}}{(A^{H1})^3} \leqslant 2(1 - \theta)^2$ 时，集中决策与完全分散决策模式的总销售量满足 $q^{H1} \geqslant q^{H2}$；当 $1 \leqslant \dfrac{(n - 1 - \varepsilon\varphi)A^{H2}}{A^{H3}} \leqslant \dfrac{n}{n - 1 - \varepsilon\varphi}$ 时，完全分散决策与农场主模式的总销售量满

足 $q^{H2} \leqslant q^{H3}$；当 $1 \leqslant \dfrac{UA^{H3}}{(n-1-\varepsilon\varphi)A^{H4}} \leqslant \dfrac{n-1-\varepsilon\varphi}{U}$ 时，农场主模式与合作社模式的总销售量满足 $q^{H3} \leqslant q^{H4}$；当 $0 \leqslant \dfrac{VA^{H4}}{UA^{H5}} \leqslant \dfrac{U}{V}$ 时，两种不同合作模式的总销售量满足 $q^{H4} \leqslant q^{H5}$，反之亦然。

（2）合作社销售量在不同条件下的大小不同：当 $0 \leqslant \dfrac{VA^{H4}}{UA^{H5}} \leqslant \dfrac{(n-k+1)(1+\varepsilon\lambda)U}{(n-m)(1+\varepsilon\mu)V}$ 时，合作社销售量满足 $q_M \leqslant q_K$，反之亦然。

（3）农场主销售量在不同条件下的大小不同：当 $1 \leqslant \dfrac{UA^{H3}}{(n-1-\varepsilon\varphi)A^{H4}} \leqslant \dfrac{(n-1-\varepsilon\varphi)(1+\varepsilon\eta)}{U(1+\varepsilon\varphi)}$ 时，农场主销售量满足 $q_1^{H3} \leqslant q_1^{H4}$，反之亦然。

（4）小农户销售量在不同条件下的大小不同：如当 $1 \leqslant \dfrac{(n-1-\varepsilon\varphi)A^{H2}}{A^{H3}} \leqslant \dfrac{n}{n-1}$ 时，完全分散决策与农场主模式的小农户销售量满足 $q_1^{H2} \leqslant q_1^{H3}$，反之亦然。

定理 5.2.2　在不同决策模式中，销售价格和土地流转收益满足如下条件：

（1）当 $A^{H1} \leqslant \dfrac{1}{2(1-\theta)b}$，五种决策模式的销售价格满足 $P^{H1} \geqslant P^{H2} = P^{H3} = P^{H4} = P^{H5}$，当 $A^{H1} > \dfrac{1}{2(1-\theta)b}$，五种决策模式的销售价格满足 $P^{H1} < P^{H2} = P^{H3} = P^{H4} = P^{H5}$。

（2）在任何条件下，完全分散决策、农场主模式和合作社模式的土地流转收益均相等。

定理 5.2.3　不同决策模式的消费者评分与总销售量保持相同变化比例和趋势，不同决策模式的消费者评分之间的关系，同总销售量之间的关系完全一致。

由定理 5.2.1 到定理 5.2.3 可知：

第一，销售量与消费者评分保持相同变化比例和趋势，这主要是基于模型假设，即评分越高，销售量越大。当农场主（或合作社）优先提高销售量后，必定需要提高同等比例的努力程度，以至于获得的消费者评分与提高后的销售量相匹配，这也就意味着销售价格没有发生变化。

第二，完全分散决策、农场主模式和合作社模式的土地流转收益相同，这与模型决策顺序和决策变量相关。在这四种分散决策中，由平台率先决定销售量和土地流转收益，在平台利润最大化基础上，土地流转收益只与平台边际成本相关，边际成本越大，土地流转收益越少，边际成本越少，土地流转收益越大；而从农户主导视角，平台边际成本是与决策顺序和决策模式无关的常数。

第三，在不同决策模式中，农户销售量和总销售量与农户和平台边际成本、收益分配率、销售量浮动比、增产率和合作比例相关，且不同变量的影响大小不尽相同。如在其他条件不变情况下,销售量浮动比越大,农场主或合作社销售量越大,小农户销售量越小;反之,销售量浮动比越小,农场主或合作社销售量越小,小农户销售量越大。

第四,农户总销售量与小农户销售量变化具有同步性。这是因为农场主和合作社优先权不但提高了其自身销售量和消费者评分,在销售价格和土地流转收益不变情况下,可以较大幅度地提高总销售量和总评分;当总销售量在较大范围内(如当满足 $1 \leqslant \dfrac{(n-1-\varepsilon\varphi)A^{H2}}{A^{H3}} \leqslant \dfrac{n}{n-1-\varepsilon\varphi}$ 时,有 $q^{H2} \leqslant q^{H3}$)提高时,小农户能在较小范围内(如当满足 $1 \leqslant \dfrac{(n-1-\varepsilon\varphi)A^{H2}}{A^{H3}} \leqslant \dfrac{n}{n-1}$ 时,有 $q_i^{H2} \leqslant q_i^{H3}$,且 $\dfrac{n}{n-1-\varepsilon\varphi} \geqslant \dfrac{n}{n-1} > 1$)提高销售量。

(四) 不同决策模式选择分析

农户选择合作与否对其成本、平台成本和各参与方利润具有不同程度影响,现主要对比分析不同模式的农户和平台利润变化,得出不同合作模式之间农户和平台决策的依据。

1. 从农户视角

定理 5.2.4　农户对五种决策模式选择倾向需要满足以下条件:

(1) 不同合作模式的合作社利润与合作规模和销售量浮动比相关。当 $\dfrac{U^4}{V^4} \geqslant \dfrac{\tau_1(n-m)(1+\varepsilon\mu)(A^{H4})^2 + \Delta C_1^{H4}A^{H4}}{\tau_2(n-k+1)(1+\varepsilon\lambda)(A^{H5})^2 + \Delta C_1^{H5}A^{H5}}$ 时,可证 $\Pi_M^{H4} \leqslant \Pi_K^{H5}$,反之,可证 $\Pi_M^{H4} > \Pi_K^{H5}$;若将合作规模、销售量浮动比固定,可比较不同合作模式的合作社利润,如 $m = k-1$,$\mu = \lambda$,则有 $U \leqslant V$,$A^{H4} \leqslant A^{H5}$,当 $\dfrac{U^4}{V^4} \geqslant \dfrac{\tau_2 - 2(1+\varepsilon\eta)}{\tau_2}$ 时,可证 $\Pi_M^{H4} \leqslant \Pi_K^{H5}$,其中 $\tau_1 = 3m - n - 3(n-m)\varepsilon\mu - 2(1+\varepsilon\eta)$,$\tau_2 = 3(k-1)(1+\varepsilon\lambda) - n(1+3\varepsilon\lambda)$。

(2) 在农场主模式和合作社模式中,农场主利润与合作规模和销售量浮动比相关。当 $\dfrac{U^4}{(n-1-\varepsilon\varphi)^4} > \dfrac{\tau_3(1+\varepsilon\eta)(A^{H4})^2 + \Delta C_2^{H4}A^{H4}}{(2n-3-3\varepsilon\varphi)(1+\varepsilon\varphi)(A^{H3})^2 + \Delta C_1^{H3}A^{H3}}$ 时,可证 $\Pi_{F1}^{H3} > \Pi_{F1}^{H4}$,反之,可证 $\Pi_{F1}^{H3} \leqslant \Pi_{F1}^{H4}$,其中 $\tau_3 = 2m - 2(n-m)\varepsilon\mu - 3(1+\varepsilon\eta)$。

(3) 小农户在完全分散决策、农场主模式和合作社模式的利润关系满足当 $\left[\dfrac{(n-1-\varepsilon\varphi)A^{H2}}{A^{H3}}\right]^2 > \dfrac{n(2n-3)}{(n-1)^2}$ 时,$\Pi_{Fi}^{H2} > \Pi_{Fi}^{H3}$,反之,$\Pi_{Fi}^{H2} \leqslant \Pi_{Fi}^{H3}$;当 $1 \leqslant \left(\dfrac{UA^{H2}}{A^{H4}}\right)^2 \leqslant \dfrac{n(2m-3)}{(m-1)^2}$ 时,$\Pi_{Fi}^{H2} \leqslant \Pi_{Fi}^{H4}$,反之,可证 $\Pi_{Fi}^{H2} > \Pi_{Fi}^{H4}$。

2. 从平台视角

定理 5.2.5　平台对完全分散决策、农场主模式和合作社模式选择,视不同情况偏好也不同，具体表现如定理 5.2.1 中的总销售量变化。如当 $1 \leqslant \dfrac{(n-1-\varepsilon\varphi)A^{H2}}{A^{H3}}$

$\leqslant \dfrac{n}{n-1-\varepsilon\varphi}$ 时，完全分散决策与农场主模式的平台利润满足 $\Pi_T^{H2} \leqslant \Pi_T^{H3}$，反之，
$\Pi_T^{H2} > \Pi_T^{H3}$。

　　由定理 5.2.4 和 5.2.5 可知：第一，合作社利润与农场主利润均与销售量浮动比和合作规模相关。若 U 和 μ 越小，则 A^{H4} 越小，合作社利润越小；反之，U 和 μ 越大，则 A^{H4} 越大，合作社利润越大。第二，小农户利润与平台利润变化具有同步性。即在一定条件下，当小农户利润增加时，平台利润也增加；当小农户利润减少时，平台利润也减少。二者之间的关联因素主要是总销售量：前文已经分析了小农户销售量在较小的范围内可以与总销售量同步变化，而在销售价格和土地流转收益不变的情况下，平台利润仅与总销售量相关。所以，小农户利润与平台利润也可以实现同步变动。

3. 从供应链视角

定理 5.2.6　五种决策模式的供应链利润满足如下条件：

（1）集中决策模式与其余四种决策模式的供应链利润关系受到收益分配利率 θ 和销售量浮动比 φ 和 μ 影响：如当 $\dfrac{(A^{H1})^4}{2\,(A^{H2})^2+A^{H2}} > \dfrac{1}{2\,(1-\theta)^2}$ 时，$\Pi_S^{H1} > \Pi_S^{H2}$，若收益分配率 θ 较小时，对供应链来说，完全集中优于完全分散决策模式，反之，$\Pi_S^{H1} \leqslant \Pi_S^{H2}$。若收益分配率 θ 较大时，对供应链来说，完全分散决策模式优于集中决策模式。当

$$\dfrac{[(n-1-\varepsilon\varphi)A^{H1}]^4}{2(2n-3)[(n-1)(n-\varepsilon\varphi)+\varepsilon^2\varphi^2](A^{H3})^2+(n-1)[2\Delta C_1^{H3}+n\,(n-1-\varepsilon\varphi)^2]A^{H3}}$$

$> \dfrac{1}{2(n-1)}$ 时，$\Pi_S^{H1} > \Pi_S^{H3}$，若农场主的销售量浮动比 φ 较大时，对供应链来说，农场主模式的供应链利润小于集中决策模式的供应链利润；反之，$\Pi_S^{H1} \leqslant \Pi_S^{H3}$。若农场主的销售量浮动比 φ 较小时，对供应链来说，农场主模式的供应链利润大于集中决策模式的供应链利润。

（2）完全分散模式与农场主（或合作社）模式的供应链利润的关系主要受销售量浮动比 φ 和 μ 影响：如当

$$\dfrac{(n-1-\varepsilon\varphi)^4[2\,(A^{H2})^2+A^{H2}]}{2(2n-3)[(n-1)(n-\varepsilon\varphi)+\varepsilon^2\varphi^2](A^{H3})^2+(n-1)[2\Delta C_1^{H3}+n\,(n-1-\varepsilon\varphi)^2]A^{H3}}$$

$> \dfrac{1}{n-1}$ 时，$\Pi_S^{H2} > \Pi_S^{H3}$，若农场主销售量浮动比 φ 较大时，对供应链来说，农场主模式的供应链利润小于完全分散决策模式的供应链利润，即农场主模式是低效的；反之，$\Pi_S^{H2} \leqslant \Pi_S^{H3}$。若农场主销售量浮动比 φ 较小时，对供应链来说，农场主模式的供应链利润大于完全分散决策模式的供应链利润，此时体现了农场主模式的效益。

（3）农场主模式与合作模式的供应链利润关系，受销售量浮动比 φ 和 μ 及合作规模影响。在分散合作模式中，若合作社销售量浮动比 μ 和合作规模越大（或小

农户数量越小），该模式的供应链利润小于农场主模式的供应链利润，如当$(n-1)/(m-1) \geqslant U^4\{2(2n-3)[(n-1)(n-\varepsilon\varphi)+\varepsilon^2\varphi^2](A^{H3})^2+(n-1)(2\Delta C_1^{H3}+n(n-1-\varepsilon\varphi)^2)A^{H3}\}/\{(n-1-\varepsilon\varphi)^4 2\{(m-1)[(n-m)(1+\varepsilon\mu)(3U-n+1+\varepsilon\eta)+(1+\varepsilon\eta)(2U-1-\varepsilon\eta)]+(2m-3)U^2\}(A^{H4})^2+(m-1)(2\Delta C_1^{H4}+2\Delta C_2^{H4}+nU^2)A^{H4}\}$时，$\Pi_S^{H3} \leqslant \Pi_S^{H4}$；若适当降低销售量浮动比$\mu$和合作规模（或小农户数量），分散合作模式的供应链利润大于农场主模式的供应链利润，这体现了合作社的优势，反之，$\Pi_S^{H3} > \Pi_S^{H4}$。

（4）两种合作模式的供应链利润受销售量浮动比μ和λ及合作规模影响：如当$(m-1)/(k-1) \leqslant V^4 2\{(m-1)[(n-m)(1+\varepsilon\mu)\times(3U-n+1+\varepsilon\eta)+(1+\varepsilon\eta)(2U-1-\varepsilon\eta)]+(2m-3)U^2\}[(A^{H4})^2+(m-1)(2\Delta C_1^{H4}+2\Delta C_2^{H4}+nU^2)]$ · $A^{H4}/\{U^4\{2[(k-1)(3V-n)(n-k+1)(1+\varepsilon\lambda)+V^2(2k-3)](A^{H5})^2+(k-1)(2\Delta C_1^{H5}+nV^2)A^{H5}\}\}$时，$\Pi_S^{H4} > \Pi_S^{H5}$，反之，$\Pi_S^{H4} \leqslant \Pi_S^{H5}$。即销售量浮动比$\mu$（或$\lambda$）和合作规模越大（或小农户数量越小）时，供应链利润越小；反之，适当降低销售量浮动比μ（或λ）和缩小合作规模可以提高供应链利润。

由定理5.2.6可知，不同决策模式的供应链利润受收益分配率θ、销售量浮动比φ（μ和λ）及合作规模影响，具体影响分析如下：

第一，当收益分配率θ较大时，即农户获得的收入比例较大，平台获得的收入比例较小。在其他条件不变时，平台只有通过提高销售量来达到增加利润的目的，在销售价格和土地流转收益不变时，总销售量提高对平台、农户和供应链来说都可以实现利润增加；反之，当收益分配率θ较小时，即农户获得收入比例较小，平台获得收入比例较大，平台也能在较低销售量下实现满意利润，这对农户来说可能是不利的。因此，从农户主导视角，提高收益分配率θ是有利的。

第二，当农场主（或合作社）的销售量浮动比φ（μ和λ）增加时，供应链利润有减小趋势。由于农场主（或合作社）的优先权，使其销售量增加。同时，总销售量在一定条件下有减小趋势，而小农户销售量在任何条件下都减小，如$\dfrac{\partial q^{H3}}{\partial \varphi} = \dfrac{n(n-1-\varepsilon\varphi)\varepsilon[A^{H3}-(1+\varepsilon)(n-1)(C_F^{H3}-r)]}{32(1-\theta)^2(n-1-\varepsilon\varphi)^4 db^2}$，当$A^{H3} \leqslant (1+\varepsilon)(n-1)(C_F^{H3}-r)$时，随销售量浮动比$\varphi$增加，总销售量有减小趋势，反之，随销售量浮动比$\varphi$增加，总销售量具有增加趋势。而$\dfrac{\partial q_{i,i>1}^{H3}}{\partial \varphi} = \dfrac{-\varepsilon(1+\varepsilon)(n-1)(C_F^{H3}-r)}{32(1-\theta)^2(n-1)(n-1-\varepsilon\varphi)^2 db^2}$，则说明，随销售量浮动比$\varphi$增加，小农户销售量具有减小趋势，在其他条件不变时，销售量增加则利润增加，销售量减小则利润较小。

第三，在合作模式中，当小农户数量m减小，即合作比例$(n-m)/n$增加时，供应链利润有先增加后减小的趋势。因为合作社销售量随m减小具有先增加后减小的变化趋势，如

$$\frac{\partial q_M}{\partial m} = \frac{-(1+\varepsilon\mu)A^{H4}\{m^2(1+\varepsilon\mu) - m[n\varepsilon\mu + 1 + \varepsilon\eta + 2(1+\varepsilon\mu)] + 2n(1+\varepsilon\mu)\}}{32(1-\theta)^2 U^3 db^2},$$

且当 $m = \dfrac{n\varepsilon\mu + 1 + \varepsilon\eta + 2(1+\varepsilon\mu)}{2(1+\varepsilon\mu)}$ 时，$\dfrac{\partial q_M}{\partial m} > 0$。因此，当 $\dfrac{m}{n-m} \geqslant \varepsilon\mu + \dfrac{1+\varepsilon\eta}{n-m}$ 时，且小农户数量 m 足够小时，供应链利润减小，当 $m = [n\varepsilon\mu + 1 + \varepsilon\eta + 2(1+\varepsilon\mu) + \sqrt{[n\varepsilon\mu + 1 + \varepsilon\eta + 2(1+\varepsilon\mu)]^2 - 8n(1+\varepsilon\mu)^2}]/[2(1+\varepsilon\mu)]$，且 $[n\varepsilon\mu + 1 + \varepsilon\eta + 2(1+\varepsilon\mu)]^2 - 8n(1+\varepsilon\mu)^2 \geqslant 0$ 时，$(n-m)/n$ 为最优合作比例。

（五）农场主（或合作社）模式的稳定机制

由定理 5.2.6 可知，在一定条件下，农场主（或合作社）模式可以使供应链恢复协调，即农场主（或合作社）优先权可以给供应链带来较高利润。结合定理 5.2.1 和定理 5.2.4 可知，当农场主式的总销售量小于完全分散决策模式的总销售量时，农场主或合作模式的小农户销售量一定小于完全分散决策模式的小农户销售量。如当 $\dfrac{(n-1-\varepsilon\varphi)A^{H2}}{A^{H3}} > \dfrac{n}{n-1-\varepsilon\varphi}$ 时，完全分散决策与农场主模式的总销售量满足 $q^{H2} > q^{H3}$，当 $\dfrac{(n-1-\varepsilon\varphi)A^{H2}}{A^{H3}} > \dfrac{n}{n-1}$ 时，完全分散决策与农场主模式的小农户销售量满足 $q_i^{H2} > q_i^{H3}$，存在 $\dfrac{n}{n-1-\varepsilon\varphi} > \dfrac{n}{n-1}$；反之，当农场主或合作模式的小农户销售量小于完全分散决策的小农户销售量时，农场主或合作模式的总销售量不一定小于完全分散决策模式的总销售量。在销售价格和土地流转收益不变时，销售量越高利润越高，销售量越低利润越低；也就是说，农场主或合作模式的小农户利润比平台利润更容易受到农场主或合作优先权影响而降低。因此，在农场主或合作模式中，通常会出现这三种情况：总销售量和小农户销售量都增加，总销售量增加、小农户销售量减小，总销售量和小农户销售量都减小。若第一种情况发生，供应链的所有参与者利润都增加，则认为模型具有稳定性，后两种情况发生，小农户或平台任何一方利润减小，都导致小农户或平台产生"反常"的决策行为。能否对利润减小的参与者制定差额补偿措施是决定模型持续稳定和长久均衡的必要条件，现对后两种情况的补偿措施进行分别讨论。

当总销售量增加、小农户销售量减小，即平台利润增加，小农户利润减小时，可以通过三种方式对小农户利润差额进行补偿：农场主（或合作社）独自补偿、平台独自补偿、农场主（或合作社）与平台共同补偿。当总销售量和小农户销售量都减小时，即平台和小农户利润都减小，只有通过农场主（或合作社）独自补偿方式对小农户利润差额进行补偿，不管通过何种补偿方式补偿后，补偿主体利润不低于完全分散决策模式的对应利润是判断补偿措施成立的唯一条件，如通过农场主对小农户利润差额实施独自补偿时，需满足 $\Pi_{f1}^{H3} - (n-1)(\Pi_{fi}^{H2} - \Pi_{fi}^{H3}) \geqslant \Pi_{f1}^{H2}$。

推论 5.2.1　当总产量增加时，农场主（或合作社）对小农户利润差额独自补偿成立的条件如下：

(1) 当 $\dfrac{\sigma_1 (A^{H3})^2 + (n-1)\Delta C_1^{H3} A^{H3}}{(n-1-\varepsilon\varphi)^4 (A^{H2})^2} \geqslant n-1$ 时，农场主对小农户利润差额独自补偿成立，其中，$\sigma_1 = (2n-3-3\varepsilon\varphi)(n-1)(1+\varepsilon\varphi) + (2n-3)(n-1-\varepsilon\varphi)^2$。

(2) 当 $\dfrac{\sigma_2 n (A^{H4})^2 + (m-1)n\Delta C_1^{H4} A^{H4}}{U^4 (n-1)(A^{H2})^2} \geqslant m-1$ 时，分散合作社对小农户利润差额独自补偿成立，其中，$\sigma_2 = (3U-n+1+\varepsilon\eta)(n-m)(m-1)(1+\varepsilon\mu) + U^2 \cdot (2m-3)$。

(3) 当 $\dfrac{\sigma_3 (A^{H5})^2 + (k-1)\Delta C_1^{H5} A^{H5}}{V^4 (A^{H2})^2} \geqslant k-1$ 时，集中合作社对小农户利润差额独自补偿成立，其中 $\sigma_3 = (3V-n)(n-k+1)(1+\varepsilon\lambda)(k-1) + V^2(2k-3)$。

推论 5.2.2 当总产量增加时，平台对小农户利润差额独自补偿成立的条件如下：

(1) 当 $\dfrac{n(n-1)A^{H3} + 2(2n-3)(A^{H3})^2}{(n-1-\varepsilon\varphi)^2 \left[nA^{H2} + 2(n-1)(A^{H2})^2 \right]} \geqslant \dfrac{n-1}{n}$ 时，在农场主模式中，平台对小农户利润差额独自补偿成立。

(2) 当 $\dfrac{(m-1)nA^{H4} + 2(2m-3)(A^{H4})^2}{U^2 \left[nA^{H2} + 2(m-1)(A^{H2})^2 \right]} \geqslant \dfrac{m-1}{n}$ 时，在分散合作社模式中，平台对小农户利润差额独自补偿成立。

(3) 当 $\dfrac{(k-1)nA^{H5} + 2(2k-3)(A^{H5})^2}{V^2 \left[nA^{H2} + 2(k-1)(A^{H2})^2 \right]} \geqslant \dfrac{k-1}{n}$ 时，在集中合作社模式中，平台对小农户利润差额独自补偿成立。

推论 5.2.3 由推论 5.2.1 和推论 5.2.2 可知，当总产量增加时，农场主或合作社与平台对小农户利润差额共同补偿成立。

推论 5.2.4 由定理 5.2.6 可知，当总产量减小时，农场主或合作模式能够实现供应链协调，则对平台和小农户利润差额补偿成立。

由推论 5.2.1 到 5.2.4 可知，当总产量增加且小农户利润减小时，农场主（或合作社）或平台对小农户利润差额独自补偿和共同补偿措施均成立。在总产量减小前提下，农场主（或合作社）对平台和小农户利润补偿措施也成立。因此，农场主（或合作社）优先权可以增加自身和供应链利润，且在小农户或平台利润减少时也能够实施有效利润差额补偿措施，使小农户或平台利润不低于完全分散决策模式的对应利润，这说明农场主（或合作社）模式可以持续均衡。

三、算例分析

该研究主要对比了分散合作和集中合作这两种不同合作模式之间的差异，及与无合作社情况的不同，发现任何一种合作社在适度规模情况下都可以实现供应链协调。这主要归因于合作带来的成本节约，包括共享边际成本和共担风险成本，而风险成本又取决于合作社成员数量，当达到适度合作规模时，使得模型均衡后的供应链利润大于集中决策模式的供应链利润，这是研究的主要发现。考虑到合作社内部的共享经济效益（农户因共享农机、农技而节约的边际成本），已有研究证明农地适度规模可以显著降低生产成本（张聪颖等，2018；许庆等，2011），由于不能准确判断不同合作方式成本节约的差异程度，故取 $C_M = C_K < C_F$。不管农户中是否存在合作社，在"理性人"假设下，农场主相对小农户具有优先决策权利，会将其销售目标制定在较高水平上，由于不能准确判断不同合作方式销售目标的差异程度，故取 $\varphi = \eta > \mu = \lambda$，通过设置农产品增产率和销售量浮动比，可以有效控制农场主和合作社在享有决策优先权时的道德风险（如挪用不合规或非标准化的产品来达到增加产量和销售量的目的）。

表 5.4　参数赋值表

a	b	d	C_F	C_T	r_C	p_F	p_T	α	δ
30	4~5	2~3	7~9	2~6	2	0.4~0.6	0.2~0.3	0.3	40
θ	C_M	C_K	n	r	ε	φ	μ	η	λ
0.4~0.6	5~10	5~10	20	2	0.2~0.6	0.2~0.8	0.2~0.8	0.2~0.8	0.2~0.8

为了验证模型的有效性，对模型参数赋值（如表 5.3 所示）。根据模型分析的结果，本书对部分关键参数的取值进行了考察，如边际成本、收益分配率、增产率和销售量浮动比等，在多组数据组合中都可以得到满意的结果，考虑到合作一方面会增加管理成本，另一方面还会存在共享效益（农户因共享农机、农技而节约的边际成本），由合作引发边际成本的双向变动，且无法准确判断孰优孰劣，现假定两种合作模式的边际成本不等且满足 $C_F = C_M = C_K$，以任意一个组合为例进行数值计算，如 $b = 4$，$d = 2$，$C_F = 8$，$C_T = 6$，$p_F = 0.4$，$p_T = 0.3$，$\theta = 0.4$，$C_M = C_K = 5$，$\varepsilon = 0.5$，$\varphi = \eta = 0.8$，$\mu = 0.5$，$\eta = \lambda = 0.2$，通过数值计算，得出图 5.7。

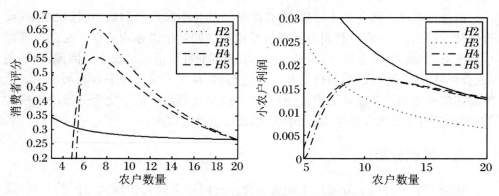

图 5.7　农户数量对消费者评分和小农户利润的影响

由图 5.7 左图可知，完全分散决策模式的消费者评分最低，其次是农场主模式,除合作模式外,农户与平台完全合作更有利于提高消费者评分。而在合作模式中,当小农户数量在 6 和 10 之间,即当合作比例控制在 1/2 和 2/3 之间时,可以获得高于完全合作时的评分。由图 5.7 右图可知,任何一种合作方式都有损小农户利润,这是由决策机制导致的,在农户主导的决策模式中,合作社具有优先决策销售量的权利,而合作社销售量增加是以"剥夺"小农户销售量为手段。为此,对小农户来说,不参与合作并不是明智的,同时,也反映了这种合作方式不具有稳定性,除非对小农户设置一定的差额补贴机制。

虽然小农户利润受到了威胁,但是所有农户总利润反而超出了完全分散决策模式的农户总利润(由图 5.8 左图可知),出现这一现象的原因主要是适度合作给合作社带来了较高利润,足以弥补小农户利润且有盈余(由图 5.8 右图可知)。除此之外,农场主具有优先决策销售量的权利,但其利润增加并没有带动所有农户实现协同,反而随农场主利润下滑,农户总利润出现反弹趋势,这一结论也表明:农场主在一定时期(当行业中农户数量较少时)内具有显著效益,但从长远来看这种组织模式并不利于所有农户收入增加,与此相反,合作社更具有明显的优势。

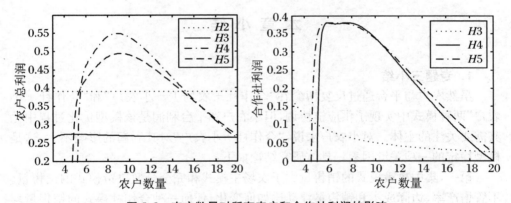

图 5.8   农户数量对所有农户和合作社利润的影响

合作模式在适度规模的条件下,不但可以提高所有农户利润,而且对平台来说也是有意义的(图 5.9 左图)。这一现象可以用决策机制来解释:由于模型假设销售量与农户努力水平保持相同变化关系,即在价格不变时,较高评分可以带来较高销售量。因此,合作社在努力提高评分的同时增加了自身和平台销售量,与图 5.7 结论一致。在无合作社情况下,对平台来说,农产主模式较完全分散模式更能提高平台利润,与图 5.8 结论相左,从农户主导视角,农场主模式并不是最优的。这一结论在图 5.9 右图中再次得到了证明,与主流学者研究结论完全相符。除此之外,合作社与完全合作模式的对比更值得解释:合作模式的供应链利润随着合作比例增加先增加后减少,当小农户数量在 6 和 13 之间,即合作比例在 1/3(7/20)和 2/3(14/20)之间时,分散合作社模式的供应链利润大于集中决策模式的供应链利润,即供应链恢复了协调,而低度合作或过度合作均不利于供应链利润提高。根据供应链协调相关理论，成本分担和奖惩激励可以使供应链恢复协调。研究发现，在考虑风险传递情况下，适度合作也可以使供应链恢复协调。

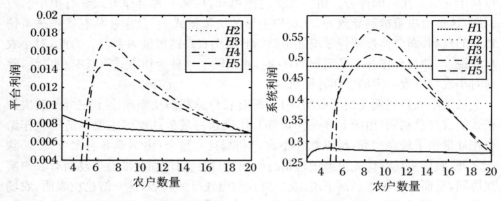

图 5.9 农户数量对平台及供应链利润的影响

本 章 小 结

1. 专题三小结

虽然农户与平台通过反复博弈在"合作社＋农场主＋小农户"和"合作社＋小农户"两种模式中实现了供应链协调，但小农户和平台利润是该模型优化过程中尤其需要关注的主体。对小农户来说，"合作社＋小农户"对其利润的影响不大，这是模型稳定的一项关键因素。具体研究结论如下：

第一，集中决策模式的销售量大于农场主模式和完全分散决策模式的销售量。不管增产率、边际成本和销售量浮动比如何变化，任何一种合作社模式的销售量均小于农场主模式；不同合作模式的销售量、销售价格和土地流转收益受边际成本和销售量浮动比的影响表现出不同的变化。

第二，从农场主利润变化来看，分散合作社对农场主来说往往是不利的，除非合作社在很大程度上提高销售量。同时，农场主销售量也要大于农场主模式的销售量。在分散合作社中，农场主原有的优先决策权变成了次优决策权，在合作社决策销售量后农场主再进行决策，农场主若不想降低利润唯有进一步提高销售量浮动比例，且不宜超过合作社提高的销售量浮动比例；不同合作模式的利润视销售量增加比例和合作规模而不同；在给定规模时，销售量越高，最大利润越大，销售量越低，最大利润越小；在给定销售量时，规模越大，最大利润越大，规模越小，最大利润越小。

第三，在完全分散、农场主和合作社这三种模式中，完全分散决策模式的平台利润最低，其余两种情况均可以提高平台利润。

第四,对小农户来说,农场主模式和任何一种合作社模式都不是最优的,完全同质的自由竞争可以使小农户获得较高利润。而在农场主模式和合作模式中小农户利润具有相似的变化趋势,且随销售量浮动比、合作社规模和边际成本不同而不同。

第五,销售浮动比过大或过度参与合作都不能提高供应链利润,在适度合作前提下,提高销售浮动比可以使合作社模式的供应链利润大于完全分散决策模式的供应链利润。当农场主销售浮动比很大时,合作社可以通过控制合作比例实现合作模式的供应链利润大于农场主模式的供应链利润;在两种合作社模式中,适度合作的供应链利润大于过度合作的供应链利润。

第六,无论是从农场主(或合作社)角度还是从农场主(或合作社)与平台角度,在理论上都可以通过有效途径对小农户利润差额进行补偿,使其不低于完全分散决策模式的农户平均利润。这说明农场主(或合作社)模式能够稳定存在,使得各参与者利润增加。

2. 专题四小结

农场主和小农户策略选择受到行业中农户数量影响,当行业中农户数量较少时,农场主可以获得较高利润,平台也可以获得较高利润,但小农户利润较完全分散决策模式低。随着农户数量增加,小农户利润持续降低,达到合作边界时,小农户会选择成立合作社。对农场主来说,是否参与合作并不会带来其利润的明显变化。从农户、平台和供应链的观点来看,分散合作模式优于集中合作模式。结合图5.4 和图 5.5 可知,供应链利润溢出了协同线,则意味着合作社与平台完全有资源和能力对小农户进行差额利润补贴。小农户为节约成本提高利润,在这种内生动力作用下会纷纷加入合作社,当合作社成员继续增加,出现过度合作时,各成员利润出现下滑。所谓适度合作是将合作社成员控制在合适比例范围内。结合以上分析认为,能否为小农户制定有效的利润补差机制是解决该问题的关键,也是制约农户和平台能否长远发展的有效措施。具体研究结论包括以下几点:

第一,集中决策模式的销售价格只受到边际成本影响与分散决策模式的销售价格不同。在四种分散决策模式中,销售价格和土地流转收益均相等;不同决策模式的平台利润只与总销售量相关,销售量越高,利润越大,销售量越低,利润越小,这是由平台决策顺序和决策变量决定的;农场主(或合作社)在产量范围内提高一定比例销售量,需要在满足一定合作比例时才是有效的,即在保证小农户销售量大于零时,农场主(或合作社)可以提高一定比例销售量。

第二,销售量与农户努力水平保持相同的变化比例和趋势。这主要是基于模型假设,即评分越高,销售量越大;当农场主(或合作社)优先提高销售量后,必定需要提高同等比例的努力程度以至于获得的消费者评分与提高后的销售量相匹配,这也就意味着销售价格没有发生变化;完全分散决策、农场主模式和合作模式的土地流转收益相同,这是由模型决策顺序和决策变量决定的;在这四种分散决策模式中，由平台先决定销售量和土地流转收益，在平台利润最大化的基础上，土地流转收益只与平台边际成本相关，边际成本越大，土地流转收益越小，边际成本越小，土地流转收益越大；而在农户主导视角下，平台边际成本只受到消费者风险的直接影响，是与农户决策顺序和决策模式无关的常数。

第三，合作社利润与农场主利润均与销售量浮动比和合作规模相关。若 U 和 μ 越小，则 A^{H4} 越小，合作社利润越小，反之亦然；小农户利润与平台利润变化具有同步性，即在一定条件下，当小农户利润增加时，平台利润也增加，当小农户利润较小时，平台利润也减小，二者之间的关联因素主要是总销售量；小农户销售量在较小范围内可以与总销售量同步变化，而当销售价格和土地流转收益不变时，平台利润仅与总销售量相关；所以，小农户利润与平台利润也可以实现同步变动。

第四，当收益分配率 θ 较大时，即农户获得的收入比例较大，平台获得的收入比例较小。当其他条件不变时，平台只有通过提高销售量来达到增加利润的目的，在销售价格和土地流转收益不变时，总销售量提高对平台、农户和供应链来说都可以实现利润增加；反之，当收益分配率 θ 较小时，即农户获得的收入比例较小，平台获得的收入比例较大，平台也能在较低销售量前提下实现满意利润，这对农户来说可能是不利的；因此，从农户主导视角，提高收益分配率 θ 是有利的；当农场主（或合作社）销售量浮动比 $\varphi(\mu$ 和 $\lambda)$ 增加时，供应链利润有减小趋势；因为，农场主（或合作社）销售量增加，总销售量在一定条件下有减小趋势，而小农户销售量在任何条件都会减小；随销售量浮动比 φ 增加，小农户销售量减小更加明显，当其他条件不变时，销售量增加则利润增加，销售量减小则利润较小；当合作比例 $(n-m)/n$ 增加时，供应链利润具有先增加后减小趋势。

第五，当总产量增加且小农户利润减小时，农场主（或合作社）或平台对小农户利润差额独自补偿和共同补偿措施均成立。当总产量减小时，农场主（或合作社）对平台和小农户利润补偿措施成立。因此，农场主（或合作社）优先权可以增加自身和供应链利润，且在小农户或平台利润减小时也能实施有效利润差额补偿措施，使小农户或平台利润不低于完全分散决策模式的对应利润。

第六章 结论与展望

本书在相关理论和研究现状基础上,通过改造现有农产品"F2F"模式,构建了基于"互联网＋农业"的众创模式,并在该框架下分析了四个专题(平台主导视角下不考虑农户努力水平、平台主导视角下考虑农户努力水平、农户主导视角下不考虑农户努力水平和农户主导视角下考虑农户努力水平)的决策顺序和决策因素的差异。在考虑风险流时,将努力水平引入需求函数,设计了关于农户数量、土地流转收益和农户努力程度的利润最大化函数,运用斯坦克尔伯格模型对比了五种决策模式(完全集中、完全分散、农场主模式、分散合作和集中合作)的最优利润。研究发现,四个专题的结论不尽相同。在对相关研究结论进行分类总结基础上,提出研究启示,并明确该研究的局限性及展望。

第一节 研究结论

四个专题均体现了一些共同结论:其一,农场主(或合作社)优先权可以使其享有先动优势;其二,在一定条件下都可以实现平台利润增加和供应链协调;其三,在农场主(或合作社)模式中,小农户利润通常具有减小趋势;其四,合作比例通常是有边界的,过高或过低合作比例都不能实现供应链协调;其五,无论何种研究模型,总能通过有效途径证明农场主(或合作社)模式的稳定性。但是,农户努力水平对研究结论具有一定影响,如不考虑农户努力水平时,在平台主导模式和农户主导模式下得出的结论,与考虑农户努力水平时,平台主导模式和农户主导模式下得出的结论不同,需要分情况总结。正如图 6.1 和图 6.2 所示,在小农户利润差额补偿措施中有不同的途径。现根据是否考虑农户努力水平分两种情况对本研究结论进行总结。

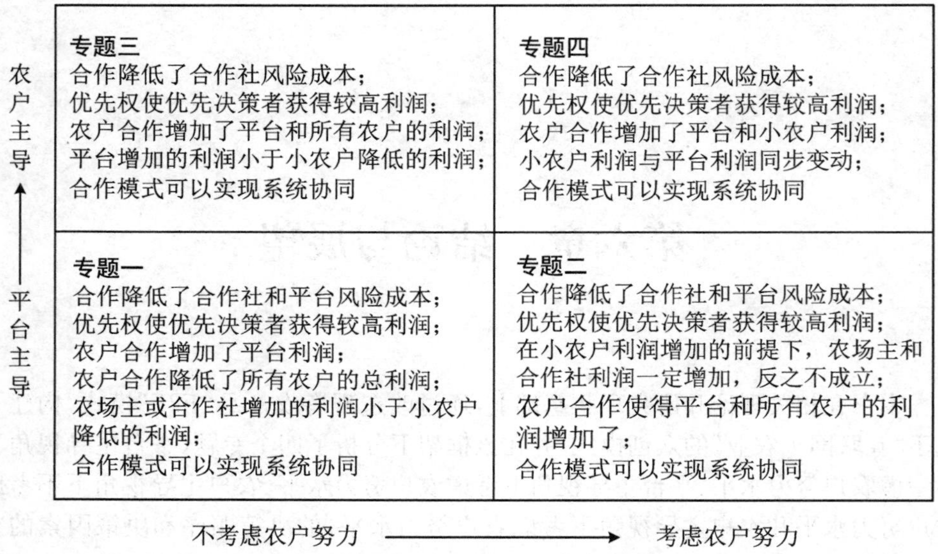

	专题三	专题四
农户主导 ↑ **平台主导**	合作降低了合作社风险成本； 优先权使优先决策者获得较高利润； 农户合作增加了平台和所有农户的利润； 平台增加的利润小于小农户降低的利润； 合作模式可以实现系统协同	合作降低了合作社风险成本； 优先权使优先决策者获得较高利润； 农户合作增加了平台和小农户利润； 小农户利润与平台利润同步变动； 合作模式可以实现系统协同
	专题一	专题二
	合作降低了合作社和平台风险成本； 优先权使优先决策者获得较高利润； 农户合作增加了平台利润； 农户合作降低了所有农户的总利润； 农场主或合作社增加的利润小于小农户降低的利润； 合作模式可以实现系统协同	合作降低了合作社和平台风险成本； 优先权使优先决策者获得较高利润； 在小农户利润增加的前提下，农场主和合作社利润一定增加，反之不成立； 农户合作使得平台和所有农户的利润增加了； 合作模式可以实现系统协同

不考虑农户努力 ⟶ 考虑农户努力

图 6.1　各专题研究结论总结

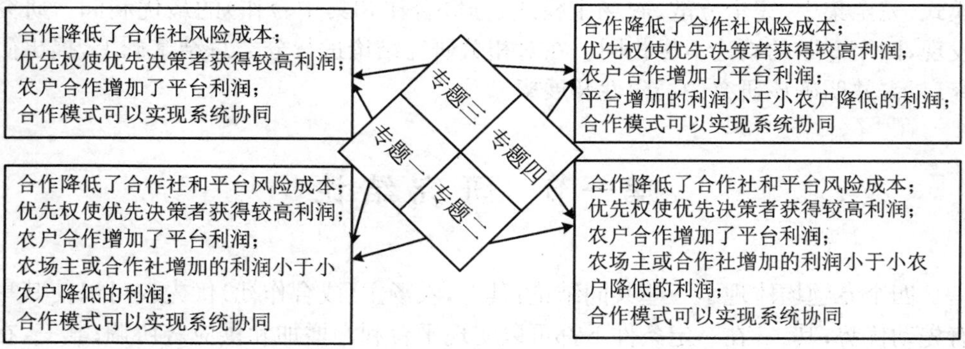

图 6.2　不同专题之间的共同结论

一、不考虑农户努力水平时

当不考虑农户努力水平时，平台主导视角下和农户主导视角下的结论有相同之处和不同之处，具体如下：

（一）平台主导和农户主导视角的共同结论

第一，将风险成本考虑进模型后，在不同主导视角下均发现除传统的成本分担和激励机制外，适度合作也可以使得供应链再次协调，并呈明显溢出增长趋势。虽然农户与平台通过多个阶段博弈在"合作社＋农场主＋小农户"和"合作社＋小农户"两种模式下实现了供应链协调；但对小农户来说，合作模式往往不是有利的，完全同质的自由竞争可以使小农户获得较高的利润。

第二，集中决策模式的销售量和农场主模式的销售量均大于完全分散决策模式的销售量，且销售价格呈相反变化趋势，这与传统学者的研究结论一致，但是本书考虑风险成本后，由于集中决策模式的风险传递路径短，风险成本小，导致其边际成本较小，也是得到这一结论的原因之一。

第三，从农场主利润变化来看，分散合作模式对农场主来说往往是不利的。因为在分散合作社中，农场主原有的优先决策权变为了次优决策权。

第四，虽然两种视角下的决策顺序发生了变化，但农场主模式和合作模式都可以提高平台利润。对平台来说，在平台主导视角下，平台利润增加是由总销售量增加和土地流转收益减小引起的；在农户主导视角下，平台利润增加是由总销售量减小、土地流转收益减小和销售价格增加引起的。

（二）平台主导和农户主导视角的不同结论

第一，从平台主导视角，农户风险成本在五种决策模式中均相同，平台风险成本与决策顺序相关。而在农户主导视角下，平台风险成本在五种决策模式中相同，农场主和小农户风险成本在后四种决策模式（完全分散、农场主模式、分散合作和集中合作）中相同，合作社通过信息共享降低了风险成本。

第二，在平台主导视角下，任何一种合作模式的销售量均大于完全分散决策模式的销售量。在农户主导视角下，任何一种合作模式的销售量均小于农场主模式的销售量，销售价格呈反向变化关系。这说明，在平台主导视角下，农场主的决策优先权不但可以带来总销售量增加，而且还可以提高小农户销售量；而农户主导视角下合作社优先权并没有提高小农户销售量。

第三，在平台主导视角下，唯独完全分散决策的供应链利润最小。当平台成本较小时，农场主模式和合作社模式都可以使供应链恢复协调；适当合作规模可使合作社模式的供应链利润大于农场主模式的供应链利润；在两种不同合作社中，供应链利润与合作比例和成本变动大小相关。在农户主导视角下，销售浮动比过大或过度参与合作都不能提高供应链利润，在适度合作下，提高销售浮动比可以使合作模式的供应链利润大于完全分散决策模式的供应链利润；在农场主销售浮动比很大的情况下，合作社可以通过控制合作比例实现合作模式的供应链利润大于农场主模式的供应链利润。在两种合作模式中，适度合作的供应链利润大于过度合作的供应链利润。

第四，在平台主导视角下，从平台独自补偿和农场主（或合作社）与平台共同补偿两个途径对小农户利润差额进行补偿，使其不低于完全分散决策模式的农户平均利润。在农户主导视角下，从农场主（或合作社）独自补偿和农场主（或合作社）与平台共同补偿两个途径对小农户利润差额进行补偿，使其不低于完全分散决策模式的农户平均利润。也就是说，在平台主导视角下，农场主（或合作社）独自补偿不成立；因为农场主（或合作社）先动优势带来的利润大部分都转移到了平台上，农场主（或合作社）增加利润很小，以至于不能弥补为此而减小的小农户利润，即优先权使得所有农户的总利润减小了。在农户主导视角下，平台独自补偿不成立，因为农场主（或合作社）先动优势带来的利润大部分都没有发生转移，平台增加利润很小，以至于不能弥补为此而减少的小农户利润，即优先权使得所有农户的总利润增加了。

二、考虑农户努力水平时

当考虑农户努力水平时，平台主导视角下和农户主导视角下的结论有相同之处和不同之处，具体如下：

（一）平台主导和农户主导视角下的共同结论

第一，在考虑农户努力水平的情况下，农户需要考虑提高努力程度以提高评分，从而增加销售量，同时还会带来努力成本增加。因此，农户在自身利益最大化基础上做出最优评分决策。

第二，销售量与努力水平保持相同变化比例和趋势。这主要是基于模型假设：评分越高，销售量越大；当农场主（或合作社）优先提高销售量后，必须提高同等比例的努力程度，以使获得的消费者评分与提高后的销售量相匹配。

第三，存在某个区间，使小农户利润与平台利润同步变动。从平台主导视角，当平台的边际成本和收益分配率足够小时，农场主模式的农场主和小农户利润大于完全分散决策模式的农户平均利润；平台的边际成本和收益分配率降低给平台带来较大利润空间，即使较高的土地流转收益也能使平台获得较高利润。从农户主导视角，在一定条件下，当小农户利润增加时，平台利润也增加，当小农户利润减小时平台利润也减小，二者之间的关联因素主要是总销售量，小农户的销售量在较小的范围内可以与总销售量同步变化；而在销售价格和土地流转收益不变情况下，平台利润仅与总销售量相关。所以，不管是平台主导还是农户主导都可以认为小农户利润与平台利润可以实现同步变动。

第四，从不同主导视角均证明了小农户利润较平台利润更易减少。农场主（或合作社）优先权使得农场主（或合作社）和平台利润增加的可能性较大，即使平台提高土地流转收益也只能在很小范围内增加小农户利润，可见当农户数量增加后，农场主模式中小农户利润必定小于完全分散决策模式的农户平均利润。

第五，当小农户利润降低时，可以通过农场主独自补偿、平台独自补偿和农场主与平台共同补偿措施对小农户利润差额进行补偿，使补偿方和被补偿方实现双赢。

（二）平台主导和农户主导视角下的不同结论

第一，在不同主导视角下，关于农户和平台风险成本的变化与决策顺序相关，由于假设风险成本变化与农户努力水平无关，故相关风险成本的结论与不考虑农户努力水平时的结论相同。

第二，从平台主导视角，不同决策模式的销售价格和土地流转收益主要受到收益分配率、增产率和边际成本影响，且变化不同。从农户主导视角，集中决策模式的销售价格只受到边际成本影响，在其余四种决策模式中，销售价格和土地流转收益均相等；不同决策模式中，平台利润只与总销售量相关，销售量越高，利润越大，销售量越低，利润越小，这是由平台决策顺序和决策变量决定的；农场主（或合作社）在产量范围内提高一定比例的销售量，需要在满足一定合作比例的前提下才是有效的，即在保证小农户销售量大于零的情况下，农场主（或合作社）可以提高一定比例销售量。

第三，平台主导视角的农场主模式中，当小农户利润大于完全分散决策模式的农户平均利润时，农场主利润一定也大于完全分散决策模式的农户平均利润，反之不成立。从农户主导视角，当农场主（或合作社）销售量增加时，总销售量在一定条件下具有减少趋势，而小农户销售量在任何条件下都会减少。

第二节　研 究 启 示

本书通过构建农产品众创模式，从不同视角研究农民专业合作社契约优化问题，得出了一些共同结论，根据研究结果，农户是否合作的策略选择受到行业中农户数量和土地流转收益的综合影响，二者两两组合生成了农户行为的四个策略空间：不合作、低度合作、适度合作和过度合作。理性农户在不同策略空间基于利润最大化选择与之匹配的努力成本，具体如图6.3所示。

该图形象地展示了农户的策略空间及其影响因素：农户数量沿箭头方向由少到多，土地流转收益沿箭头方向由低到高，二者变化速度代表沙漏的内壁倾斜度，农户数量的聚集度和土地流转收益的高度决定了沙漏颈部管道的宽度，杯体填充物将沙漏分为四个空间分别对应农户策略空间，这些主要元素不仅构成了沙漏的基本框架，也是影响其运行时间的关键因素。在空间①中无论如何调整内壁倾斜度或颈部宽度都无法实现"沙子"的停留，即当行业中农户数量较少时，农场主（小农户）在不合作情况下仍然可以通过维持较低（高）评分获得较高利润。如果沙漏内壁倾斜度较大，且颈部宽度较窄，在空间②中会有"沙子"短暂停留，即农户数量和土地流转收益的加速增加，会吸引农户聚集，并刺激农户实施合作；随着空间②中"沙子"的消失，低度合作转化为适度合作，此时需要降低内壁倾斜度并收紧颈部管道，可以使"沙子"在空间③中有较长时间的停留，即随着行业竞争的出现，农户获得的评分和利润均会降低，当行业中农户数量和土地流转收益快速增加，碰触到合作边界时，小农户会果断选择合作，随着合作比例的不断增加，土地流转收益缓慢越过最高点呈下滑趋势，并控制在相对较高的水平上，小农户由低度合作过渡到适度合作，农场主也受益于土地流转收益的提高而出现利润的增加，这就是小农户选择合作与合作社稳定存在的空间（Maruta 和 Okada，2015；Mérel 等，2015）；随着小农户的不断集聚和土地流转收益的继续下降，适度合作就逐渐演变为过度合作，较低的土地流转收益损害了合作社利润，则合作社解散，"沙子"会全部落到空间④中，这代表一个完整的决策过程。因此，该模型的关键是通过控制农户数量聚集度和土地流转收益高度来延长适度合作时间，延缓甚至防止合作"质变"，因为适度合作维持时间长短决定了供应链协调区间的长度。

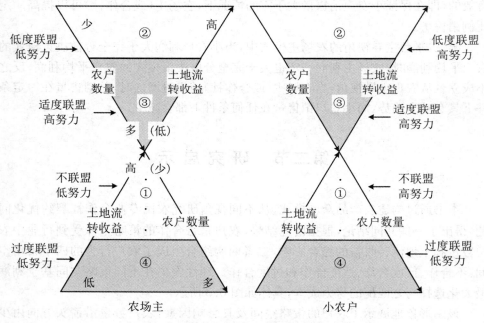

图 6.3　农户和平台策略选择的"沙漏"模型

一、理论启示

本书的结论在理论上丰富了相关领域的研究，如对现有农产品"F2F"模式的改造、新形势下农户竞争与合作影响因素、收益共享契约下供应链协调措施、农户合作对风险成本的影响等。除此之外，不同主导视角的农场主（或合作社）、平台和小农户的利润变化，及利润差额补偿机制等都具有一定的理论贡献。

（一）众创模式有效对接了农户和消费者需求

通过对传统农产品流通模式和现有农产品"F2F"模式的分析，及农地流转带来的一系列问题，加之消费者需求变化的加剧，这些问题共同指向了农户和消费者需求融合的一种众创模式。在"互联网＋农业"背景下，利用委托代理等相关理论，将农地流转、农业职业工人和消费者共同嵌入众创模式，这种模式从理论上可以解决或减缓农产品生产和流通过程中的问题、农户和消费者需求的相关问题，并为农地适度规模经营提供了一种运营范式。

（二）揭示了土地流转收益和农户努力水平对农户竞争与合作的影响

土地流转收益表示拥有土地承包经营权的农户将土地经营权转让给平台经营，平台按照单位价格给农户支付一定的收益。消费者评分作为电子商务经济下的产物，表示消费者体验后的满意度，体现了农户在产品生产和流通环节的努力程度，并将之引入需求函数，同时农户获得评分付出的努力成本。本书将土地流转收益和努力水平作为农户行为的影响因素，用以研究风险传递假设下农户的竞争与合作对供应链成员最优利润的影响，这些决策因素体现了新形势的时代特征，并取得了较为理想的结果。研究表明，在其他条件不变的前提下，土地流转收益越高，农户利润越高，而随着农户努力水平增加，农户利润呈现倒"U"形变化趋势，这是由从"农户努力水平"到"销售量"到"努力成本"到"利润"的影响路径所决定的。

（三）丰富了收益共享契约下供应链协调的相关措施

通过在农户与平台之间设置收益分配比例，研究农户和平台利益协调问题，在考虑风险成本后，发现除传统的成本共担和奖惩激励措施外，当满足一定条件时（尤其是农户合作比例）也可以使供应链恢复协调。通过分析发现，出现这一结论的根本原因是决策顺序变化引发的风险传递路径变化，进而影响了决策节点的风险成本，如从平台主导视角，决策顺序是先农户后平台，风险流沿着消费者经农户到平台，在农场主（或合作社）决策模式下，风险流从消费者先经过同质小农户再经过农场主（或合作社）最后到平台，这一传递路径虽然不影响小农户风险成本，但农场主（或合作社）和平台风险成本大大降低了，使其利润大大增加，从而使供应链协调。

（四）拓展了风险成本对决策节点的影响研究

将概率的相关理论引入供应链，用以表示风险传递的过程，及风险流对决策节点成本的影响；其中，为了区分合作社、农场主和小农户之间的差异，采用联合概率形式用以表示风险发生的可能性。尤其是为模拟异质性农户之间的信息共享对降低风险发生可能性的作用，联合概率理论起到重要作用。因此，对无信息共享的小农户和有信息共享的合作社之间的差异化，及风险的多渠道传递与单一渠道传递之间的差异，概率相关理论起到很好的解释作用。通过对风险成本的定量处理，帮助我们对农户的竞争与合作相关研究进行了拓展，并揭示了合作社、农场主和小农户异质性带来的边际成本差异及其对供应链效益的作用机理。

除以上四点外，又尝试性地从农场主（或合作社）和平台角度对小农户进行利润差额补偿，并证明了补偿措施成立的条件。虽然对模型稳定性的相关研究具有一定的借鉴意义，但这种利润差额补偿机制并不一定适用于所有系统，在农场主（或合作社）和平台得以"共享先动优势"前提下，如果小农户得以"分享先动优势"，如果供应链成员之间的关系是紧密的或追求共赢的，这种利润补偿方式才能顺利开展，那么农场主（或合作社）与平台的身份和性质是需要补充和定义的内容，这一利润差额补偿方式对该模式的管理具有一定启示意义。

二、管理启示

对农产品这种特殊商品，往往价值损耗和实体损耗较大，供应链级数不宜过多，库存不宜过多，渠道信息应准确畅通，风险成本应合理控制。因此，"F2F"供应模式成为必然选择，而农户合作正是农业生产适度规模化的要求；一系列诱导因素的加剧使得农户身份分化和农地流转逐渐成为一种趋势，在土地流转背景下的众创模式，不仅将职业农户和消费者需求无缝对接，还是农产品批量定制、农业生产现代化和农户管理企业化的有效模式。根据研究结论，从管理学视角提出以下几点启示：

（一）合理控制农户努力水平是增加农户收益的基础

农户努力水平与销售量密切相关，一般来说，努力水平越高，销售量越高，同时努力成本也会相应增加，一味追求较高的努力并不是明智选择，还要考虑因提高评分增加的成本，农户在做出提高评分决策时需要在增加成本与增加收益之间权衡。通常来说，当行业中农户数量较少时，较低评分也可以实现较高收益，而当竞争加剧，农户数量较多时，必须提高努力水平，或通过合作（集中合作社或分散合作社）来获得较高收益，当农户过度合作时，继续提高努力水平并不是理性决策。

（二）匹配的土地流转收益是平台增收的前提

土地流转收益高低对农户行为具有诱导作用，当行业中农户数量不多时，平台可以通过提高土地流转收益的方式吸引较多农户参与，而当合作社形成后应适当调高土地流转收益，竞争加剧或过度合作时，应适当调低土地流转收益。农户对土地流转收益的高低较敏感，只有平台合理控制土地流转收益时，对农户的刺激和指导行为才是有效的，才能使农户获得满意利润前提下保证自身利益最优化。

（三）适度规模的农业生产是农户和平台的共同追求

研究结论显示合作存在边界，控制在一定比例内的合作才是农户和平台共赢的基础，行业中农户数量较少或农户数量较多以至于超出合作边界都不符合合作存在的条件。完全集中、完全分散和农场主模式假设都无法实现供应链最优目标，唯有合作社才能实现供应链协调。该结论强调了合作的必要性，农户通过合作不但可以共享农机、农技，而且可以重组和配置土地、变革原有生产方式，从而带来显著规模经济效益。在适度合作范围内，平台通过设置匹配的土地流转收益，农户既受益于合作效益又满意于土地流转收益，农户既"有利可图"又不失积极性，平台也可以获得相对较高的利润，该状态具有可持续性。因此，适度规模经济是平台和农户反复博弈的结果，是系统长期维持并发展的基本前提，也是农户和平台共赢的基础。

（四）制定小农户利润补差机制是系统持续的关键

由于农场主（或合作社）模式往往不利于小农户利润的实现，而农场主或合作模式可以使供应链获得较高利润，在"理性人"假设下，小农户会倒向农场主（或合作社）一边，在合作边界假定下，当越来越多的小农户加入合作社后会导致合作社超出合作比例而解散，即合作模式又恢复了农场主模式或完全分散决策模式。从供应链来看，这并不是"理性"的，与本书的研究结论相左。研究证明适当合作可以实现供应链协调，即小农户利润下降幅度远小于供应链利润增加幅度，则意味着合作社完全有资源和能力对小农户进行差额利润补偿，防止小农户在利益诱导下的"变质"行为。

（五）重新定义农场主（或合作社）和平台的身份及性质是实现参与者共赢的保障

在平台主导视角下，对于单纯以盈利为目的平台（如果是企业性质的，且在完全理性假设下）来说，制定利润补差机制是简单而直接的。除此之外，改变农场主合作社或平台的性质，也是解决这一问题的有效途径，可以尝试通过两条途径予以改变：一是将平台的农业企业性质转变为农业社会企业或非盈利组织，二是合作社或农户自建平台，这种产供销一体化的产业融合模式也是当前实现高端价值链回归农村的一个现实手段，当然每一次尝试和改变都离不开政府的协调和引导。

（六）从"平台主导"到"农户主导"是众创模式发展的必然之路

平台主导视角下，农场主（或合作社）的先动优势增加的利润大部分都转移给了平台。而在农户主导视角下，农场主（或合作社）的先动优势增加的利润大部分留给了农场主（或合作社）。尤其是在不考虑农户努力水平情况下，这一结论尤为明显。在不考虑其他情况的前提下，如果平台是基于城市资本的产物，那么平台主导模式对农户来说并不是最优的；如果平台是基于服务和扶持农户增收的产物，那么平台主导模式对农户来说相对有利。结合我国农村和合作社发展实际，农场主（或合作社）通常缺乏组建供应链的资本和能力。因此，发展初期的"平台主导"模式是符合我国实际的，随着农村产业融合模式的发展和相关政策及帮扶力度的加大，"农户主导"模式是一种必然趋势，只有让土地创造的附加值留在农村，土地才能真正成为农户的福利。

（七）众创模式持久发展离不开政府和农业社会组织的共同扶持

政府应适当干预和引导众创模式的发展方向，协助农户组建农户主导的农产品供应链，使农产品供应链改革模式能够朝着更有利于农户增收的方向发展，这也是实现农户脱贫致富和发展现代农业的一条有效途径。除此之外，政府应给予平台必要的财政扶持，如融资优先、税收减免、产业补助等优惠政策。政府和农业社会组织应积极响应平台及农户技术培训和知识更新需求，定期组织或引进农业技术人才为农户解决生产管理上的困难。政府还应加强对平台监管，设立法律法规防止农地流转过程中道德风险和机会主义的发生，做好农村产业融合发展的"监督者"和"守夜人"。

第三节　局限性及展望

根据我国"互联网＋农业"相关模式发展实际，目前，农户（或单纯合作社）尚不具备组建供应链的能力，农户（或单纯合作社）与平台之间的决策结构也只处于平台主导模式，农户主导模式是对工业品供应链中供应商和零售商主导模式的合理延伸。虽然本书的研究结论在理论和实践上取得了一定成果，但这些成果是在假设下得到的，由于假设限制，使得该研究仍然具有拓展空间，需要在以后的研究中加以完善。

第一，需求函数假设。在不考虑农户努力水平时，本书沿用传统的对于需求函数的经典线性假设。在考虑农户努力水平后，对需求函数进行改造，将农户努力水平和需求量之间的变动关系定义为线性的。事实上，努力水平、需求量和价格之间的关系可能有多种形式，需求函数也可以有多种形式，包括其他线性函数和指数函数形式，如 Blackburn 和 Scudder（2009）将需求函数定义为 $P = aq^{-b}$ 的形式。

第二，农户努力成本假设。本书将农户努力成本定义为努力程度的二次函数，目的是体现努力成本的边际递增规律，以限制农户通过无限努力增加销售量。之所以采用这种函数假设，如 $e(w) = dw^2, d > 0$，通常是为模拟现实中的一项重要因素及模型优化过程中能够获得均衡解。

第三,风险成本假设。本书假设风险信息随决策顺序流动,为了区分农场主或合作社与小农户之间的不同并易于定量化展示,将同质农户假设为"串联"状态,同质与异质农户之间处于"并联"状态。根据相关文献的研究成果,假设风险成本是风险值的指数函数。虽然这些假设都具有相关文献的支撑,但与实际情形可能还有距离,在以后的研究中要注重从多层面和多角度逼近实际。

在考虑风险流前提下,努力成本的分担方式对供应链效益新的增长点的贡献率有待确定,这也是需要进一步探讨与研究的内容。在合作假设下,农户独立承担努力成本,供应链效益的增长较为显著。由平台承担农户努力成本或农户和平台按照一定比例(如收益分摊比例)共担努力成本,这种决策机制变化对供应链效益增长的影响需要进一步验证。当前,中国农业补贴以直接补贴为主,其他补贴为辅,多种补贴形式相结合。欧盟的共同农业政策将土地所有者的农业直接补贴转变为农产品生产者补贴,这一转变可以实现更高的产出效率(Kazukauskas,2013),这对中国农业补贴政策改革具有重要借鉴意义,这也是在未来研究中需要验证的。

附　录

第四章专题一附录

表 4.1.3（完全分散决策均衡解）证明

$$\Pi_F^{H2}(q,R) = \theta[PS(q,R) + rL(q,R)] + RQ - C_F^{H2}Q \tag{1}$$

$$\Pi_T^{H2}(Q,R) = (1-\theta)[PS(Q,R) + rL(Q,R)] - RQ - C_T^{H2}Q \tag{2}$$

令 $A^{H2} = \theta(a + r\varepsilon) + (1+\varepsilon)(R - C_F^{H2})$。首先优化农户的销售量决策，由式（1）中 q 的一阶条件代入式（2），令 $B^{H2} = a + r\varepsilon - (1+\varepsilon)(C_F^{H2} + C_T^{H2})$，由 R 的一阶条件可得

$$R^{H_2} = C_F^{H2} - \frac{\theta[(1+\theta)(a+r\varepsilon) - B^{H2}]}{(1+\varepsilon)(1+\theta)} \tag{3}$$

均衡时销售量为

$$q_i^{H2} = \frac{B^{H2}}{2n(1+\theta)b} \tag{4}$$

将式（3）、式（4）代入式（1）、式（2）整理得出农户、平台和供应链利润分别为

$$\Pi_F^{H2}(q,R) = \left[A^{H2} - \frac{\theta B^{H2}}{2(1+\theta)}\right]q^{H2} = \frac{\theta(B^{H2})^2}{4(1+\theta)^2 b} = \frac{\theta}{1+\theta}\Pi_T^{H2}(q,R) \tag{5}$$

$$\Pi_T^{H2}(q,R) = \left[B^{H2} - \frac{(1+\theta)A^{H2}}{2\theta}\right]\frac{A^{H2}}{2\theta b} = \frac{(B^{H2})^2}{4(1+\theta)b} \tag{6}$$

$$\Pi_S^{H2}(q,R) = \Pi_F^{H2}(q,R) + \Pi_T^{H2}(q,R) = \frac{1+2\theta}{1+\theta}\Pi_T^{H2}(q,R) \tag{7}$$

表 4.1.3（农场主模式均衡解）证明

$$\Pi_{Fi}^{H3}(q_i,R) = \theta[PS(q_i,R) + rL(q_i,R)] + RQ_i - C_F^{H3}Q_i \tag{1}$$

$$\Pi_T^{H3}(q,w) = (1-\theta)[PS(q,w) + rL(q,w)] - RQ - C_T^{H3}Q \tag{2}$$

首先优化农户的销售量决策，已知 F_1 具有决策优先权，对式（1）中 $q_{i,i>1}$ 逆向求导，令 $A^{H3} = \theta(a + r\varepsilon) + (1+\varepsilon)(R - C_F^{H3})$，经过整理得到其一阶条件：

$$\begin{cases} 2\theta bq_2 + \theta bq_3 + \cdots + \theta bq_n = A^{H3} - \theta bq_1 \\ \theta bq_2 + 2\theta bq_3 + \cdots + \theta bq_n = A^{H3} - \theta bq_1 \\ \cdots \\ \theta bq_2 + \theta bq_3 + \cdots + 2\theta bq_n = A^{H3} - \theta bq_1 \end{cases}$$

解该方程得订货量:

$$q_{i,i>1} = \frac{A^{H3}}{n\theta b} - \frac{q_1}{n} \tag{3}$$

将式(3)代入式(1)由 q_1 的一阶条件可得

$$q_1 = \frac{A^{H3}}{2\theta b} \tag{4}$$

将式(4)代入式(2),令 $B^{H3} = (a + r\varepsilon) - (1+\varepsilon)(C_F^{H3} + C_T^{H3})$ 由 R 的一阶条件可得

$$R^{H3} = C_F^{H3} - \frac{\theta\left[(2n-1+\theta)(a.+r\varepsilon) - nB^{H3}\right]}{(2n-1+\theta)(1+\varepsilon)} \tag{5}$$

将式(3)、式(4)和式(5)代入式(1)和式(2),可得农户、平台和供应链利润分别为

$$\Pi_{F1}^{H3}(q_1, R) = \frac{(A^{H3})^2}{4n\theta b} = \frac{n\theta (B^{H3})^2}{4(2n-1+\theta)^2 b}$$

$$= \frac{n\theta}{(2n-1)(2n-1+\theta)}\Pi_T^{H3}(q, R) \tag{6}$$

$$\Pi_{Fi,i>1}^{H3}(q_i, R) = \frac{(A^{H3})^2}{4n^2\theta b} = \frac{\theta (B^{H3})^2}{4(2n-1+\theta)^2 b}$$

$$= \frac{\theta}{(2n-1)(2n-1+\theta)}\Pi_T^{H3}(q, R) \tag{7}$$

$$\Pi_T^{H3}(q, R) = \left[B^{H3} - \frac{(2n-1+\theta)A^{H3}}{2n\theta}\right]\frac{(2n-1)A^{H3}}{2n\theta b}$$

$$= \frac{(2n-1)(B^{H3})^2}{4(2n-1+\theta)b} \tag{8}$$

$$\Pi_S^{H3}(q, R) = \Pi_{F1}^{H3}(q_1, R) + (n-1)\Pi_{Fi,i>1}^{H3}(q_i, R) + \Pi_T^{H3}(q, R)$$

$$= \frac{2n-1+2\theta}{2n-1+\theta}\Pi_T^{H3}(q, R) \tag{9}$$

表 4.1.3(分散合作模式均衡解)证明

$$\Pi_{Fi,i\leqslant m}^{H4}(q_i, R) = \theta\left[PS(q_i, R) + rL(q, R)\right] + RQ_i - C_F^{H4}Q_i \tag{1}$$

$$\Pi_M^{H4}(q_M, R) = \theta\left[PS(q_M, R) + rL(q, R)\right] + RQ_M - C_M^{H4}Q_M \tag{2}$$

$$\Pi_T^{H4}(q, R) = (1-\theta)\left[PS(q, R) + rL(q, R)\right] - RQ - C_T^{H4}Q \tag{3}$$

首先优化小农户的销售量决策,已知 F_M 具有决策优先权,对公式(1)中 $q_{i,i>1}$ 逆向求导,令 $A^{H4} = \theta(a + r\varepsilon) + (1+\varepsilon)(R - C_F^{H4})$,经过整理得到其一阶条件:

$$\begin{cases} 2\theta bq_2 + \theta bq_3 + \cdots + \theta bq_n = A^{H4} - \theta b(q_M + q_1) \\ \theta bq_2 + 2\theta bq_3 + \cdots + \theta bq_m = A^{H4} - \theta b(q_M + q_1) \\ \cdots \\ \theta bq_2 + \theta bq_3 + \cdots + 2\theta bq_m = A^{H4} - \theta b(q_M + q_1) \end{cases}$$

解方程得订货量：

$$q_{i,i>1} = \frac{A^{H4}}{m\theta b} - \frac{q_M + q_1}{m} \tag{4}$$

将式(4)代入式(1)由 q_1 的一阶条件可得

$$q_1 = \frac{A^{H4}}{2\theta b} - \frac{q_M}{2} \tag{5}$$

将式(5)代入式(2)由 q_M 的一阶条件可得

$$q_M = \frac{A^{H4} - 2m(1+\varepsilon)\Delta C_1}{2\theta b} \tag{6}$$

进而得出

$$q_1 = \frac{A^{H4} + 2m(1+\varepsilon)\Delta C_1}{4\theta b} \tag{7}$$

$$q_{i,i>1} = \frac{A^{H4} + 2m(1+\varepsilon)\Delta C_1}{4m\theta b} \tag{8}$$

令 $B^{H4} = a + r\varepsilon - (1+\varepsilon)(C_F^{H4} + C_T^{H4})$ 可得

$$A^{H4} = \frac{2m\theta[(4m-1)B^{H4} - 2m(1+\varepsilon)\Delta C_1]}{(4m-1)(4m-1+\theta)} + \frac{2m(1+\varepsilon)\Delta C_1}{4m-1} \tag{9}$$

则有 $R^{H4} = C_F^{H4} - \dfrac{\theta(a+r\varepsilon) - A^{H4}}{(1+\varepsilon)}$，将式(6)、式(7)和式(8)代入式(1)、式(2)和式(3)整理可得合作社、农场主、小农户、平台和供应链利润为

$$\Pi_M^{H4}(q_M, w_M) = \frac{1}{2m}[A^{H4} - 2m(1+\varepsilon)\Delta C_1 - \theta b q_M] q_M$$
$$= \frac{[A^{H4} - 2m(1+\varepsilon)\Delta C_1]^2}{8m\theta b} \tag{10}$$

$$\Pi_{F1}^{H4}(q_1, R) = \frac{1}{m}[A^{H4} - \theta b(q_M + q_1)] q_1$$
$$= \frac{[A^{H4} + 2m(1+\varepsilon)\Delta C_1]^2}{16m\theta b} \tag{11}$$

$$\Pi_{Fi,i\leqslant m}^{H4}(q_i, R) = (A^{H4} - \theta bq) q_{i,i>1}$$
$$= \frac{[A^{H4} + 2m(1+\varepsilon)\Delta C_1]^2}{16m^2\theta b} \tag{12}$$

$$\Pi_T^{H4}(q, R) = [4m\theta B^{H4} - (4m-1+\theta)A^{H4}$$
$$+ 2m(1-\theta)(1+\varepsilon)\Delta C_1] \frac{q}{4m\theta} \tag{13}$$

$$\Pi_S^{H4}(q, R) = (m-1)\Pi_{F_i,i\leqslant m}^{H4}(q_i, R) + \Pi_{F1}^{H4}(q_1, R)$$
$$+ \Pi_M^{H4}(q_M, R) + \Pi_T^{H4}(q, R) \tag{14}$$

表 4.1.3(集中合作模式均衡解)证明

$$\Pi_{Fi,i>1}^{H5}(q_i, R) = \theta[PS(q_i, R) + rL(q_i, R)] + RQ_i - C_F^{H5}Q_i \tag{1}$$

$$\Pi_K^{H5}(q_K, R) = \theta[PS(q_K, R) + rL(q_i, R)] + RQ_K - C_K^{H5}Q_K \tag{2}$$

$$\Pi_T^{H5}(q,R) = (1-\theta)\big[PS(q,R) + rL(q_i,R)\big] - RQ - C_T^{H5}Q \tag{3}$$

首先优化小农户的销售量决策,已知 F_K 具有决策优先权,对公式(1)中 $q_{i,i>1}$ 逆向求导,令 $A^{H5} = \theta(a + r\varepsilon) + (1+\varepsilon)(R - C_F^{H5})$,经过整理得到其一阶条件:

$$\begin{cases} 2\theta bq_2 + \theta bq_3 + \cdots + \theta bq_k = A^{H5} - \theta bq_k \\ \theta bq_2 + 2\theta bq_3 + \cdots + \theta bq_k = A^{H5} - \theta bq_k \\ \cdots \\ \theta bq_2 + \theta bq_3 + \cdots + 2\theta bq_k = A^{H5} - \theta bq_k \end{cases}$$

解方程得订货量:

$$q_{i,i>1} = \frac{A^{H5}}{k\theta b} - \frac{q_K}{k} \tag{4}$$

则

$$q = q_K + (k-1)q_{i,i>1} = \frac{(k-1)A^{H4}}{k\theta b} + \frac{q_K}{k} \tag{5}$$

将式(5)代入式(2),由式中 q_K 的一阶条件可得

$$q_K = \frac{A^{H5} - k(1+\varepsilon)\Delta C_2}{2\theta b} \tag{6}$$

$$A^{H5} = \frac{k\theta\big[(2k-1)B^{H5} - k(1+\varepsilon)\Delta C_2\big]}{(2k-1)(2k-1+\theta)} + \frac{k(1+\varepsilon)\Delta C_2}{2k-1} \tag{7}$$

则有 $R^{H5} = C_F^{H5} - \dfrac{\theta(a + r\varepsilon) - A^{H5}}{(1+\varepsilon)}$,将式(6)代入式(1)、式(2)和式(3),令 $B^{H5} = a + r\varepsilon - (1+\varepsilon)(C_F^{H5} + C_T^{H5})$ 整理可得

$$\Pi_K^{H5}(q_K,R) = \frac{\big[A^{H5} - k(1+\varepsilon)\Delta C_2\big]^2}{4k\theta b} \tag{8}$$

$$\Pi_{F_{i,i>1}}^{H5}(q_i,R) = \frac{\big[A^{H5} + k(1+\varepsilon)\Delta C_2\big]^2}{4k^2\theta b} \tag{9}$$

$$\Pi_T^{H5}(q,R) = \big[2k\theta B^{H5} - (2k-1+\theta)A^{H5} \\ + k(1-\theta)(1+\varepsilon)\Delta C_2\big]\frac{(2k-1)A^{H5} - k(1+\varepsilon)\Delta C_2}{4k^2\theta^2 b} \tag{10}$$

$$\Pi_S^{H5}(q,R) = \Pi_K^{H5}(q_K,R) + (k-1)\Pi_{F_{i,i=2,\cdots,k}}^{H5}(q_i,R) + \Pi_T^{H5}(q,R) \tag{11}$$

定理 4.1.1 证明

(1) 由于 $\dfrac{q^{H1}}{q^{H2}} = \dfrac{(1+\theta)\big[B^{H2} + (1+\varepsilon)(C_T^{H2} - C_T^{H1})\big]}{B^{H2}}$ 且 $C_T^{H2} - C_T^{H1} \geqslant 0$,则有

$\dfrac{q^{H1}}{q^{H2}} > 1$ 恒成立;同理可得 $\dfrac{q^{H3}}{q^{H2}} \geqslant 1$, $\dfrac{q^{H4}}{q^{H2}} \geqslant 1$, $\dfrac{q^{H5}}{q^{H2}} \geqslant 1$, $\dfrac{q^{H4}}{q^{H3}} \geqslant 1$, $\dfrac{q^{H5}}{q^{H3}} \geqslant 1$ 恒成立。

由 $q^{H3} - q^{H1} = \dfrac{\varepsilon\big[\Delta q^{31} + \theta(C_F^{HI} - r)\big] - \big[\theta(a - C_F^{HI}) - \Delta q^{31}\big]}{2(2n-1+\theta)b}$,若 $\varepsilon \leqslant \dfrac{\theta(a - C_F^{HI}) - \Delta q^{31}}{\Delta q^{31} + \theta(C_F^{HI} - r)}$,则有 $q^{H3} - q^{H1} \leqslant 0$;反之,$q^{H3} - q^{H1} > 0$,其中,$\Delta q^{31} = (2n-1+$

$\theta)C_T^{H1}-(2n-1)C_T^{H3}$。

由 $q^{H4}-q^{H1}=\dfrac{\varepsilon[\Delta q^{41}+\theta(C_F^{HI}-r)]-[\theta(a-C_F^{HI})-\Delta q^{41}]}{2(4m-1+\theta)b}$，若 $\varepsilon\leqslant$

$\dfrac{\theta(a-C_F^{HI})-\Delta q^{41}}{\Delta q^{41}+\theta(C_F^{HI}-r)}$，则有 $q^{H4}-q^{H1}\leqslant0$；反之，$q^{H3}-q^{H1}>0$，其中，$\Delta q^{41}=(4m-1+$

$\theta)C_T^{H1}-(4m-1)C_T^{H3}-2m\Delta C_1$。

由 $q^{H5}-q^{H1}=\dfrac{\varepsilon[\Delta q^{51}+\theta(C_F^{HI}-r)]-[\theta(a-C_F^{HI})-\Delta q^{51}]}{2(2k-1+\theta)b}$，若 $\varepsilon\leqslant$

$\dfrac{\theta(a-C_F^{HI})-\Delta q^{51}}{\Delta q^{51}+\theta(C_F^{HI}-r)}$，则有 $q^{H5}-q^{H1}\leqslant0$；反之，$q^{H5}-q^{H1}>0$，其中 $\Delta q^{51}=(2k-1+$

$\theta)C_T^{H1}-(2k-1)C_T^{H3}-k\Delta C_2$。

若 $B^{H4}=B^{H5}$，$\Delta C_1=\Delta C_2$，由 $q^{H5}-q^{H4}=\dfrac{(k-2m)[2\theta B+(1-\theta)(1+\varepsilon)\Delta C]}{2(4m-1+\theta)(2k-1+\theta)b}$，

若 $k-2m$ 与 $2\theta B+(1-\theta)(1+\varepsilon)\Delta C$ 同号，则有 $q^{H5}-q^{H4}>0$；反之，$q^{H5}-q^{H4}$

$\leqslant0$。

(2) 若 $B^{H4}=B^{H5}$，$\Delta C_1=\Delta C_2$，由 $\dfrac{q_K^{H5}}{q_M^{H4}}=\dfrac{A^{H4}-2m(1+\varepsilon)\Delta C+\Delta q^{KM}}{A^{H4}-2m(1+\varepsilon)\Delta C}$，若 $k\leqslant$

$2m$，则 $\dfrac{q^{H5}}{q^{H4}}\leqslant1$；反之，$\dfrac{q^{H5}}{q^{H4}}>1$，且 $\Delta q^{KM}=\dfrac{B\theta(2m-k)(1-\theta)}{(2k-1+\theta)(4m-1+\theta)}-(1+\varepsilon)$

$\Delta C\Big[\dfrac{k^2\theta+2k(k-1)(2k-1+\theta)}{(2k-1)(2k-1+\theta)}-\dfrac{4m^2\theta+4m(2m-1)(4m-1+\theta)}{(4m-1)(4m-1+\theta)}\Big]$。

(3) 由 $q_1^{H4}-q_1^{H3}=\dfrac{1}{2b}(\Delta B^{43})+\Delta C_1^{43}$，由于 $\Delta C_1<0$，若 $\Delta B^{43}>-2b\Delta q_1^{43}$，则

$q_1^{H4}-q_1^{H3}>0$；反之，$q_1^{H4}-q_1^{H3}\leqslant0$，其中 $\Delta B^{43}=\{[a+r\varepsilon-(1+\varepsilon)C_F^{H1}][(n-m)$

$\cdot(1-\theta)-2mn]+(1+\varepsilon)[n(4m-1+\theta)C_T^{H3}-m(2n-1+\theta)C_T^{H4}]\}/[(2n-1$

$+\theta)(4m-1+\theta)]$，$\Delta q_1^{43}=\dfrac{2m^3\theta(8m-2+\theta)(1+\varepsilon)\Delta C_1}{2\theta(4m-1)(4m-1+\theta)b}$。

(4) 由 $\dfrac{q_i^{H2}}{q_i^{H3}}=\dfrac{2n-1+\theta}{2n(1+\theta)}\cdot\dfrac{B^{H3}+(1+\varepsilon)(C_T^{H3}-C_T^{H2})}{B^{H3}}$，由于 $C_T^{H3}-C_T^{H2}\leqslant0$，则

$\dfrac{q_i^{H2}}{q_i^{H3}}\leqslant1$ 恒成立。由 $q_i^{H4}-q_i^{H2}=\dfrac{1}{2b}(\Delta B^{42})+\Delta C_1^{42}$，若 $\Delta B^{42}\leqslant-2b\Delta C_1^{42}$，则 $q_i^{H4}-$

$q_i^{H2}\leqslant0$；反之，$q_i^{H4}-q_i^{H2}>0$，其中，$\Delta B^{42}=\dfrac{B^{H4}}{4m-1+\theta}-\dfrac{B^{H2}}{n(1+\theta)}$，$\Delta C_1^{42}=$

$\dfrac{m(8m-2+\theta)(1+\varepsilon)\Delta C_1}{\theta(4m-1)(4m-1+\theta)b}$。同理可证 q_i^{H2} 与 q_i^{H5}，q_i^{H3} 与 q_i^{H4}，q_i^{H5} 与 q_i^{H4} 的关系。

定理 4.1.3 证明

由 $R^{H2}-R^{H3}=\dfrac{\theta\{[(2-(1-\theta)/n]B^{H2}-(1+\theta)B^{H3}\}}{(1+\varepsilon)(1+\theta)[2-(1-\theta)/n]}$，若 $[2-(1-\theta)/n]B^{H2}-$

$(1+\theta)B^{H3}\leqslant0$，则 $R^{H2}-R^{H3}\leqslant0$；若 $[2-(1-\theta)/n]B^{H2}-(1+\theta)B^{H3}>0$，则 R^{H2}

$-R^{H3}>0$；同理可证 q_i^{H2} 与 q_i^{H4}，q_i^{H2} 与 q_i^{H5}，q_i^{H3} 与 q_i^{H4}，q_i^{H5} 与 q_i^{H4} 的关系。

定理 4.1.4 证明

(1) 由 $\Pi_{F1}^{H4} - \Pi_{F1}^{H3} \leqslant \dfrac{m\theta\,(B^{H4})^2}{4\,(4m-1+\theta)^2 b} - \dfrac{n\theta\,(B^{H3})^2}{4\,(2n-1+\theta)^2 b}$，可证 $\Pi_{F1}^{H4} \leqslant \Pi_{F1}^{H3}$ 恒成立。

(2) 若 $m = k$ 且 $C_M^{H4} = C_K^{H5}$，则 $\Delta C_1 = \Delta C_2$，$B^{H4} = B^{H5}$，$\dfrac{\Pi_M^{H4}}{\Pi_K^{H5}} = \dfrac{A^{H5} - k(1+\varepsilon)\Delta C_2 + \Delta\Pi^{MK}}{2\left[A^{H5} - k(1+\varepsilon)\Delta C_2\right]}$，由 $\Delta\Pi^{MK} \leqslant 0$ 得 $\dfrac{\Pi_M^{H4}}{\Pi_K^{H5}} \leqslant 1$，其中 $\Delta\Pi^{MK} = \{m\theta(\theta-1)$ $\cdot (4m-1)(2m-1)B^{H4} + (1+\varepsilon)\Delta C_1\left[8m - 3(1-\varphi) - m(4m-1+\theta)(2m-1+\theta)\right]\}/\left[(4m-1)(2m-1)(4m-1+\theta)(2m-1+\theta)\right]$。

(3) 由于 $\Pi_{Fi}^{H4} \leqslant \dfrac{\theta\,(B^{H4})^2}{4\,(4m-1+\theta)^2 b}$，$\Pi_{Fi}^{H5} \leqslant \dfrac{\theta\,(B^{H5})^2}{4\,(2k-1+\theta)^2 b}$，由 $\dfrac{\Pi_{Fi}^{H2}}{\Pi_{Fi}^{H3}} = \dfrac{(2n-1+\theta)^2}{n\,(1+\theta)^2}\left(\dfrac{B^{H2}}{B^{H3}}\right)^2$，可证 $\dfrac{\Pi_{Fi}^{H2}}{\Pi_{Fi}^{H3}} \leqslant 1$；同理可证 Π_{Fi}^{H4}，Π_{Fi}^{H5} 与 Π_{Fi}^{H2} 的关系。

定理 4.1.5 证明

由 $\dfrac{\Pi_T^{H2}}{\Pi_T^{H3}} = \dfrac{2n-1+\theta}{(2n-1)(1+\theta)} \times \left[\dfrac{B^{H3} + (1+\varepsilon)(C_T^{H3} - C_T^{H2})}{B^{H3}}\right]^2$，由于 $C_T^{H3} - C_T^{H2} \leqslant 0$，则 $\dfrac{\Pi_T^{H2}}{\Pi_T^{H3}} \leqslant 1$；同理可证 $\dfrac{\Pi_T^{H2}}{\Pi_T^{H4}} \leqslant 1$，$\dfrac{\Pi_T^{H2}}{\Pi_T^{H5}} \leqslant 1$。

定理 4.1.6 证明

由 $\dfrac{\Pi_S^{H1}}{\Pi_S^{H2}} = \dfrac{(1+\theta)^2}{1+2\theta} \times \left[\dfrac{B^{H2} + (1+\varepsilon)(C_T^{H2} - C_T^{H1})}{B^{H2}}\right]^2$，可证 $\dfrac{\Pi_S^{H1}}{\Pi_S^{H2}} > 1$；同理可得：当 $C_T^{H3} - C_T^{H1} \leqslant 0$ 时，$\dfrac{\Pi_S^{H1}}{\Pi_S^{H3}} \leqslant 1$，当 $C_T^{H3} - C_T^{H1} > 0$ 时，$\dfrac{\Pi_S^{H1}}{\Pi_S^{H3}} > 1$；在任何情况下都有 $\dfrac{\Pi_S^{H3}}{\Pi_S^{H2}} > 1$，$\dfrac{\Pi_S^{H4}}{\Pi_S^{H2}} > 1$，$\dfrac{\Pi_S^{H5}}{\Pi_S^{H2}} > 1$；当 $(4m-1)(4m-1+2\theta)B^{H4} > (4m-1+\theta)^2 B^{H1}$ 时，$\dfrac{\Pi_S^{H4}}{\Pi_S^{H1}} > 1$；当 $(2k-1)(2k-1+2\theta)B^{H5} > (2k-1+\theta)^2 B^{H1}$ 时，$\dfrac{\Pi_S^{H5}}{\Pi_S^{H1}} > 1$；当 $2m > n$ 时，$\dfrac{\Pi_S^{H4}}{\Pi_S^{H3}} > 1$；当 $(4m-1)(4m-1+2\theta)(2n-1+\theta)^2 B^{H4} > (4m-1+2\theta)^2 (2n-1) \cdot (2n-1+2\theta)B^{H3}$ 时，$\dfrac{\Pi_S^{H5}}{\Pi_S^{H3}} > 1$；当 $k\Delta C_2 \geqslant 2m\Delta C_1$ 时，即 $-k\Delta C_2 \leqslant -2m\Delta C_1$ 和 $k\Delta C_2^2 \leqslant 2m\Delta C_1^2$，可证 $\dfrac{\Pi_S^{H5}}{\Pi_S^{H4}} \leqslant 1$，当 $k\Delta C_2 < 2m\Delta C_1$ 时，即 $-k\Delta C_2 > -2m\Delta C_1$ 和 $k\Delta C_2^2 > 2m\Delta C_1^2$，可证 $\dfrac{\Pi_S^{H5}}{\Pi_S^{H4}} > 1$。

推论 4.1.2 证明

要证 $\Pi_T^{H3} - (n-1)(\Pi_{Fi}^{H2} - \Pi_{Fi}^{H3}) \geqslant \Pi_T^{H2}$，即证 $\dfrac{\Pi_T^{H3} - \Pi_T^{H2}}{\Pi_{Fi}^{H2} - \Pi_{Fi}^{H3}} \geqslant n-1$，经整理可得

$$\frac{\Pi_T^{H3} - \Pi_T^{H2}}{\Pi_{Fi}^{H2} - \Pi_{Fi}^{H3}} = \frac{n(1+\theta)}{\theta} \times \frac{(2n-1)(1+\theta)(B^{H3}/B^{H2})^2 - (2n-1+\theta)}{2n-1+\theta-n(1+\theta)^2(B^{H3}/B^{H2})^2}; 由于 \frac{B^{H3}}{B^{H2}} \geqslant 1,$$

可证 $\dfrac{\Pi_T^{H3} - \Pi_T^{H2}}{\Pi_{Fi}^{H2} - \Pi_{Fi}^{H3}} \geqslant 2n \dfrac{(n-1)(1+\theta)}{n-1+\theta}$，即证 $\dfrac{\Pi_T^{H3} - \Pi_T^{H2}}{\Pi_{Fi}^{H2} - \Pi_{Fi}^{H3}} > n-1$；同理可证 $\dfrac{\Pi_T^{H4} - \Pi_T^{H2}}{\Pi_{Fi}^{H2} - \Pi_{Fi}^{H4}}$

$\geqslant m-1, \dfrac{\Pi_T^{H5} - \Pi_T^{H2}}{\Pi_{Fi}^{H2} - \Pi_{Fi}^{H5}} \geqslant k-1$。

第四章专题二附录

表 4.2.1（完全分散决策均衡解）证明略

$$\Pi_F^{H2}(q,w) = \theta[PS(q,w) + rL(q,w)] + RQ - C_F^{H2}Q - e(w) \tag{1}$$

$$\Pi_T^{H2}(q,w) = (1-\theta)[PS(q,w) + rL(q,w)] - RQ - C_T^{H2}Q \tag{2}$$

令 $A^{H2} = \theta(a+r\varepsilon) + (1+\varepsilon)(R - C_F^{H2})$ 首先优化农户销售量决策，由公式（1）中 q 的一阶条件得

$$q_i = \frac{q}{n} = \frac{w(A^{H2})}{2n\theta b} \tag{3}$$

将式（3）代入式（1）由 w 的一阶条件可得

$$w^{H2} = \frac{(A^{H2})^2}{8\theta db} \tag{4}$$

将式（3）和式（4）代入式（2）由 R 的一阶条件可得

$$R^{H2} = \frac{(1-2\theta)\theta(a+r\varepsilon) - 3\theta(1+\varepsilon)C_T^{H2} + (2-\theta)(1+\varepsilon)C_F^{H2}}{2(\theta+1)(1+\varepsilon)} \tag{5}$$

令 $B^{H2} = (a+r\varepsilon) - (1+\varepsilon)(C_T^{H2} + C_F^{H2})$，将式（3）、式（4）和式（5）代入式（1）、式（2），得出农户、平台和供应链利润分别为

$$\Pi_F^{H2}(q,w) = \theta\left(a - \frac{bq}{w}\right)q + RQ - C_F^{H2}Q - \frac{3^4\theta^2(B^{H2})^4}{2^{10}(\theta+1)^4 db^2}$$

$$= \frac{3\theta}{2(\theta+1)}\Pi_T^{H2}(q,w) \tag{6}$$

$$\Pi_T^{H2}(q,w) = \left(\frac{B^{H2}}{4}\right)\frac{(A^{H2})^3}{16\theta^2 db^2} = \frac{3^3\theta(B^{H2})^4}{2^9(\theta+1)^3 db^2} \tag{7}$$

$$\Pi_S^{H2}(q,w) = \Pi_F^{H2}(q,w) + \Pi_T^{H2}(q,w) = \frac{5\theta+2}{2(\theta+1)}\Pi_T^{H2}(q,w) \tag{8}$$

表 4.2.1（农场主模式均衡解）证明

$$\Pi_{Fi,i\geqslant1}^{H3}(q_i,w_i) = \theta[PS(q_i,w_i) + rL(q_i,w)] + RQ_i - C_F^{H3}Q_i - e(w_i) \tag{1}$$

$$\Pi_T^{H3}(q,w) = (1-\theta)[PS(q,w) + rL(q,w)] - RQ - C_T^{H3}Q \tag{2}$$

首先优化农户的销售量决策，已知 F_1 具有决策优先权，对公式（1）中 $q_{i,i>1}$ 逆向求导，令 $A^{H3} = \theta(a+r\varepsilon) + (1+\varepsilon)(R - C_F^{H3})$，经过整理得到其一阶条件：

$$\begin{cases} \dfrac{2\theta bq_2}{w} + \dfrac{\theta bq_3}{w} + \cdots + \dfrac{\theta bq_n}{w} = A^{H3} - \dfrac{\theta bq_1}{w} \\[2mm] \dfrac{\theta bq_2}{w} + \dfrac{2\theta bq_3}{w} + \cdots + \dfrac{\theta bq_n}{w} = A^{H3} - \dfrac{\theta bq_1}{w} \\[2mm] \cdots \\[2mm] \dfrac{\theta bq_2}{w} + \dfrac{\theta bq_3}{w} + \cdots + \dfrac{2\theta bq_n}{w} = A^{H3} - \dfrac{\theta bq_1}{w} \end{cases}$$

解上述方程得订货量：

$$q_{i,i>1} = \frac{w(A^{H3})}{n\theta b} - \frac{q_1}{n} \tag{3}$$

将式(3)式代入式(1)由 Q_1 的一阶条件可得

$$q_1 = \frac{w(A^{H3})}{2\theta b} \tag{4}$$

将式(3)、式(4)代入式(1)，由 w 的一阶条件可得

$$w_1 = \frac{(A^{H3})^2}{8n\theta db} \tag{5}$$

$$w_{i,i>1} = \frac{(A^{H3})^2}{8n^2\theta db} \tag{6}$$

将式(3)至式(6)一起代入式(2)由 R 的一阶条件可得

$$R^{H3} = \frac{(2 - 2\theta - n)\theta(a + r\varepsilon) + (4n - 3n\theta + 2\theta - 2)(1 + \varepsilon)C_F^{H3} - 3n\theta(1 + \varepsilon)C_T^{H3}}{2(2n - 1 + \theta)(1 + \varepsilon)} \tag{7}$$

令 $B^{H3} = (a + r\varepsilon) - (1 + \varepsilon)(C_F^{H3} + C_T^{H3})$，可得农户农场主、小农户、平台和供应链利润分别为

$$\Pi_{F1}^{H3}(q_1, w_1) = \frac{3^4 \theta^2 n(3n - 2)(B^{H3})^4}{2^{10}(2n - 1 + \theta)^4 db^2} = \frac{3\theta n(3n - 2)}{2(2n - 1)^2(2n - 1 + \theta)}\Pi_T^{H3}(q, w) \tag{8}$$

$$\Pi_{Fi,i>1}^{H3}(q_i, w_i) = \frac{3^4 \theta^2 (4n - 3)(B^{H3})^4}{2^{10}(2n - 1 + \theta)^4 db^2} = \frac{3\theta(4n - 3)}{2(2n - 1)^2(2n - 1 + \theta)}\Pi_T^{H3}(q, w) \tag{9}$$

$$\Pi_T^{H3}(q, w) = \left(\frac{B^{H3}}{4}\right)q = \frac{3^3 \theta(2n - 1)^2(B^{H3})^4}{2^9(2n - 1 + \theta)^3 db^2} \tag{10}$$

$$\Pi_S^{H3}(q, w) = \Pi_{F1}^{H3}(q_1, w_1) + (n - 1)\Pi_{Fi,i>1}^{H3}(q_i, w_i) + \Pi_T^{H3}(q, w)$$

$$= \frac{(2n - 1)^3 + \theta(29n^2 - 35n + 11)}{2(2n - 1)^2(2n - 1 + \theta)}\Pi_T^{H3}(q, w) \tag{11}$$

表 4.2.1(分散合作模式均衡解)证明

$$\Pi_{Fi,i>1}^{H4}(q_i, w_i) = \theta[PS(q_i, w_i) + rL(q_i, w)] + RQ_i - C_F^{H4}Q_i - e(w_i) \tag{1}$$

$$\Pi_M^{H4}(q_M, w_M) = \theta[PS(q_M, w_M) + rL(q_M, w)] + RQ_M - C_M^{H4}Q_M - e(w_M) \tag{2}$$

$$\Pi_T^{H4}(q, w) = (1 - \theta)[PS(q, w) + rL(q, w)] - RQ - C_T^{H4}Q \tag{3}$$

首先优化小农户的销售量决策，已知 F_M 具有决策优先权，对公式(1)中 $q_{i,i>1}$ 逆向求导，令 $A^{H4} = \theta(a + r\varepsilon) + (1+\varepsilon)(R - C_F^{H4})$，经过整理得到其一阶条件：

$$\begin{cases} \dfrac{2\theta bq_2}{w} + \dfrac{\theta bq_3}{w} + \cdots + \dfrac{\theta bq_m}{w} = A^{H4} - \dfrac{\theta b(q_M + q_1)}{w} \\[2mm] \dfrac{\theta bq_2}{w} + \dfrac{2\theta bq_3}{w} + \cdots + \dfrac{\theta bq_m}{w} = A^{H4} - \dfrac{\theta b(q_M + q_1)}{w} \\[2mm] \cdots \\[2mm] \dfrac{\theta bq_2}{w} + \dfrac{\theta bq_3}{w} + \cdots + \dfrac{2\theta bq_m}{w} = A^{H4} - \dfrac{\theta b(q_M + q_1)}{w} \end{cases}$$

解方程得订货量：

$$q_{i,i>1} = \frac{w(A^{H4})}{m\theta b} - \frac{q_M + q_1}{m} \tag{4}$$

将式(4)代入式(1)由 q_1 的一阶条件可得

$$q_1 = \frac{w(A^{H4})}{2\theta b} - \frac{q_M}{2} \tag{5}$$

将式(4)、式(5)代入式(2)，由 q_M 的一阶条件可得

$$q_M = \frac{w(A^{H4} - 2m\Delta C_1)}{2\theta b} \tag{6}$$

将式(4)～式(6)代入式(2)，由 w_M 的一阶条件可得

$$w_M = \frac{(A^{H4} - 2m\Delta C_1)^2}{16m\theta db} \tag{7}$$

将式(6)、式(7)代入式(1)，分别由 $w_{i,i>1}$ 和 w_1 的一阶条件得

$$w_{i,i>1} = \frac{(A^{H4} + 2m\Delta C_1)^2}{32m^2\theta db} \tag{8}$$

$$w_1 = \frac{(A^{H4} + 2m\Delta C_1)^2}{32m\theta db} \tag{9}$$

由此可得

$$w^{H4} = w_M + w_1 + \cdots + w_m = \frac{(4m - 1)\left[(A^{H4})^2 + 4m^2\Delta C_1^2\right] - 4m\Delta C_1 A^{H4}}{32m^2\theta db} \tag{10}$$

则有

$$q^{H4} = \frac{\left[(4m - 1)A^{H4} - 2m\Delta C_1\right]\{(4m - 1)\left[(A^{H4})^2 + 4m^2\Delta C_1^2\right] - 4m\Delta C_1 A^{H4}\}}{2^7 m^3 \theta^2 db^2} \tag{11}$$

令 $B^{H4} = a + r\varepsilon - (1+\varepsilon)(C_F^{H4} + C_T^{H4})$，整理可得

$$\Pi_T^{H4}(q,w) = \left[4m\theta B^{H4} - (4m - 1 + \theta)A^{H4} + 2(1 - \theta)m\Delta C_1\right]\frac{q}{4m\theta} \tag{12}$$

由式(12)中 A^{H4} 的一阶条件可得：$R^{H4} = \dfrac{A^{H4} - \theta(a + r\varepsilon)}{(1+\varepsilon)} + C_F^{H4}$。令 $\Pi_T^{H4\prime}(A^{H4}) = 0, G = 4m\theta(B^{H4}) + 2(1 - \theta)m\Delta C_1, E = 2m\Delta C_1, F = 4m - 1$ 得：$a(A^{H4})^3 +$

$b(A^{H4})^2 + cA^{H4} + d = 0$，其中，$a = -4F^2(F+\theta)$，$b = 3F[GF + 3E(F+\theta)]$，$c = -2[3GEF + F^2(F+\theta)E^2 + 2E^2(F+\theta)]$，$d = GE^2F^2 + 2GE^2 + E^3F(F+\theta)$。

由 $p = \dfrac{3ac - b^2}{3a^2}$，$p > 0$，则 $D = \left(\dfrac{q}{2}\right)^2 + \left(\dfrac{p}{3}\right)^3 > 0$，其中，$q = \dfrac{27a^2 d - 9abc + 2b^3}{27a^3}$，

因此，$a(A^{H4})^3 + b(A^{H4})^2 + cA^{H4} + d = 0$ 在实数范围内只有一个实根：$A^{H4} = s +$

$t - \dfrac{b}{3a}$，其中 $s = \sqrt[3]{-\dfrac{q}{2} + \sqrt{\left(\dfrac{q}{2}\right)^2 + \dfrac{p^3}{27}}}$，$t = \sqrt[3]{-\dfrac{q}{2} - \sqrt{\left(\dfrac{q}{2}\right)^2 + \dfrac{p^3}{27}}}$，由此可得

$$\Pi_{Fi,i>1}^{H4}(q_i, w_i) = \frac{(A^{H4} + 2m\Delta C_1)^2 \{(8m-3)[(A^{H4})^2 + 4m^2 C_1^2] - 12mA^{H4}\Delta C_1\}}{2^{10} m^4 \theta^2 db^2} \quad (13)$$

$$\Pi_{F1}^{H4}(q_1, w_1) = \frac{(A^{H4} + 2m\Delta C_1)^2 \{(7m-2)[(A^{H4})^2 + 4m^2 C_1^2] - 4mA^{H4}\Delta C_1(2+m)\}}{2^{10} m^3 \theta^2 db^2}$$
$$(14)$$

$$\Pi_M^{H4}(q_M, w_M) = \frac{(A^{H4} - 2m\Delta C_1)^2 \{(3m-1)[(A^{H4})^2 + 4m^2 C_1^2] - 4mA^{H4}\Delta C_1(1-m)\}}{2^8 m^3 \theta^2 db^2}$$
$$(15)$$

$$\Pi_T^{H4}(q, w) = [4m\theta B^{H4} - (4m-1+\theta)A^{H4} + 2(1-\theta)m\Delta C_1]\frac{q}{4m\theta} \quad (16)$$

$$\Pi_S^{H4}(q, w) = (m-1)\Pi_{Fi,i>1}^{H4}(q_i, w_i) + \Pi_{F1}^{H4}(q_1, w_1) + \Pi_M^{H4}(q_M, w_M) + \Pi_T^{H4}(q, w) \quad (17)$$

表 4.2.1(集中合作模式均衡解)证明

$$\Pi_{Fi,i>1}^{H5}(q_i, w_i) = \theta[PS(q_i, w_i) + rL(q_i, w_i)] + RQ_i - C_F^{H5}Q_i - e(w_i) \quad (1)$$

$$\Pi_K^{H5}(q_K, w_K) = \theta[PS(q_K, w_K) + rL(q_K, w_K)] + RQ_K - C_K^{H5}Q_K - e(w_K)$$
$$(2)$$

$$\Pi_T^{H5}(q, w) = (1-\theta)[PS(q, w) + rL(q, w)] - RQ - C_T^{H5}Q \quad (3)$$

首先优化小农户的销售量决策，已知 F_K 具有决策优先权，对公式(1)中 $q_{i,i>1}$ 逆向求导，令 $A^{H5} = \theta(a+r\varepsilon) + (1+\varepsilon)(R - C_F^{H5})$，经过整理得到其一阶条件：

$$\begin{cases} \dfrac{2\theta bq_2}{w} + \dfrac{\theta bq_3}{w} + \cdots + \dfrac{\theta bq_k}{w} = A^{H5} - \dfrac{\theta bq_k}{w} \\[2mm] \dfrac{\theta bq_2}{w} + \dfrac{2\theta bq_3}{w} + \cdots + \dfrac{\theta bq_k}{w} = A^{H5} - \dfrac{\theta bq_k}{w} \\[2mm] \cdots \\[2mm] \dfrac{\theta bq_2}{w} + \dfrac{\theta bq_3}{w} + \cdots + \dfrac{2\theta bq_k}{w} = A^{H5} - \dfrac{\theta bq_k}{w} \end{cases}$$

解方程得订货量：

$$q_{i,i>1} = \frac{wA^{H5}}{k\theta b} - \frac{q_K}{k} \quad (4)$$

将式(4)代入式(2)，由 q_K 的一阶条件可得

$$q_K = \frac{w(A^{H5} - k\Delta C_2)}{2\theta b} \quad (5)$$

将式(4)和式(5)代入式(2)由 w_K 的一阶条件可得

$$w_K = \frac{(A^{H5} - k\Delta C_2)^2}{8k\theta db} \tag{6}$$

将式（4）～式（6）代入式（1），由 $w_{i,i>1}$ 的一阶条件可得

$$w_{i,i>1} = \frac{(A^{H5} + k\Delta C_2)^2}{8k^2\theta db} \tag{7}$$

将式（7）代入式（3），令 $B^{H5} = a + r\varepsilon - (1+\varepsilon)(C_F^{H5} + C_T^{H5})$，整理可得

$$\Pi_T^{H5}(q, w) = [2k\theta B^{H5} - (2k-1+\theta)A^{H5} + (1-\theta)k\Delta C_2]\frac{q}{2k\theta} \tag{8}$$

由式（8）中 A^{H5} 的一阶条件可得：$R^{H5} = \dfrac{A^{H5} - \theta(a + r\varepsilon)}{(1+\varepsilon)} + C_F^{H5}$。令 $\Pi_T^{H5'}(A^{H5}) = 0$，$H = 2k\theta B^{H5} + (1-\theta)k\Delta C_2$，$I = k\Delta C_2$，$J = 2k - 1$，得 $e(A^{H5})^3 + f(A^{H5})^2 + gA^{H5} + h = 0$，其中 $e = -4J^2(J+\theta)$，$f = 3J[HJ + 3I(J+\theta)]$，$g = -2[3HIJ + J^2(J+\theta)I^2 + 2I^2(J+\theta)]$，$h = HI^2J^2 + 2HI^2 + I^3J(J+\theta)$。同理可证 $e(A^{H5})^3 + f(A^{H5})^2 + gA^{H5} + h = 0$ 在实数范围内只有一个实根 $A^{H5} = x + y - \dfrac{f}{3e}$，其中，$x = \sqrt[3]{-\dfrac{v}{2} + \sqrt{\left(\dfrac{v}{2}\right)^2 + \dfrac{u^3}{27}}}$，$y = \sqrt[3]{-\dfrac{v}{2} - \sqrt{\left(\dfrac{v}{2}\right)^2 + \dfrac{u^3}{27}}}$，$u = \dfrac{3eg - f^2}{3e^2}$，$v = \dfrac{27e^2h - 9efg + 2f^3}{27e^3}$，由此可得

$$\Pi_{Fi,i>1}^{H5}(q_i, w_i) = \frac{(A^{H5} + k\Delta C_2)^2\{(4k-3)[(A^{H5})^2 + k^2\Delta C_2^2] - 6A^{H5}k\Delta C_2\}}{2^6 k^4 \theta^2 db^2} \tag{9}$$

$$\Pi_K^{H5}(q_K, w_K) = \frac{(A^{H5} - k\Delta C_2)^2\{(3k-2)[(A^{H5})^2 + k^2\Delta C_2^2] - 2A^{H5}k\Delta C_2(2-k)\}}{2^6 k^3 \theta^2 db^2} \tag{10}$$

$$\Pi_T^{H5}(q, w) = [2k\theta B^{H5} - (2k-1+\theta)A^{H5} + (1-\theta)k\Delta C_2]\frac{q}{2k\theta} \tag{11}$$

$$\Pi_S^{H5}(q, w) = \Pi_K^{H5}(q_K, w_K) + (k-1)\Pi_{Fi,i>1}^{H5}(q_i, w_i) + \Pi_T^{H5}(q, w) \tag{12}$$

定理 4.2.1 证明

（1）由 $q^{H1} - q^{H2} = \dfrac{8(1+\theta)^3(B^{H1})^3 - 27\theta(B^{H2})^3}{128(1+\theta)^3 db^2}$ 得当 $\dfrac{27\theta}{8(1+\theta)^3} \leqslant \dfrac{(B^{H1})^3}{(B^{H2})^3}$ 时，$q^{H1} - q^{H2} \geqslant 0$；反之，$q^{H1} - q^{H2} < 0$。由 $q^{H1} - q^{H3} = [8(2n-1+\theta)^3(B^{H1})^3 - 27(2n-1)^2\theta(B^{H3})^3]/[128(2n-1+\theta)^3 db^2]$ 得当 $27(2n-1)^2\theta/[8(2n-1+\theta)^3] \leqslant \dfrac{(B^{H1})^3}{(B^{H3})^3}$ 时，$q^{H1} - q^{H3} \geqslant 0$；反之，$q^{H1} - q^{H3} < 0$。由 $q^{H2} - q^{H3} = 27\theta[(2n-1+\theta)^3(B^{H2})^3 - (2n-1)^2(1+\theta)^3(B^{H3})^3]/[128(1+\theta)^3(2n-1+\theta)^3 db^2]$ 得当 $\dfrac{(2n-1)^2(1+\theta)^3}{(2n-1+\theta)^3} \leqslant \dfrac{(B^{H2})^3}{(B^{H3})^3}$ 时，$q^{H2} - q^{H3} \geqslant 0$；反之，$q^{H2} - q^{H3} < 0$。

（2）由 $q_{i,i\geqslant 1}^{H2} - q_{i,i>1}^{H3} = 27\theta[(2n-1+\theta)^3(B^{H2})^3 - n(2n-1)(1+\theta)^3(B^{H3})^3]/[128(1+\theta)^3(2n-1+\theta)^3 ndb^2]$ 得当 $\dfrac{n(2n-1)(1+\theta)^3}{(2n-1+\theta)^3} \leqslant \dfrac{(B^{H2})^3}{(B^{H3})^3}$ 时，$q_{i,i\geqslant 1}^{H2} - q_{i,i>1}^{H3}$

$\geqslant 0$；反之，$q_{i,i\geqslant 1}^{H2} - q_{i,i>1}^{H3} < 0$。

（3）由 $q_{i,i\geqslant 1}^{H2} - q_1^{H3} = 27\theta\big[(2n-1+\theta)^3\ (B^{H2})^3 - n^2\ (2n-1)\ (1+\theta)^3$

$\cdot\ (B^{H3})^3\big]/\big[128\ (1+\theta)^3\ (2n-1+\theta)^3\ ndb^2\big]$ 得当 $\dfrac{n^2(2n-1)(1+\theta)^3}{(2n-1+\theta)^3}\leqslant\dfrac{(B^{H2})^3}{(B^{H3})^3}$

时，$q_{i,i\geqslant 1}^{H2} - q_1^{H3}\geqslant 0$；反之，$q_{i,i\geqslant 1}^{H2} - q_1^{H3} < 0$。

定理 4.2.2 证明

由 $w^{H1} - w^{H2} = \dfrac{4\ (1+\theta)^2\ (B^{H1})^2 - 9\theta\ (B^{H2})^2}{32\ (1+\theta)^2\ db}$ 得当 $\dfrac{9\theta}{4\ (1+\theta)^2}\leqslant\dfrac{(B^{H1})^2}{(B^{H2})^2}$ 时，

$w^{H1} - w^{H2}\geqslant 0$；反之，$w^{H1} - w^{H2} < 0$。由 $w^{H1} - w^{H3} = 4\big[(2n-1+\theta)^2(B^{H1})^2 - 9$

$\cdot\ (2n-1)\theta\ (B^{H3})^2\big]/\big[32\ (2n-1+\theta)^2\ db\big]$ 得当 $\dfrac{9(2n-1)\theta}{4\ (2n-1+\theta)^2}\leqslant\dfrac{(B^{H1})^2}{(B^{H3})^2}$ 时，w^{H1}

$- w^{H3}\geqslant 0$；反之，$w^{H1} - w^{H3} < 0$。由 $w^{H2} - w^{H3} = 9\theta\big[(2n-1+\theta)^2\ (B^{H2})^2 - (2n-$

$1)(1+\theta)^2\ (B^{H3})^2\big]/\big[32(1+\theta)^2\ (2n-1+\theta)^2\ db\big]$ 得当 $\dfrac{(2n-1)(1+\theta)^2}{(2n-1+\theta)^2}\leqslant\dfrac{(B^{H2})^2}{(B^{H3})^2}$

时，$w^{H2} - w^{H3}\geqslant 0$；反之，$w^{H2} - w^{H3} < 0$。

定理 4.2.3 证明

由 $P^{H1} - P^{H2} = \dfrac{3B^{H2} - 2(1-\theta)B^{H1}}{4(1-\theta)}$ 得当 $\dfrac{2(1-\theta)}{3}\leqslant\dfrac{B^{H2}}{B^{H1}}$ 时，$P^{H1} - P^{H2}\geqslant 0$；反

之，$P^{H1} - P^{H2} < 0$。由 $P^{H1} - P^{H3} = \dfrac{3(2n-1)B^{H3} - 2(2n-1+\theta)B^{H1}}{4(2n-1+\theta)}$ 得当

$\dfrac{2(2n-1+\theta)}{3(2n-1)}\leqslant\dfrac{B^{H3}}{B^{H1}}$ 时，$P^{H1} - P^{H3}\geqslant 0$；反之，$P^{H1} - P^{H3} < 0$。由 $P^{H2} - P^{H3} =$

$\dfrac{3\big[(2n-1)(1-\theta)B^{H3} - (2n-1+\theta)B^{H2}\big]}{4(1-\theta)(2n-1+\theta)}$ 得当 $\dfrac{(2n-1+\theta)}{(2n-1)(1-\theta)}\leqslant\dfrac{B^{H3}}{B^{H2}}$ 时，$P^{H2} -$

$P^{H3}\geqslant 0$；反之，$P^{H2} - P^{H3} < 0$。

定理 4.2.4 证明

由 $R^{H2} - R^{H3} = \dfrac{3\theta\big[(n-1)(1-\theta)B^{H2} - n(1+\varepsilon)(1+\theta)(C_T^{H2} - C_T^{H3})\big]}{2(2n-1+\theta)(1+\theta)(1+\varepsilon)}$ 得当

$\dfrac{n(1+\varepsilon)(1+\theta)}{(n-1)(1-\theta)}\leqslant\dfrac{B^{H2}}{C_T^{H2} - C_T^{H3}}$ 时，$R^{H2} - R^{H3}\geqslant 0$；反之，$R^{H2} - R^{H3} < 0$。

定理 4.2.5 证明

（1）由 $\Pi_{Fi}^{H3} - \Pi_{Fi}^{H2} = \dfrac{3^4\ \theta^2\big[n^2\ (3n-2)(1+\theta)^4\ (B^{H3})^4 - (2n-1+\theta)^4\ (B^{H2})^4\big]}{2^{10}(2n-1+\theta)^4\ (1+\theta)^4\ ndb^2}$

得当 $\dfrac{(2n-1+\theta)^4}{n^2(3n-2)(1+\theta)^4}\leqslant\dfrac{(B^{H3})^4}{(B^{H2})^4}$ 时，$\Pi_{Fi}^{H3} - \Pi_{Fi}^{H2}\geqslant 0$；反之，$\Pi_{Fi}^{H3} - \Pi_{Fi}^{H2} < 0$ 成立。

（2）由 $\Pi_{Fi,i>1}^{H3} - \Pi_{Fi,i\geqslant 1}^{H2} = 3^4\ \theta^2\big[n\ (4n-3)(1+\theta)^4\ (B^{H3})^4 - (2n-1+\theta)^4$

$\cdot\ (B^{H2})^4\big]/\big[2^{10}(2n-1+\theta)^4\ (1+\theta)^4\ ndb^2\big]$ 得当 $\dfrac{(2n-1+\theta)^4}{n(4n-3)(1+\theta)^4}\leqslant\dfrac{(B^{H3})^4}{(B^{H2})^4}$ 时，

$\Pi_{Fi,i>1}^{H3} - \Pi_{Fi,i\geqslant 1}^{H2}\geqslant 0$；反之，$\Pi_{Fi,i>1}^{H3} - \Pi_{Fi,i\geqslant 1}^{H2} < 0$。

定理 4.2.6 证明

由 $\Pi_T^{H3} - \Pi_T^{H2} = \dfrac{3^3\theta\left[(2n-1)^2(1+\theta)^3(B^{H3})^4 - (2n-1+\theta)^3(B^{H2})^4\right]}{2^9(2n-1+\theta)^3(1+\theta)^3db^2}$ 得 当

$\dfrac{(2n-1+\theta)^3}{(2n-1)^2(1+\theta)^3} \leqslant \dfrac{(B^{H3})^4}{(B^{H2})^4}$ 时，$\Pi_T^{H3} - \Pi_T^{H2} \geqslant 0$；反之，$\Pi_T^{H3} - \Pi_T^{H2} < 0$。

定理 4.2.7 证明

由 $\Pi_S^{H2} - \Pi_S^{H1} = \dfrac{3^3\theta(5\theta+2)(B^{H2})^4 - 2^4(1+\theta)^4(B^{H1})^4}{2^{10}(1+\theta)^4db^2}$ 得，当 $\dfrac{2^4(1+\theta)^4}{3^3\theta(5\theta+2)} \leqslant$

$\dfrac{(B^{H2})^4}{(B^{H1})^4}$ 时，$\Pi_S^{H2} - \Pi_S^{H1} \geqslant 0$；反之，$\Pi_S^{H2} - \Pi_S^{H1} < 0$。由 $\Pi_S^{H3} - \Pi_S^{H1} = \{3^3\theta[(2n-1)^3 +$

$\theta(29n^2 - 35n + 11)](B^{H3})^4 - 2^4(2n-1+\theta)^4(B^{H1})^4\}/[2^{10}(2n-1+\theta)^4db^2]$ 得

当 $\dfrac{2^4(2n-1+\theta)^4}{3^3\theta[(2n-1)^3 + \theta(29n^2 - 35n + 11)]} \leqslant \dfrac{(B^{H3})^4}{(B^{H1})^4}$ 时，$\Pi_S^{H3} - \Pi_S^{H1} \geqslant 0$；反之，$\Pi_S^{H3} -$

$\Pi_S^{H1} < 0$。由 $\Pi_S^{H3} - \Pi_S^{H2} = 3^3\theta\{[(2n-1)^3 + \theta(29n^2 - 35n + 11)](1+\theta)^4(B^{H3})^4$

$- (5\theta+2)(2n-1+\theta)^4(B^{H2})^4\}/[2^{10}(1+\theta)^4(2n-1+\theta)^4db^2]$ 得当 $(5\theta+2)$

$\cdot (2n-1+\theta)^4/\{[(2n-1)^3 + \theta(29n^2 - 35n + 11)](1+\theta)^4\} \leqslant \dfrac{(B^{H3})^4}{(B^{H2})^4}$ 时，$\Pi_S^{H3} -$

$\Pi_S^{H2} \geqslant 0$；反之，$\Pi_S^{H3} - \Pi_S^{H2} < 0$。

推论 4.2.1 证明

要证 $\Pi_{Fi}^{H3} - (n-1)(\Pi_{Fi}^{H2} - \Pi_{Fi}^{H3}) \geqslant \Pi_{Fi}^{H2}$，即证 $\Pi_{Fi}^{H3} + (n-1)\Pi_{Fi}^{H3} \geqslant n\Pi_{Fi}^{H2}$。由

$\Pi_{Fi}^{H3} + (n-1)\Pi_{Fi}^{H3} - n\Pi_{Fi}^{H2} = 3^4\theta^2[(7n^2 - 9n + 3)(1+\theta)^4(B^{H3})^4 - (2n-1+\theta)^4$

$\cdot (B^{H2})^4]/[2^{10}(2n-1+\theta)^4(1+\theta)^4db^2]$，得当 $\dfrac{(2n-1+\theta)^4}{(7n^2 - 9n + 3)(1+\theta)^4} \leqslant \dfrac{(B^{H3})^4}{(B^{H2})^4}$

时，$\Pi_{Fi}^{H3} + (n-1)\Pi_{Fi}^{H3} - n\Pi_{Fi}^{H2} \geqslant 0$。

推论 4.2.2 证明

要证 $\Pi_T^{H3} - (n-1)(\Pi_{Fi}^{H2} - \Pi_{Fi}^{H3}) \geqslant \Pi_T^{H2}$，即证 $\Pi_T^{H3} + (n-1)\Pi_{Fi}^{H3} \geqslant \Pi_T^{H2} + (n-1)$

Π_{Fi}^{H2}，由 $\Pi_T^{H3} + (n-1)\Pi_{Fi}^{H3} - [\Pi_T^{H2} + (n-1)\Pi_{Fi}^{H2}] = \dfrac{3^3\theta[\sigma_1(B^{H3})^4 - \sigma_2(B^{H2})^4]}{2^{10}(2n-1+\theta)^4(1+\theta)^4ndb^2}$

得当 $\dfrac{\sigma_2}{\sigma_1} \leqslant \dfrac{(B^{H3})^4}{(B^{H2})^4}$ 时，$\Pi_T^{H3} + (n-1)\Pi_{Fi}^{H3} - (\Pi_T^{H2} + (n-1)\Pi_{Fi}^{H2}) \geqslant 0$，其中 $\sigma_1 =$

$n(1+\theta)^4[2(2n-1+\theta)(2n-1)^2 + 3\theta(n-1)(4n-3)]$，$\sigma_2 = (2n-1+\theta)^4(2n+$

$5n\theta - 3\theta)$。

第五章专题三附录

表 5.1.1(完全分散决策均衡解)的证明

$$\Pi_F^{H2}(q, R) = \theta PS(q, R) + rL(q, R) + RS(q, R) - C_F^{H2}Q \qquad (1)$$

$$\Pi_T^{H2}(q,R) = (1-\theta)PS(q,R) - RS(q,R) - C_T^{H2}S(q,R) \tag{2}$$

令 $A^{H2} = (1-\theta)a - R - C_T^{H2}$ 首先优化平台销售量决策,由公式(2)中 q 的一阶条件得

$$q = \frac{A^{H2}}{2(1-\theta)b} \tag{3}$$

将式(3)代入式(1),令 $B^{H2} = a + r\varepsilon - (1+\varepsilon)C_F^{H2} - C_T^{H2}$,由 R 的一阶条件可得均衡的土地流转收益为

$$\bar{R} = (1-\theta)a - C_T^{H2} - \frac{(1-\theta)B^{H2}}{2-\theta} \tag{4}$$

将式(3)和式(4)代入式(1)和式(2),整理得农户平台和供应链利润为

$$\Pi_F^{H2}(q,R) = \frac{(B^{H2})^2}{4(2-\theta)b} \tag{5}$$

$$\Pi_T^{H2}(q,R) = \frac{(1-\theta)(B^{H2})^2}{4(2-\theta)^2 b} \tag{6}$$

$$\Pi_S^{H2}(q,w)R = \Pi_F^{H2}(q,R) + \Pi_T^{H2}(q,R) \tag{7}$$

表 5.1.1(农场主模式均衡解)的证明

$$\Pi_{Fi}^{H3}(q_i,R) = \theta PS(q_i,R) + rL(q_i,R) + RS(q_i,R) - C_F^{H3}Q_i \tag{1}$$

$$\Pi_T^{H3}(q,R) = (1-\theta)PS(q,R) - RS(q,R) - C_T^{H3}S(q,R) \tag{2}$$

由于平台均衡销售量为 $\bar{q} = \dfrac{A^{H3}}{2(1-\theta)b}$,若农户为同质的,则每个农户的销售量为 $\bar{q}_i = \dfrac{\bar{q}}{n}$,产量为 $\bar{Q}_i = \dfrac{(1+\varepsilon)\bar{q}}{n}$;若存在 $\varphi \in [0,1]$,使得 $q_1 = \dfrac{(1+\varepsilon\varphi)\bar{q}}{n}$,那么

$$q_{i,i>1} = \frac{\bar{q}-q_1}{n-1} = \frac{(n-1-\varepsilon\varphi)A^{H3}}{2n(n-1)(1-\theta)b},$$ 将 q_1 代入式(1),经整理得

$$\Pi_{F1}^{H3}(q_i,R) = \left[\theta a - \frac{\theta A^{H3}}{2(1-\theta)} + R\right]q_1 + \frac{[r\varepsilon(1-\varphi) - (1+\varepsilon)C_F^{H3}]A^{H3}}{2n(1-\theta)b} \tag{3}$$

通过优化农户 F_1 的土地流转收益得到

$$R = [(1+\varepsilon\varphi)(1-\theta)^2 a - r\varepsilon(1-\theta)(1-\varphi) - (1+\varepsilon\varphi)C_T^{H3} +$$
$$(1-\theta)(1+\varepsilon)C_F^{H3}]/[(2-\theta)(1+\varepsilon\varphi)] \tag{4}$$

将 $q_{i,i>1}$ 代入式(1),经整理得

$$\Pi_{Fi,i>1}^{H3}(q_i,R_i) = \left[\theta a - \frac{\theta A^{H3}}{2(1-\theta)} + R_{i,i>1}\right]q_{i,i>1}$$
$$+ \frac{[r\varepsilon(n-1+\varphi) - (1+\varepsilon)(n-1)C_F^{H3}]A^{H3}}{2n(n-1)(1-\theta)b} \tag{5}$$

从而可得平台和供应链利润分别为

$$\Pi_T^{H3}(q,R) = \frac{(A^{H3})^2}{4(1-\theta)b} \tag{6}$$

$$\Pi_S^{H3}(q,R) = \Pi_{F1}^{H3}(q_1,R_1) + (n-1)\Pi_{Fi,i>1}^{H3}(q_i,R_i) + \Pi_T^{H3}(q,R) \tag{7}$$

表 5.1.1(分散合作模式均衡解)的证明

$$\Pi_{Fi,i>1}^{H4}(q_i,R) = \theta PS(q_i,R) + rL(q_i,R) + RS(q_i,R) - C_F^{H4}Q_i \tag{1}$$

$$\Pi_M^{H4}(q_M,R) = \theta PS(q_M,R) + rL(q_M,R) + RS(q_M,R) - C_M^{H4}Q_M \tag{2}$$

$$\Pi_T^{H4}(q,R) = (1-\theta)PS(q,R) - RS(q,R) - C_T^{H4}S(q,R) \tag{3}$$

若存在 $\mu,\eta \in (0,1]$，使得 $q_M = \dfrac{(n-m)(1+\varepsilon\mu)A^{H4}}{2n(1-\theta)b}$，$q_1 = \dfrac{(1+\varepsilon\eta)A^{H4}}{2n(1-\theta)b}$；那么

$q_{i,i>1} = \dfrac{\bar{q}-q_M-q_1}{m-1} = \dfrac{A^{H4}[m-(n-m)\varepsilon\mu-(1+\varepsilon\eta)]}{2n(m-1)(1-\theta)b}$，将 q_M 代入式(2)，经整

理得

$$\Pi_{FM}^{H4}(q_M,R) = \left[\theta a - \frac{\theta A^{H4}}{2(1-\theta)} + R\right]q_M$$
$$+ \frac{[r\varepsilon(1-\mu)-(1+\varepsilon)C_M^{H4}](n-m)A^{H4}}{2n(1-\theta)b} \tag{4}$$

通过优化农户 F_M 的土地流转收益得到

$$R = \left[(1+\varepsilon\mu)(1-\theta)^2 a - r\varepsilon(1-\theta)(1-\mu) - (1+\varepsilon\mu)C_T^{H4}\right.$$
$$\left. + (1-\theta)(1+\varepsilon)C_M^{H4}\right]/\left[(2-\theta)(1+\varepsilon\mu)\right] \tag{5}$$

将 q_1 代入式(1)，经整理得

$$\Pi_{F1}^{H4}(q_1,R) = \left[\theta a - \frac{\theta A^{H4}}{2(1-\theta)} + R\right]q_1 + \frac{[r\varepsilon(1-\eta)-(1+\varepsilon)C_F^{H4}]A^{H4}}{2n(1-\theta)b} \tag{6}$$

将 $q_{i,i>1}$ 代入式(1)，经整理得

$$\Pi_{Fi,i>1}^{H4}(q_i,R) = \left[\theta a - \frac{\theta A^{H4}}{2(1-\theta)} + R\right]q_i$$
$$+ \frac{\{r\varepsilon[(n-m)\mu+m-(1-\eta)]-(m-1)(1+\varepsilon)C_F^{H4}\}A^{H4}}{2n(m-1)(1-\theta)b}$$
$$\tag{7}$$

从而可得平台和供应链利润分别为

$$\Pi_T^{H4}(q,R) = \frac{(A^{H4})^2}{4(1-\theta)b} \tag{8}$$

$$\Pi_S^{H4}(q,R) = (m-1)\Pi_{Fi,i>1}^{H4}(q_i,R) + \Pi_{F1}^{H4}(q_1,R)$$
$$+ \Pi_{FM}^{H4}(q_M,R) + \Pi_T^{H4}(q,R) \tag{9}$$

表 5.1.1(集中合作模式均衡解)证明

$$\Pi_{Fi,i>1}^{H5}(q_i,R) = \theta PS(q_i,R) + rL(q_i,R) + RS(q_i,R) - C_F^{H5}Q_i \tag{1}$$

$$\Pi_K^{H5}(q_K,R) = \theta PS(q_K,R) + rL(q_K,R) + RS(q_K,R) - C_K^{H5}Q_K \tag{2}$$

$$\Pi_T^{H5}(q,R) = (1-\theta)PS(q,R) - RS(q,R) - C_T^{H5}S(q,R) \tag{3}$$

若存在 $\lambda \in (0,1]$，使得 $q_K = \dfrac{(n-k+1)(1+\varepsilon\lambda)A^{H5}}{2n(1-\theta)b}$，那么 $q_{i,i>1} = \dfrac{\bar{q}-q_K}{k-1} =$

$\dfrac{A^{H5}[(k-1)(1+\varepsilon\lambda)-n\varepsilon\lambda]}{2n(k-1)(1-\theta)b}$，将 q_K 代入式(2)，经整理得

$$\Pi_K^{H5}(q_K,R) = \left[\theta a - \frac{\theta A^{H5}}{2(1-\theta)} + R\right]q_K$$

$$+ \frac{[r\varepsilon(1-\lambda) - (1+\varepsilon)C_K^{H5}](n-k+1)A^{H5}}{2n(1-\theta)b} \tag{4}$$

通过优化农户 F_K 的土地流转收益得到

$$R = \big[(1+\varepsilon\lambda)(1-\theta)^2 a - r\varepsilon(1-\theta)(1-\lambda) - (1+\varepsilon\lambda)C_T^{H5}$$

$$+ (1-\theta)(1+\varepsilon)C_K^{H5}\big]/\big[(2-\theta)(1+\varepsilon\lambda)\big] \tag{5}$$

将 $q_{i,i>1}$ 代入式(1),经整理得

$$\Pi_{Fi,i>1}^{H5}(q_i,R) = \left[\theta a - \frac{\theta A^{H5}}{2(1-\theta)} + R\right]q_i$$

$$+ \frac{\{r\varepsilon[(k-1)(1-\lambda)+n\lambda] - (k-1)(1+\varepsilon)C_F^{H5}\}A^{H5}}{2n(k-1)(1-\theta)b} \tag{6}$$

从而可得平台和供应链利润分别为

$$\Pi_T^{H5}(q,R) = \frac{(A^{H5})^2}{4(1-\theta)b} \tag{7}$$

$$\Pi_S^{H5}(q,R) = (k-1)\Pi_{Fi,i>1}^{H5}(q_i,R) + \Pi_K^{H5}(q_K,R) + \Pi_T^{H5}(q,R) \tag{8}$$

定理 5.1.1 的证明

(1) 已知 $C_F^{H1} < C_F^{H2} = C_F^{H3} = C_F^{H4} = C_F^{H5}$,且 $C_T^{H1} = C_T^{H2} = C_T^{H3} = C_T^{H4} = C_T^{H5}$,得 $q^{H1} - q^{H2} > 0$;由 $q^{H3} - q^{H1} = [-(1-\theta)(1+\varepsilon\varphi)(a - C_T^{HI}) + r\varepsilon(1-\varphi-(2-\theta)(1+\varepsilon\varphi)] - (1+\varepsilon)(C_F^{H3} - (2-\theta)(1+\varepsilon\varphi)C_F^{H1}]/[2(2-\theta)(1+\varepsilon\varphi)b]$,得 $q^{H3} - q^{H1} < 0$;由 $q^{H3} - q^{H2} = (1+\varepsilon)\varepsilon\varphi(C_F^{HI} - r)$,已知 $C_F^{HI} - r > 0$,得 $q^{H3} - q^{H2} > 0$;若 $\varphi = \mu = \lambda$,当 $C_M^{H4} < C_K^{H5}$ 时,则有 $q^{H5} - q^{H4} > 0$,当 $C_M^{H4} > C_K^{H5}$ 时,则有 $q^{H5} - q^{H4} < 0$;若 $C_M^{H4} = C_K^{H5}$, $q^{H5} - q^{H4} = (1+\varepsilon)\varepsilon(\lambda-\mu)(C_M^{HI} - r)$ 当 $\lambda > \mu$ 时,则有 $q^{H5} - q^{H4} > 0$,当 $\lambda < \mu$ 时,则有 $q^{H5} - q^{H4} < 0$。

(2) 由 $q_M - q_K = \{(k-1-m)(a - C_T^{HI} + r\varepsilon) + (a - C_T^{HI} - r)\varepsilon[\mu(n-m) - \lambda \cdot (n-k+1)] - (1+\varepsilon)[(n-m)C_M^{H4} - (n-k+1)C_K^{H5}]\}/[2n(2-\theta)b]$,若 $C_M^{H4} = C_K^{H5}$,当 $m = k-1$,且 $\mu > \lambda$ 时,$q_M - q_K > 0$;反之,$q_M - q_K < 0$。当 $m < k-1$,且 $\mu = \lambda$ 时,$q_M - q_K > 0$;反之,$q_M - q_K < 0$。若 $m = k-1$,当 $\mu = \lambda$,且 $C_M^{H4} > C_K^{H5}$ 时,$q_M - q_K < 0$;反之,$q_M - q_K > 0$。

(3) 由 $q_1^{H3} - q_1^{H4} = \{(1+\varepsilon\varphi)(a - C_T^{HI})\varepsilon(\mu-\eta) + r\varepsilon[\varepsilon(\mu-\eta) - \varepsilon\mu(\varphi-\eta) - (\varphi-\mu)] - (1+\varepsilon)[(1+\varepsilon\mu)C_F^{HI} - (1+\varepsilon\eta)C_M^{H4}]\}/[2n(n-1)(2-\theta)(1+\varepsilon\mu)b]$,若 $\varphi = \mu = \eta$,或 $\varphi > \mu = \eta$ 则 $q_1^{H3} - q_1^{H4} < 0$;若 $\varphi < \mu = \eta$,当 $\eta - \varphi > \frac{(1+\varepsilon\mu)(C_F^{HI} - C_M^{H4})}{r\varepsilon}$,则 $q_1^{H3} - q_1^{H4} > 0$;反之,$q_1^{H3} - q_1^{H4} < 0$,以此类推。

(4) 由 $q_i^{H2} - q_i^{H3} = \frac{(1+\varepsilon\varphi)(a - C_T^{HI} - r) + n(1+\varepsilon)(r - C_F^{HI})}{2n(n-1)(2-\theta)(1+\varepsilon\varphi)b}$ 得当 $n <$

$$\frac{(1+\varepsilon\varphi)(a-C_T^{HI}-r)}{(1+\varepsilon)(C_F^{HI}-r)}$$ 时，$q_i^{H2}-q_i^{H3}>0$；反之，$q_i^{H2}-q_i^{H3}<0$。

由 $q_i^{H2}-q_i^{H4}=\{(1+\varepsilon\varphi)[(n-m)\mu+\eta](a-C_T^{HI})+r\varepsilon[\mu(U-\varepsilon+n\varepsilon)+\varepsilon\eta]-(1+\varepsilon)[(m-1)(1+\varepsilon\mu)C^{HI}-UC_M^{H4}]\}/[2n(m-1)(2-\theta)(1+\varepsilon\mu)b]$，可知，合作社情况下小农户销售量除与合作规模、销售浮动比等相关外，还与合作社边际成本变化相关，故这种情况较为复杂，后文将在数值模拟时予以分析。

定理 5.1.2 的证明

由 $P^{H4}-P^{H5}=\dfrac{r\varepsilon(1+\varepsilon)(\mu-\lambda)-(1+\varepsilon)[(1+\varepsilon\mu)C_k^{H5}-(1+\varepsilon\lambda)C_M^{H4}]}{2(2-\theta)(1+\varepsilon\mu)(1+\varepsilon\lambda)}$，得当 $C_M^{H4}=C_K^{H5}$ 时，$P^{H4}-P^{H5}<0$，若 $\mu=\lambda$，当 $C_M^{H4}>C_K^{H5}$ 时，$P^{H4}-P^{H5}>0$，当 $C_M^{H4}<C_K^{H5}$ 时，$P^{H4}-P^{H5}<0$。参考定理 5.1.1 可证 $P^{H2}>P^{H3}>P^{H1}$。

(1) 若 $\mu>\varphi$，且 $\mu-\varphi\geqslant\dfrac{(1+\varepsilon)(C_M^{H4}-C_F^{H3})}{\varepsilon(a-r-C_T^{HI})}$ 时，有 $B^{H4}\geqslant B^{H3}$，令 $\Gamma=(1+\varepsilon\eta)$

$\cdot(a-C_T^{H4})+\dfrac{r\varepsilon(1+\varepsilon)(\mu-\eta)}{(1+\varepsilon\mu)}-(1+\varepsilon)C_F^{H4}-\dfrac{(1+\varepsilon\mu)C_F^{H4}-(1+\varepsilon\eta)C_M^{H4}}{(1+\varepsilon\mu)}$，若 μ

$>\eta$ 且 $\dfrac{1+\varepsilon\mu}{1+\varepsilon\eta}\leqslant\dfrac{C_M^{H4}}{C_F^{H4}}$ 则 $\Gamma\geqslant(1+\varepsilon\eta)(a-C_T^{H4})+\dfrac{r\varepsilon(1+\varepsilon)(\mu-\eta)}{(1+\varepsilon\mu)}-(1+\varepsilon)C_F^{H4}$，若

$\eta>\varphi$ 且 $\dfrac{(1+\varepsilon)(\mu-\eta)}{(1+\varepsilon\mu)}\geqslant1-\varphi$ 时，$\Gamma\geqslant B^{H3}$，即当 $\mu>\eta>\varphi$ 时，存在 $\Pi_{Fi}^{H4}(q_1,R)-\Pi_{Fi}^{H3}(q_1,R)\geqslant0$，除此之外，均有 $\Pi_{Fi}^{H3}(q_1,R)-\Pi_{Fi}^{H4}(q_1,R)>0$。

(2) 令 $[\Pi_M^{H4}(\mu)]'=0$ 和 $[\Pi_K^{H5}(\lambda)]'=0$，得 $(\Pi_M^{H4})_{\max}=(n-m)(a-r-C_T^{H4})^2(1+\varepsilon\mu)/[n(2-\theta)b]$ 和 $(\Pi_K^{H5})_{\max}=\dfrac{4(n-k+1)(a-r-C_T^{H5})^2(1+\varepsilon\lambda)}{n(2-\theta)b}$，若 $m=k-1$，当 $\mu>\lambda$ 时，$(\Pi_M^{H4})_{\max}>(\Pi_K^{H5})_{\max}$；反之，$(\Pi_M^{H4})_{\max}<(\Pi_K^{H5})_{\max}$。若 $\mu=\lambda$，当 $m>k-1$ 时，$(\Pi_M^{H4})_{\max}>(\Pi_K^{H5})_{\max}$；反之，$(\Pi_M^{H4})_{\max}<(\Pi_K^{H5})_{\max}$。

定理 5.1.5 的证明

由 $B^{H2}-\dfrac{B^{H3}}{1+\varepsilon\varphi}=\dfrac{(1+\varepsilon)\varepsilon\varphi(r-C_F^{HI})}{1+\varepsilon\varphi}<0$，可得 $\Pi_T^{H2}<\Pi_T^{H3}$，同理可证 $\Pi_T^{H2}-\Pi_T^{H4}<0$ 和 $\Pi_T^{H2}-\Pi_T^{H5}<0$；由 $\dfrac{B^{H3}}{1+\varepsilon\varphi}-\dfrac{B^{H4}}{1+\varepsilon\mu}=(1+\varepsilon)\{r\varepsilon(\mu-\varphi)-[(1+\varepsilon\mu)C_F^{H3}-(1+\varepsilon\varphi)C_M^{H4}]\}/[(1+\varepsilon\varphi)(1+\varepsilon\mu)]$，当 $r\varepsilon(\mu-\varphi)-[(1+\varepsilon\mu)C_F^{H3}-(1+\varepsilon\varphi)\cdot C_M^{H4}]>0$ 时，$\Pi_T^{H3}-\Pi_T^{H4}>0$；反之，$\Pi_T^{H3}-\Pi_T^{H4}\leqslant0$。同理可证 Π_T^{H3} 与 Π_T^{H5} 和 Π_T^{H4} 与 Π_T^{H5} 的大小关系。

定理 5.1.6 的证明

令 $\dfrac{\Pi_{Fi}^{H2}}{\Pi_{Fi,i>1}^{H3}}=\dfrac{B^{H2}}{B^{H3}/(1+\varepsilon\varphi)}\times\dfrac{B^{H2}}{\tau/[(n-1)(1+\varepsilon\varphi)]}$，整理可得 $\dfrac{\Pi_{Fi}^{H2}}{\Pi_{Fi,i>1}^{H3}}=$

$\dfrac{B^{H3}-\Delta B_1}{B^{H3}}\cdot\dfrac{\tau+\Delta B_2}{\tau}$；由定理 5.1.5 可知 $B^{H2}<B^{H3}$，由 $B^{H2}>0$，可得 $a-C_T^{HI}>(1$

$+\varepsilon)C_F^{HI}-r\varepsilon$,代入得 $\Delta B_2>0$,则 $\tau<B^{H2}$,从而可得 $\tau<B^{H2}<B^{H3}$,则 $\dfrac{\Pi_{Fi}^{H2}}{\Pi_{Fi,i>1}^{H3}}=$

$\dfrac{B^{H3}\tau+B^{H3}\Delta B_2-\Delta B_1(\tau+\Delta B_2)}{B^{H3}\tau}$;由于 $\Delta B_1<\Delta B_2$,则有 $B^{H3}\Delta B_2-\Delta B_1(\tau+\Delta B_2)>$

$\Delta B_1(B^{H3}-\tau-\Delta B_2)$;已知 $\Delta B_2=B^{H2}-\tau<B^{H3}-\tau$,则有 $\Delta B_1[B^{H3}-\tau-(B^{H3}-$

$\tau)]$,即证 $\dfrac{\Pi_{Fi}^{H2}}{\Pi_{Fi,i>1}^{H3}}>1$,其中 $\Delta B_1=\varepsilon(1+\varepsilon)(C_F^{HI}-r)$,$\tau=(n-1-\varepsilon\varphi)(1+\varepsilon\varphi)(a-$

$C_T^{H3})-(n-1-\varepsilon\varphi+2n\varepsilon\varphi)C_F^{H3}+r\varepsilon[2(n-1+\varphi)(1+\varepsilon\varphi)-(n-1-\varepsilon\varphi)(1-$

$\varphi)]$,$\Delta B_2=(1+\varepsilon\varphi)(a-C_T^{HI})+n(C_F^{HI}-r)-r(n\varepsilon+1+\varepsilon\varphi)$。同理可证 $\dfrac{\Pi_{Fi}^{H2}}{\Pi_{Fi,i>1}^{H4}}>$

1 和 $\dfrac{\Pi_{Fi}^{H2}}{\Pi_{Fi,i>1}^{H5}}>1$,而 $\Pi_{Fi,i>1}^{H3}$、$\Pi_{Fi,i>1}^{H4}$ 和 $\Pi_{Fi,i>1}^{H5}$ 具有相似变化趋势。

定理 5.1.7 的证明

由 $\dfrac{\Pi_S^{H1}}{\Pi_S^{H2}}=\dfrac{(2-\theta)^2}{3-2\theta}\times\dfrac{(B^{H1})^2}{(B^{H2})^2}=\dfrac{(2-\theta)^2}{3-2\theta}\times\left[\dfrac{B^{H2}+(1+\varepsilon)(C_F^{H2}-C_F^{H1})}{B^{H2}}\right]^2$,已知 θ

$\in(0,1)$,则 $\dfrac{(2-\theta)^2}{3-2\theta}>1$,遵循风险传递路径越长,风险成本越高的原理有 $C_F^{H2}-$

$C_F^{H1}>0$,可证 $\dfrac{\Pi_S^{H1}}{\Pi_S^{H2}}>1$。

由 $\Pi_S^{H3}=\{[(2-\theta)(1+\varepsilon\varphi)+n(1-\theta)](B^{H3})^2+(2-\theta)B^{H3}[(n-1-\varepsilon\varphi)B^{H3}+$

$\Delta B_3]\}/[4n(2-\theta)^2(1+\varepsilon\varphi)^2 b]$,若 $\Delta B_3\leqslant0$,即 $\varphi\geqslant\dfrac{C_F^{H3}}{2[C_F^{H3}-r(1+\varepsilon)]}$,则 $\dfrac{\Pi_S^{H3}}{\Pi_S^{H1}}\leqslant$

$\dfrac{3-2\theta}{(2-\theta)^2}\times\left[\dfrac{B^{H3}}{(1+\varepsilon\varphi)B^{H1}}\right]^2=\dfrac{3-2\theta}{(2-\theta)^2}\times\left[\dfrac{(1+\varepsilon\varphi)B^{H1}+\sigma_1}{(1+\varepsilon\varphi)B^{H1}}\right]^2$,且 $\sigma_1\leqslant0$,即 $\varphi\geqslant$

$\dfrac{C_F^{H3}-C_F^{H1}}{\varepsilon(C_F^{H1}-r)}$时,则有 $\dfrac{\Pi_S^{H3}}{\Pi_S^{H1}}\leqslant1$。总之,若 $\varepsilon(C_F^{H1}-r)>2(C_F^{H3}-C_F^{H1})$,当 $\varphi>$

$\dfrac{C_F^{H3}}{2[C_F^{H3}-r(1+\varepsilon)]}$时,$\dfrac{\Pi_S^{H3}}{\Pi_S^{H1}}\leqslant1$;若 $\varepsilon(C_F^{H1}-r)\leqslant2(C_F^{H3}-C_F^{H1})$,当 $\varphi\geqslant\dfrac{C_F^{H3}-C_F^{H1}}{\varepsilon(C_F^{H1}-r)}$

时,$\dfrac{\Pi_S^{H3}}{\Pi_S^{H1}}\leqslant1$,其中 $\Delta B_3=n\varepsilon[2\varphi r(1+\varepsilon)+C_F^{H3}(1-2\varphi)]-C_F^{H3}\varepsilon(1+\varepsilon\varphi)$,$\sigma_1=(1+\varepsilon)$

$[(1+\varepsilon\varphi)C_F^{H1}-C_F^{H3}-\varphi r\varepsilon]$。

由 $\Pi_S^{H4}=\{[(n-m)(2-\theta)(1+\varepsilon\mu)+n(1-\theta)](B^{H4})^2+(2-\theta)B^{H4}[m-$

$(n-m)\varepsilon\mu]B^{H4}+\Delta B_4\}/[4n(2-\theta)^2(1+\varepsilon\mu)^2 b]$,若 $\Delta B_4\leqslant0$,即 $\dfrac{m}{n-m}\leqslant$

$\dfrac{\varepsilon\mu[(1+\varepsilon)C_M^{H4}-r\varepsilon(1+\varepsilon\mu)]}{r\varepsilon(1+\varepsilon\mu)+(1+\varepsilon)[C_M^{H4}-(1+\varepsilon\mu)C_F^{H4}]}$,则 $\dfrac{\Pi_S^{H4}}{\Pi_S^{H1}}\leqslant\dfrac{3-2\theta}{(2-\theta)^2}\times\left[\dfrac{B^{H4}}{(1+\varepsilon\mu)B^{H1}}\right]^2=$

$\dfrac{3-2\theta}{(2-\theta)^2}\times\left[\dfrac{(1+\varepsilon\mu)B^{H1}+\sigma_2}{(1+\varepsilon\mu)B^{H1}}\right]^2$ 且 $\sigma_2\leqslant0$,即 $\mu\geqslant\dfrac{C_M^{H4}-C_F^{H1}}{\varepsilon(C_F^{H1}-r)}$时,有 $\dfrac{\Pi_S^{H4}}{\Pi_S^{H1}}\leqslant1$,其中 σ_2

$=(1+\varepsilon)[C_M^{H4}-\mu r\varepsilon-(1+\varepsilon\mu)C_F^{H1}]$,$\Delta B_4=2r\varepsilon(1+\varepsilon\mu)[\mu(n-m)+m]-2(1+$

$\varepsilon)\{m(1+\varepsilon\mu)C_F^{H4}-[m-\varepsilon\mu(n-m)]C_M^{H4}\}$。

由 $\Pi_S^{H5}=\{[(n-k+1)(2-\theta)(1+\varepsilon\lambda)+n(1-\theta)](B^{H5})^2+(2-\theta)B^{H5}(TB^{H5}+\Delta B_5)\}/[4n(2-\theta)^2(1+\varepsilon\lambda)^2 b]$，若 $\Delta B_5\leqslant 0$，即 $\dfrac{k-1}{n}\leqslant$

$\dfrac{\varepsilon\lambda(C_K^{H5}-r)}{(1+\varepsilon\lambda)(C_K^{H5}-C_F^{H5})}$，则 $\dfrac{\Pi_S^{H5}}{\Pi_S^{H1}}\leqslant\dfrac{3-2\theta}{(2-\theta)^2}\times\left[\dfrac{B^{H5}}{(1+\varepsilon\lambda)B^{H1}}\right]^2=\dfrac{3-2\theta}{(2-\theta)^2}\times$

$\left[\dfrac{(1+\varepsilon\mu)\lambda B^{H1}+\sigma_3}{(1+\varepsilon\lambda)B^{H1}}\right]^2$，且 $\sigma_3\leqslant 0$，即 $\lambda\geqslant\dfrac{C_K^{H5}-C_F^{H1}}{\varepsilon(C_F^{H1}-r)}$ 时，有 $\dfrac{\Pi_S^{H5}}{\Pi_S^{H1}}\leqslant 1$，其中 $\sigma_3=(1+\varepsilon)[C_K^{H5}-r\varepsilon\lambda-(1+\varepsilon\lambda)C_F^{H1}]$，$\Delta B_5=2r\varepsilon(1+\varepsilon)n\lambda-2(1+\varepsilon)[(k-1)(1+\varepsilon\lambda)C_F^{H5}-TC_K^{H5}]$。同理可证 Π_S^{H2}，Π_S^{H3}，Π_S^{H4} 和 Π_S^{H5} 的大小。

推论 5.1.1 的证明

要证 $\Pi_{F1}^{H3}-(n-1)(\Pi_{Fi}^{H2}-\Pi_{Fi}^{H3})\geqslant\Pi_{Fi}^{H2}$，即证 $\dfrac{\Pi_{F1}^{H3}+(n-1)\Pi_{Fi}^{H3}}{n\Pi_{Fi}^{H2}}\geqslant 1$，整理过程参

考定理 5.1.7，若 $\Delta B_3\geqslant 0$，即 $\varphi\leqslant\dfrac{C_F^{H3}}{2[C_F^{H3}-r(1+\varepsilon)]}$，则 $\dfrac{\Pi_{F1}^{H3}+(n-1)\Pi_{Fi}^{H3}}{n\Pi_{Fi}^{H2}}\geqslant$

$\left[\dfrac{(1+\varepsilon\varphi)B^{H2}+\varepsilon\varphi(1+\varepsilon)(C_F^{HI}-r)}{(1+\varepsilon\varphi)B^{H2}}\right]^2>1$。

要证 $\Pi_M^{H4}-(m-1)(\Pi_{Fi}^{H2}-\Pi_{Fi}^{H4})\geqslant(n-m)\Pi_{Fi}^{H2}$，即证 $\dfrac{\Pi_M^{H4}+(m-1)\Pi_{Fi}^{H4}}{(n-1)\Pi_{Fi}^{H2}}\geqslant 1$，

若 $\Delta B_4\geqslant 0$，即 $\dfrac{m}{n-m}\geqslant\varepsilon\mu[(1+\varepsilon)C_M^{H4}-r\varepsilon(1+\varepsilon\mu)]/\{r\varepsilon(1+\varepsilon\mu)+(1+\varepsilon)[C_M^{H4}-(1+\varepsilon\mu)C_F^{H4}]\}$，则 $\dfrac{\Pi_M^{H4}+(m-1)\Pi_{Fi}^{H4}}{(n-1)\Pi_{Fi}^{H2}}\geqslant\dfrac{n}{n-1}\times\left[\dfrac{(1+\varepsilon\mu)B^{H2}+\sigma_4}{(1+\varepsilon\mu)B^{H2}}\right]^2$，当 $\sigma_4\geqslant 0$，即

$\mu\geqslant\dfrac{C_M^{H4}-C_F^{H2}}{\varepsilon(C_F^{H2}-r)}$ 时，有 $\dfrac{\Pi_M^{H4}+(m-1)\Pi_{Fi}^{H4}}{(n-1)\Pi_{Fi}^{H2}}\geqslant 1$，其中，$\sigma_4=(1+\varepsilon)[(1+\varepsilon\mu)C_F^{H2}-C_M^{H4}-r\varepsilon\mu]$。

要证 $\Pi_K^{H5}-(k-1)(\Pi_{Fi}^{H2}-\Pi_{Fi}^{H5})\geqslant(n-k+1)\Pi_{Fi}^{H2}$，即证 $\dfrac{\Pi_K^{H5}+(k-1)\Pi_{Fi}^{H5}}{n\Pi_{Fi}^{H2}}\geqslant$

1，若 $\Delta B_5\geqslant 0$，即 $\dfrac{k-1}{n}\geqslant\dfrac{\varepsilon\lambda(C_K^{H5}-r)}{(1+\varepsilon\lambda)(C_K^{H5}-C_F^{H5})}$，则 $\dfrac{\Pi_K^{H5}+(k-1)\Pi_{Fi}^{H5}}{n\Pi_{Fi}^{H2}}\geqslant$

$\left[\dfrac{(1+\varepsilon\lambda)B^{H2}+\sigma_5}{(1+\varepsilon\lambda)B^{H2}}\right]^2$，当 $\sigma_5\geqslant 0$，即 $\lambda\geqslant\dfrac{C_K^{H5}-C_F^{H2}}{\varepsilon(C_F^{H2}-r)}$ 时，有 $\dfrac{\Pi_K^{H5}+(k-1)\Pi_{Fi}^{H5}}{n\Pi_{Fi}^{H2}}\geqslant 1$，其中，$\sigma_5=(1+\varepsilon)[(1+\varepsilon\lambda)C_F^{H2}-C_K^{H5}-r\varepsilon\lambda]$。

第五章专题四附录

表 5.2.1(完全分散决策均衡解)证明

$$\Pi_F^{H2}(q,w)=\theta PS(q,w)+rL(q,w)+RS(q,w)-C_F^{H2}Q-e(w) \tag{1}$$

$$\Pi_T^{H2}(q,w) = (1-\theta)PS(q,w) - RS(q,w) - C_T^{H2}S(q,w) \tag{2}$$

首先优化平台销售量决策,由公式(2)中 q 的一阶条件得

$$q^{H2} = \frac{w\big[(1-\theta)a - R - C_T^{H2}\big]}{2(1-\theta)b} \tag{3}$$

将式(3)代入式(2),由 R 的一阶条件可得均衡的土地流转收益为

$$\bar{R} = (1-\theta)a - C_T^{H2} - \frac{1}{2} \tag{4}$$

将式(3)和式(4)代入式(1),令 $A^{H2} = a - C_T^{H2} - \dfrac{2-\theta}{4(1-\theta)} + r\varepsilon - (1+\varepsilon)C_F^{H2}$,由 w 的一阶条件可得

$$w^{H2} = \frac{A^{H2}}{8(1-\theta)db} \tag{5}$$

将式(3)~式(5)代入式(1)和式(2)得

$$\Pi_F^{H2}(q,w) = \frac{(A^{H2})^2}{64(1-\theta)^2 db^2} \tag{6}$$

$$\Pi_T^{H2}(q,w) = \frac{A^{H2}}{128(1-\theta)^2 db^2} \tag{7}$$

$$\Pi_S^{H2}(q,w) = \Pi_F^{H2}(q,w) + \Pi_T^{H2}(q,w) \tag{8}$$

表 5.2.1(农场主模式均衡解)证明

$$\Pi_{Fi}^{H3}(q_i,w_i) = \theta PS(q_i,w_i) + rL(q_i,w_i) + RS(q_i,w_i) - C_F^{H3}Q_i - e(w_i) \tag{1}$$

$$\Pi_T^{H3}(q,w) = (1-\theta)PS(q,w) - RS(q,w) - C_T^{H3}S(q,w) \tag{2}$$

由于平台的均衡土地流转收益: $\bar{R} = (1-\theta)a - C_T^{H3} - \dfrac{1}{2}$,均衡销售量: $\bar{q} = \dfrac{w}{4(1-\theta)b}$,若农户为同质的,则每个农户的销售量: $\bar{q}_i = \dfrac{w}{4n(1-\theta)b}$,产量: $\overline{Q}_i = \dfrac{(1+\varepsilon)w}{4n(1-\theta)b}$,那么农户销售量: $q_i \in \left[\dfrac{w}{4n(1-\theta)b}, \dfrac{(1+\varepsilon)w}{4n(1-\theta)b}\right]$;若存在 $\varphi \in [0,1]$,使得 $q_1 = \dfrac{(1+\varepsilon\varphi)w}{4n(1-\theta)b}$,那么 $q_{i,i>1} = \dfrac{\bar{q}-q_1}{n-1} = \dfrac{(n-1-\varepsilon\varphi)w}{4n(n-1)(1-\theta)b}$,由 $\dfrac{b\bar{q}}{w} = \dfrac{bq_1}{w_1}$,得 $w_1 = \dfrac{(1+\varepsilon\varphi)(w_2+\cdots+w_n)}{n-1-\varepsilon\varphi}$,则 $w = w_1 + w_2 + \cdots + w_n = \dfrac{n(w_2+\cdots+w_n)}{n-1-\varepsilon\varphi}$,将 $w, q_{i,i>1}$ 代入式(1)经整理得

$$\Pi_{Fi}^{H3}(q_i,w_i) = \theta\left[a - \frac{1}{4(1-\theta)}\right]q_i + r(\overline{Q}_i - q_i) + Rq_i - C_F^{H3}\overline{Q}_i - dw_i^2 \tag{3}$$

令 $A^{H3} = (n-1-\varepsilon\varphi)[a - C_T^{H3} - (2-\theta)/4(1-\theta)] + r\varepsilon(n-1+\varphi) - (n-1)(1+\varepsilon)C_F^{H3}$,通过优化农户的努力程度得到

$$w_{i,i>1} = \frac{A^{H3}}{8(n-1)(n-1-\varepsilon\varphi)(1-\theta)db} \tag{4}$$

则有

$$w_1 = \frac{(1+\varepsilon\varphi)(n-1)w_i}{n-1-\varepsilon\varphi} \tag{5}$$

$$w^{H3} = \frac{n(n-1)w_i}{n-1-\varepsilon\varphi} \tag{6}$$

$$q^{H3} = \frac{w^{H3}}{4(1-\theta)b} \tag{7}$$

将式(6)和式(7)代入式(1)和式(2)，令 $\Delta C_1^{H3} = 2n(1+\varepsilon)(n-1-\varepsilon\varphi)(C_F^{H3} - r)$，得

$$\Pi_{F1}^{H3}(q_1,w_1) = \frac{(2n-3-3\varepsilon\varphi)(1+\varepsilon\varphi)(A^{H3})^2 + \Delta C_1^{H3}A^{H3}}{64(n-1-\varepsilon\varphi)^4(1-\theta)^2db^2} \tag{8}$$

$$\Pi_{Fi}^{H3}(q_i,w_i) = \frac{(2n-3)(A^{H3})^2}{64(n-1)^2(1-\theta)^2(n-1-\varepsilon\varphi)^2db^2} \tag{9}$$

$$\Pi_T^{H3}(q,w) = \frac{nA^{H3}}{128(1-\theta)^2(n-1-\varepsilon\varphi)^2db^2} \tag{10}$$

$$\Pi_S^{H3}(q,w) = \Pi_{F1}^{H3}(q_1,w_1) + (n-1)\Pi_{Fi,i>1}^{H3}(q_i,w_i) + \Pi_T^{H3}(q,w) \tag{11}$$

表 5.2.1(分散合作模式均衡解)证明

$$\Pi_{Fi,i>1}^{H4}(q_i,w_i) = \theta PS(q_i,w_i) + rL(q_i,w) + RS(q_i,w_i) - C_F^{H4}Q_i - e(w_i) \tag{1}$$

$$\Pi_M^{H4}(q_M,w_M) = \theta PS(q_M,w_M) + rL(q_M,w_M) + RS(q_M,w_M) - C_M^{H4}Q_M - e(w_M) \tag{2}$$

$$\Pi_T^{H4}(q,w) = (1-\theta)PS(q,w) - RS(q,w) - C_T^{H4}S(q,w) \tag{3}$$

由于平台的均衡土地流转收益：$\bar{R} = (1-\theta)a - C_T^{H3} - \frac{1}{2}$，均衡销售量：$\bar{q} = \frac{w}{4(1-\theta)b}$，若农户为同质的，则每个农户的销售量：$\bar{q}_i = \frac{w}{4n(1-\theta)b}$，产量：$\bar{Q}_i = \frac{(1+\varepsilon)w}{4n(1-\theta)b}$；若存在 $\mu, \eta \in (0,1]$，使得 $q_M = \frac{(n-m)(1+\varepsilon\mu)w}{4n(1-\theta)b}$，$q_1 = \frac{(1+\varepsilon\eta)w}{4n(1-\theta)b}$；那么 $q_{i,i>1} = \frac{\bar{q}-q_M-q_1}{m-1} = \frac{A^{H4}w}{4n(m-1)(1-\theta)b}$，其中 $U = m - (n-m)\varepsilon\mu - (1+\varepsilon\eta)$，且 $U > 0$，由 $\frac{bq_M}{w_M} = \frac{bq_1}{w_1} = \frac{b\bar{q}}{w}$ 得 $w_M = \frac{(n-m)(1+\varepsilon\mu)(w_1+w_2+w_3+\cdots+w_m)}{m(1+\varepsilon\mu)-n\varepsilon\mu}$，$w_1 = \frac{(1+\varepsilon\eta)(w_2+w_3+\cdots+w_m)}{U}$，则 $w_M = \frac{(n-m)(1+\varepsilon\mu)(w_2+w_3+\cdots+w_m)}{U}$，$w = \frac{n(w_2+w_3+\cdots+w_m)}{U}$，分别将 $w, q_{i,i>1}$ 代入式(1)，令 $A^{H4} = U[a - C_T^{H4} - (2-\theta)/4(1-\theta)] + r\varepsilon[(n-m)\mu + m-1+\eta] - (1+\varepsilon)(m-1)C_F^{H4}$，经整理得

$$\Pi_{Fi,i>1}^{H4}(q_i,w_i) = \frac{(A^{H4})w}{4n(m-1)(1-\theta)b} - dw_i^2 \tag{4}$$

通过优化农户的努力程度得到：

$$w_{i,i>1} = \frac{A^{H4}}{8(m-1)(1-\theta)Udb} \tag{5}$$

$$w_M = \frac{(n-m)(m-1)(1+\varepsilon\mu)w_i}{U} \tag{6}$$

$$w_1 = \frac{(m-1)(1+\varepsilon\eta)w_i}{U} \tag{7}$$

$$w^{H4} = w_M + w_1 + (m-1)w_i = \frac{n(m-1)w_i}{U} \tag{8}$$

则有

$$q^{H4} = \frac{w^{H4}}{4(1-\theta)b} \tag{9}$$

令 $\Delta C_1^{H4} = 2(1+\varepsilon)(n-m)U\{(m-1)[C_F^{H4} - C_M^{H4} + \varepsilon\mu(C_F^{H4} - r)] + \varepsilon\eta(C_M^{H4} - r) + (n-m)\varepsilon\mu C_M^{H4}\}, \Delta C_2^{H4} = 2\varepsilon(1+\varepsilon)U[\mu(n-m)+m\eta](C_F^{H4} - r)$，将式(9)代入式(3)可得

$$\Pi_M^{H4}(q_M,w_M) = \{[3m - n - 3(n-m)\varepsilon\mu - 2(1+\varepsilon\eta)](n-m)(1+\varepsilon\mu)$$
$$\cdot (A^{H4})^2 + \Delta C_1^{H4}A^{H4}\}/[64(1-\theta)^2 U^4 db^2] \tag{10}$$

$$\Pi_{F1}^{H4}(q_1,w_1) = \{[2m - 2(n-m)\varepsilon\mu - 3(1+\varepsilon\eta)](1+\varepsilon\eta)(A^{H4})^2$$
$$+ \Delta C_2^{H4}A^{H4}\}/[64(1-\theta)^2 U^4 db^2] \tag{11}$$

$$\Pi_T^{H4}(q,w) = \frac{nA^{H4}}{128(1-\theta)^2 U^2 db^2} \tag{12}$$

$$\Pi_S^{H4}(q,w) = (m-1)\Pi_{Fi,i>1}^{H4}(q_i,w_i) + \Pi_{F1}^{H4}(q_1,w_1)$$
$$+ \Pi_M^{H4}(q_M,w_M) + \Pi_T^{H4}(q,w) \tag{13}$$

表 5.2.1(集中合作模式均衡解)证明

$$\Pi_{Fi,i>1}^{H5}(q_i,w_i) = \theta PS(q_i,w_i) + rL(q_i,w_i) + RS(q_i,w_i) - C_F^{H5}Q_i - e(w_i) \tag{1}$$

$$\Pi_K^{H5}(q_K,w_K) = \theta PS(q_K,w_K) + rL(q_i,w_i) + RS(q_K,w_K) - C_K^{H5}Q_K - e(w_K) \tag{2}$$

$$\Pi_T^{H5}(q,w) = (1-\theta)PS(q,w) - RS(q,w) - C_T^{H5}S(q,w) \tag{3}$$

若存在 $\lambda \in (0,1]$，使得 $q_K = \frac{(n-k+1)(1+\varepsilon\lambda)w}{4n(1-\theta)b}$，那么 $q_{i,i>1} = \frac{\bar{q} - q_K}{k-1} = \frac{A^{H5}w}{4n(k-1)(1-\theta)b}$，其中 $V = (k-1)(1+\varepsilon\lambda) - n\varepsilon\lambda$，且 $A^{H5} > 0$，由 $\frac{bq_K}{w_K} = \frac{b\bar{q}}{w}$ 得 $w_K = \frac{(n-k+1)(1+\varepsilon\lambda)(w_2 + w_3 + \cdots + w_k)}{V}$，则 $w = w_K + w_2 + w_3 + \cdots + w_k = \frac{n(w_2 + w_3 + \cdots + w_k)}{V}$，将 $w, q_{i,i>1}$ 代入式(1)，令 $A^{H5} = V\{a - C_T^{H5} - (2-\theta)/[4(1$

$-\theta)]\} + r\varepsilon[(k-1)(1-\lambda) + n\lambda] - (1+\varepsilon)(k-1)C_F^{H5}$,经整理得

$$\Pi_{Fi,i>1}^{H5}(q_i,w_i) = \frac{A^{H5}w^{H5}}{4n(k-1)(1-\theta)b} - dw_i^2 \tag{4}$$

通过优化农户的努力程度得到:

$$w_{i,i>1} = \frac{A^{H5}}{8V(k-1)(1-\theta)db} \tag{5}$$

$$w_K = \frac{(n-k+1)(1+\varepsilon\lambda)(k-1)w_i}{V} \tag{6}$$

$$w^{H5} = \frac{n(k-1)w_i}{V} \tag{7}$$

则有

$$q^{H5} = \frac{w^{H5}}{4(1-\theta)b} \tag{8}$$

令 $\Delta C_1^{H5} = 2V(n-k+1)(1+\varepsilon)[(1+\varepsilon\lambda)(k-1)(C_F^{H5} - C_K^{H5}) + n\varepsilon\lambda(C_K^{H5} - r)]$,将式(7)代入式(2),可得

$$\Pi_K^{H5}(q_K,w_K) = \{[3(k-1)(1+\varepsilon\lambda) - n(1+3\varepsilon\lambda)](n-k+1)(1+\varepsilon\lambda)$$
$$\cdot (A^{H5})^2 + \Delta C_1^{H5}A^{H5}\}/[64V^4(1-\theta)^2db^2] \tag{9}$$

$$\Pi_T^{H5}(q,w) = \frac{nA^{H5}}{128V^2(1-\theta)^2db^2} \tag{10}$$

$$\Pi_S^{H5}(q,w) = \Pi_K^{H5}(q_K,w_K) + (k-1)\Pi_{Fi,i>1}^{H5}(q_i,w_i) + \Pi_T^{H5}(q,w) \tag{11}$$

定理 5.2.1 证明

(1) 由 $\dfrac{q^{H1}}{q^{H2}} = \dfrac{2(1-\theta)^2(A^{H1})^3}{A^{H2}}$ 得当 $\dfrac{A^{H2}}{(A^{H1})^3} \leqslant 2(1-\theta)^2$ 时,$\dfrac{q^{H1}}{q^{H2}} \geqslant 1$;反之,$\dfrac{q^{H1}}{q^{H2}} < 1$,同理可得 q^{H1} 与 q^{H3}, q^{H4}, q^{H5} 的关系。由 $q^{H2} - q^{H3} = [(n-1-\varepsilon\varphi)^2A^{H2} - nA^{H3}]/[32(1-\theta)^2(n-1-\varepsilon\varphi)^2db^2]$ 得当 $\dfrac{A^{H2}}{A^{H3}} \leqslant \dfrac{n}{(n-1-\varepsilon\varphi)^2}$ 时,$q^{H2} - q^{H3} \leqslant 0$;反之,$q^{H2} - q^{H3} > 0$,同理可得 q^{H2} 与 q^{H4}, q^{H5} 的关系。由 $q^{H3} - q^{H4} = \dfrac{n[U^2A^{H3} - (n-1-\varepsilon\varphi)^2A^{H4}]}{32(1-\theta)^2U^2(n-1-\varepsilon\varphi)^2db^2}$ 得当 $\dfrac{A^{H3}}{A^{H4}} \leqslant \dfrac{(n-1-\varepsilon\varphi)^2}{U^2}$ 时,$q^{H3} - q^{H4} \leqslant 0$;反之,$q^{H3} - q^{H4} > 0$,同理可得 q^{H3} 与 q^{H5} 的关系。由 $q^{H4} - q^{H5} = \dfrac{n(V^2A^{H4} - U^2A^{H5})}{32(1-\theta)^2U^2V^2db^2}$ 得当 $\dfrac{A^{H4}}{A^{H5}} \leqslant \dfrac{U^2}{V^2}$ 时,$q^{H4} - q^{H5} \leqslant 0$;反之,$q^{H4} - q^{H5} > 0$。

(2) 由 $q_M - q_K = \dfrac{(n-m)(1+\varepsilon\mu)V^2A^{H4} - (n-k+1)(1+\varepsilon\lambda)U^2A^{H5}}{32(1-\theta)^2U^2V^2db^2}$ 得当 $\dfrac{A^{H4}}{A^{H5}} \leqslant \dfrac{(n-k+1)(1+\varepsilon\lambda)U^2}{(n-m)(1+\varepsilon\mu)V^2}$ 时,$q_M - q_K \leqslant 0$;反之,$q_M - q_K > 0$。

(3) 由 $q_1^{H3} - q_1^{H4} = \dfrac{U^2(1+\varepsilon\varphi)A^{H3} - (n-1-\varepsilon\varphi)^2(1+\varepsilon\eta)A^{H4}}{32(1-\theta)^2(n-1-\varepsilon\varphi)^2U^2db^2}$ 得当 $\dfrac{A^{H3}}{A^{H4}} \leqslant$

$\dfrac{(n-1-\varepsilon\varphi)^2(1+\varepsilon\eta)}{U^2(1+\varepsilon\varphi)}$时，$q_1^{H3}-q_1^{H4}\leqslant0$；反之，$q_1^{H3}-q_1^{H4}>0$。

（4）由 $q_i^{H2}-q_i^{H3}=\dfrac{(n-1)(n-1-\varepsilon\varphi)A^{H2}-nA^{H3}}{32n(n-1)(1-\theta)^2(n-1-\varepsilon\varphi)db^2}$ 得当 $\dfrac{A^{H2}}{A^{H3}}\leqslant$

$\dfrac{n}{(n-1)(n-1-\varepsilon\varphi)}$时，$q_i^{H2}-q_i^{H3}\leqslant0$；反之，$q_i^{H2}-q_i^{H3}>0$。

定理 5.2.4 证明

（1）当 $\dfrac{U^4}{V^4}\geqslant\dfrac{\tau_1(n-m)(1+\varepsilon\mu)(A^{H4})^2+\Delta C_1^{H4}A^{H4}}{\tau_2(n-k+1)(1+\varepsilon\lambda)(A^{H5})^2+\Delta C_1^{H5}A^{H5}}$时，可证 $\Pi_M^{H4}-\Pi_K^{H5}\leqslant$

0；反之，$\Pi_M^{H4}-\Pi_K^{H5}>0$；若 $m=k-1$，$\mu=\lambda$，则有 $U\leqslant V$，$\dfrac{A^{H4}}{A^{H5}}\leqslant1$，当 $\dfrac{U^4}{V^4}\geqslant$

$\dfrac{\tau_2-2(1+\varepsilon\eta)}{\tau_2}$时，可证$\dfrac{\Pi_M^{H4}}{\Pi_K^{H5}}\leqslant1$，其中，$\tau_1=3m-n-3(n-m)\varepsilon\mu-2(1+\varepsilon\eta)$，$\tau_2=$

$3(k-1)(1+\varepsilon\lambda)-n(1+3\varepsilon\lambda)$。

（2）当 $\dfrac{U^4}{(n-1-\varepsilon\varphi)^4}>\dfrac{\tau_3(1+\varepsilon\eta)(A^{H4})^2+\Delta C_2^{H4}A^{H4}}{(2n-3-3\varepsilon\varphi)(1+\varepsilon\varphi)(A^{H3})^2+\Delta C_1^{H3}A^{H3}}$时，可证

$\Pi_{F1}^{H3}-\Pi_{F1}^{H4}>0$；反之，可证 $\Pi_{F1}^{H3}-\Pi_{F1}^{H4}\leqslant0$，其中，$\tau_3=2m-2(n-m)\varepsilon\mu-3(1+$

$\varepsilon\eta)$。

（3）由 $\Pi_{Fi}^{H2}-\Pi_{Fi}^{H3}=\dfrac{(n-1)^2(n-1-\varepsilon\varphi)^2(A^{H2})^2-n(2n-3)(A^{H3})^2}{64n(n-1)^2(1-\theta)^2(n-1-\varepsilon\varphi)^2db^2}$，当

$\left[\dfrac{(n-1-\varepsilon\varphi)A^{H2}}{A^{H3}}\right]^2>\dfrac{n(2n-3)}{(n-1)^2}$时，$\Pi_{Fi}^{H2}-\Pi_{Fi}^{H3}>0$；反之，$\Pi_{Fi}^{H2}-\Pi_{Fi}^{H3}\leqslant0$。由

$\Pi_{Fi}^{H2}-\Pi_{Fi}^{H4}=[(m-1)^2U^2(A^{H2})^2-n(2m-3)(A^{H4})^2]/[64n(m-1)^2$

$\cdot(1-\theta)^2U^2db^2]$，当$\left(\dfrac{UA^{H2}}{A^{H4}}\right)^2>\dfrac{n(2m-3)}{(m-1)^2}$时，$\Pi_{Fi}^{H2}-\Pi_{Fi}^{H4}>0$，反之，$\Pi_{Fi}^{H2}-\Pi_{Fi}^{H4}$

$\leqslant0$，同理可证 Π_{Fi}^{H2} 与 Π_{Fi}^{H5} 的关系。

定理 5.2.6 证明

（1）由 $\Pi_S^{H1}-\Pi_S^{H2}=\dfrac{2(1-\theta)^2(A^{H1})^4-2(A^{H2})^2-A^{H2}}{128(1-\theta)^2db^2}$，当 $\dfrac{(A^{H1})^4}{2(A^{H2})^2+A^{H2}}>$

$\dfrac{1}{2(1-\theta)^2}$时，$\Pi_S^{H1}-\Pi_S^{H2}>0$；反之，$\Pi_S^{H1}-\Pi_S^{H2}\leqslant0$。

由 $\Pi_S^{H1}-\Pi_S^{H3}$ 可证当$[(n-1-\varepsilon\varphi)A^{H1}]^4/\{2(2n-3)[(n-1)(n-\varepsilon\varphi)+$

$\varepsilon^2\varphi^2](A^{H3})^2+(n-1)[2\Delta C_1^{H3}+n(n-1-\varepsilon\varphi)^2]A^{H3}\}>\dfrac{1}{2(n-1)}$时，$\Pi_S^{H1}-\Pi_S^{H3}$

>0；反之，$\Pi_S^{H1}-\Pi_S^{H3}\leqslant0$；同理可得 Π_S^{H1} 与 Π_S^{H4}、Π_S^{H5} 的关系。

（2）由 $\Pi_S^{H2}-\Pi_S^{H3}$ 可证当$(n-1-\varepsilon\varphi)^4[2(A^{H2})^2+A^{H2}]/\{2(2n-3)[(n-1)$

$\cdot(n-\varepsilon\varphi)+\varepsilon^2\varphi^2](A^{H3})^2+(n-1)[2\Delta C_1^{H3}+n(n-1-\varepsilon\varphi)^2]A^{H3}\}>\dfrac{1}{n-1}$时，

$\Pi_S^{H2}-\Pi_S^{H3}>0$；反之，$\Pi_S^{H2}-\Pi_S^{H3}\leqslant0$，同理可得 Π_S^{H2} 与 Π_S^{H4}、Π_S^{H5} 的关系。

(3) 由 $\Pi_S^{H3} - \Pi_S^{H4}$ 可证当 $t_1 > \dfrac{n-1}{m-1}$ 时，$\Pi_S^{H3} - \Pi_S^{H4} > 0$；反之，$\Pi_S^{H3} - \Pi_S^{H4} \leqslant 0$，其中，$t_1 = U^4 \{2(2n-3)[(n-1)(n-\varepsilon\varphi) + \varepsilon^2\varphi^2](A^{H3})^2 + (n-1)[2\Delta C_1^{H3} + n \cdot (n-1-\varepsilon\varphi)^2]A^{H3}\}/\{(n-1-\varepsilon\varphi)^4 2\{(m-1)[(n-m)(1+\varepsilon\mu)(3U-n+1+\varepsilon\eta) + (1+\varepsilon\eta)(2U-1-\varepsilon\eta)] + (2m-3)U^2\}[(A^{H4})^2 + (m-1)](2\Delta C_1^{H4} + 2\Delta C_2^{H4} + nU^2)A^{H4}\}$；同理可得 Π_S^{H3} 与 Π_S^{H5} 的关系。

(4) 由 $\Pi_S^{H4} - \Pi_S^{H5}$ 可证当 $t_2 > \dfrac{m-1}{k-1}$ 时，$\Pi_S^{H4} - \Pi_S^{H5} > 0$；反之，$\Pi_S^{H4} - \Pi_S^{H5} \leqslant 0$，其中，$t_2 = V^4 2\{(m-1)[(n-m)(1+\varepsilon\mu)(3U-n+1+\varepsilon\eta) + (1+\varepsilon\eta)(2U-1-\varepsilon\eta)] + (2m-3)U^2\}[(A^{H4})^2 + (m-1)](2\Delta C_1^{H4} + 2\Delta C_2^{H4} + nU^2)A^{H4}/\{U^4\{2[(k-1)(3V-n)(n-k+1)(1+\varepsilon\lambda) + V^2(2k-3)](A^{H5})^2 + (k-1)(2\Delta C_2^{H5} + nV^2)A^{H5}\}\}$

推论 5.2.1 证明

(1) 要证 $\Pi_{F1}^{H3} - (n-1)(\Pi_{Fi}^{H2} - \Pi_{Fi}^{H3}) \geqslant \Pi_{Fi}^{H2}$，即证 $\Pi_{F1}^{H3} + (n-1)\Pi_{Fi}^{H3} \geqslant n\Pi_{Fi}^{H2}$，由 $\Pi_{F1}^{H3} + (n-1)\Pi_{Fi}^{H3} - n\Pi_{Fi}^{H2} = [\sigma_1(A^{H3})^2 + (n-1)\Delta C_1^{H3}A^{H3} - (n-1) \cdot (n-1-\varepsilon\varphi)^4(A^{H2})^2]/[64(n-1)(n-1-\varepsilon\varphi)^4(1-\theta)^2 db^2]$，当 $\sigma_1(A^{H3})^2 + (n-1)\Delta C_1^{H3}A^{H3}/[(n-1-\varepsilon\varphi)^4(A^{H2})^2 \geqslant n-1]$ 时，$\Pi_{F1}^{H3} - (n-1)(\Pi_{Fi}^{H2} - \Pi_{Fi}^{H3}) \geqslant \Pi_{Fi}^{H2}$ 成立，其中，$\sigma_1 = (2n-3-3\varepsilon\varphi)(n-1)(1+\varepsilon\varphi) + (2n-3)(n-1-\varepsilon\varphi)^2$。

(2) 要证 $\Pi_M^{H4} - (m-1)(\Pi_{Fi}^{H2} - \Pi^{H4}) \geqslant (n-m)\Pi_{Fi}^{H2}$，即证 $\Pi_M^{H4} + (m-1)\Pi_{Fi}^{H4} \geqslant (n-1)\Pi_{Fi}^{H2}$，由 $\Pi_M^{H4} + (m-1)\Pi_{Fi}^{H4} - (n-1)\Pi_{Fi}^{H2} = [n\sigma_2(A^{H4})^2 + n(m-1) \cdot \Delta C_1^{H4}A^{H4} - (m-1)(n-1)U^4(A^{H2})^2]/[64n(m-1)(1-\theta)^2 U^4 db^2]$，当 $\dfrac{\sigma_2 n(A^{H4})^2 + (m-1)n\Delta C_1^{H4}A^{H4}}{U^4(n-1)(A^{H2})^2} \geqslant m-1$ 时，$\Pi_M^{H4} + (m-1)\Pi_{Fi}^{H4} \geqslant (n-1)\Pi_{Fi}^{H2}$ 成立，其中，$\sigma_2 = (3U-n+1+\varepsilon\eta)(n-m)(m-1)(1+\varepsilon\mu) + U^2(2m-3)$。

(3) 要证 $\Pi_K^{H5} - (k-1)(\Pi_{Fi}^{H2} - \Pi_{Fi}^{H5}) \geqslant (n-k+1)\Pi_{Fi}^{H2}$，即证 $\Pi_K^{H5} + (k-1)\Pi_{Fi}^{H5} \geqslant n\Pi_{Fi}^{H2}$，由 $\Pi_K^{H5} + (k-1)\Pi_{Fi}^{H5} - n\Pi_{Fi}^{H2} = [\sigma_3(A^{H5})^2 + (k-1)\Delta C_1^{H5}A^{H5} - (k-1)V^4(A^{H2})^2]/[64V^4(k-1)(1-\theta)^2 db^2]$，当 $\dfrac{\sigma_3(A^{H5})^2 + (k-1)\Delta C_1^{H5}A^{H5}}{V^4(A^{H2})^2} \geqslant k-1$ 时，$\Pi_K^{H5} + (k-1)\Pi_{Fi}^{H5} \geqslant n\Pi_{Fi}^{H2}$ 成立，其中，$\sigma_3 = (3V-n)(n-k+1)(1+\varepsilon\lambda) \cdot (k-1) + V^2(2k-3)$。

推论 5.2.2 证明

(1) 要证 $\Pi_T^{H3} - (n-1)(\Pi_{Fi}^{H2} - \Pi_{Fi}^{H3}) \geqslant \Pi_T^{H2}$，即证 $\Pi_T^{H3} + (n-1)\Pi_{Fi}^{H3} \geqslant (\Pi_T^{H2} + (n-1)\Pi_{Fi}^{H2})$，由 $\Pi_T^{H3} + (n-1)\Pi_{Fi}^{H3} - (\Pi_T^{H2} + (n-1)\Pi_{Fi}^{H2}) = \{n[n(n-1)A^{H3} + 2(2n-3)(A^{H3})^2] - (n-1)(n-1-\varepsilon\varphi)^2[nA^{H2} + 2(n-1)(A^{H2})^2]\}/[128n(n-1)(n-1-\varepsilon\varphi)^2(1-\theta)^2 db^2]$，当 $\dfrac{n(n-1)A^{H3} + 2(2n-3)(A^{H3})^2}{(n-1-\varepsilon\varphi)^2(nA^{H2} + 2(n-1)(A^{H2})^2)} \geqslant \dfrac{n-1}{n}$ 时，$\Pi_T^{H3} + (n-1)\Pi_{Fi}^{H3} - (\Pi_T^{H2} + (n-1)\Pi_{Fi}^{H2}) \geqslant 0$ 成立。

(2) 要证 $\Pi_T^{H4} - (m-1)(\Pi_{Fi}^{H2} - \Pi_{Fi}^{H4}) \geqslant \Pi_T^{H2}$，即证 $\Pi_T^{H4} + (m-1)\Pi_{Fi}^{H4} - (\Pi_T^{H2} + (m-1)\Pi_{Fi}^{H2}) \geqslant 0$，由 $\Pi_T^{H4} + (m-1)\Pi_{Fi}^{H4} - (\Pi_T^{H2} + (m-1)\Pi_{Fi}^{H2}) = \{n[(m-1) \cdot nA^{H4} + 2(2m-3)(A^{H4})^2] - (m-1)U^2[nA^{H2} + 2(m-1)(A^{H2})^2]\}/[128n(m-1)(1-\theta)^2 U^2 db^2]$ 得当 $\dfrac{(m-1)nA^{H4} + 2(2m-3)(A^{H4})^2}{U^2[nA^{H2} + 2(m-1)(A^{H2})^2]} \geqslant \dfrac{m-1}{n}$ 时，$\Pi_T^{H4} + (m-1)\Pi_{Fi}^{H4} - [\Pi_T^{H2} + (m-1)\Pi_{Fi}^{H2}] \geqslant 0$ 成立。

(3) 要证 $\Pi_T^{H5} - (k-1)(\Pi_{Fi}^{H2} - \Pi_{Fi}^{H5}) \geqslant \Pi_T^{H2}$，即证 $\Pi_T^{H5} + (k-1)\Pi_{Fi}^{H5} \geqslant (\Pi_T^{H2} + (k-1)\Pi_{Fi}^{H2})$，由 $\Pi_T^{H5} + (k-1)\Pi_{Fi}^{H5} - (\Pi_T^{H2} + (k-1)\Pi_{Fi}^{H2}) = \{n[(k-1)nA^{H5} + 2(2k-3)(A^{H5})^2] - (k-1)V^2[nA^{H2} + 2(k-1)(A^{H2})^2]\}/[128n(k-1) \cdot (1-\theta)^2 V^2 db^2]$ 得当 $\dfrac{(k-1)nA^{H5} + 2(2k-3)(A^{H5})^2}{V^2[nA^{H2} + 2(k-1)(A^{H2})^2]} \geqslant \dfrac{k-1}{n}$ 时，$\Pi_T^{H5} + (k-1) \cdot \Pi_{Fi}^{H5} - [\Pi_T^{H2} + (k-1)\Pi_{Fi}^{H2}] \geqslant 0$ 成立。

参 考 文 献

一、中文参考文献

Poncet S,2002.中国市场正在走向"非一体化"?:中国国内和国际市场一体化程度的比较分析[J].世界经济文汇,(1):3-17.

曹文彬,左慧慧,2015.基于博弈模型的农超对接契约设计与选择策略:以"合作社＋超市"模式为例[J].软科学,(3):64-69.

陈柏峰,2012.土地发展权的理论基础与制度前景[J].法学研究,(4):99-114.

陈军,但斌,2010.努力水平影响流通损耗的生鲜农产品订货策略[J].工业工程与管理,(2):50-55.

陈军,张盟,曹群辉,2016.考虑品牌推广补贴的农产品供应链收益共享契约[J].工业工程,(3):1-6.

陈锡文,2012.我国城镇化进程中的"三农"问题[J].国家行政学院学报,(6):4-11.

陈宇峰,叶志鹏,2014.区域行政壁垒、基础设施与农产品流通市场分割:基于相对价格法的分析[J].国际贸易问题,(6):99-111.

陈玉福,孙虎,刘彦随,2010.中国典型农区空心村综合整治模式[J].地理学报,(6):727-735.

程艳,叶徵,2013.流通成本变动与制造业空间集聚:基于地方保护政策的理论和实践分析[J].中国工业经济,(4):146-158.

但斌,陈军,2008.基于价值损耗的生鲜农产品供应链协调[J].中国管理科学,(5):42-49.

但斌,郑开维,邵兵家,2017.基于消费众筹的"互联网＋"农产品供应链预售模式研究[J].农村经济,(2):83-88.

党国英,2009.做好农民充分就业这篇大文章[J].中国经贸导刊,(6):21-22.

丁关良,李贤红,2008.土地承包经营权流转内涵界定研究[J].浙江大学学报(人文社会科学版),(6):5-13.

范小健,1999.关于我国农村合作经济发展有关问题的思考[J].中国农村经济,(4):9-14.

高帆,2018.中国乡村振兴战略视域下的农民分化及其引申含义[J].复旦学报(社会科学版),(5):149-158.

古川,安玉发,刘畅,2011."农超对接"模式中质量控制力度的研究[J].软科学,(6):21-24.

顾益康,邵峰,2003.全面推进城乡一体化改革:新时期解决"三农"问题的根本出路[J].中国农村经济,(1):20-26.

国鲁来,2001.合作社制度及专业协会实践的制度经济学分析[J].中国农村观察,(4):36-48.

郭剑雄,2019.劳动力转移、资本积累与农户的双向分化[J].内蒙古社会科学(汉文版),(1):1-6.

韩长赋,2014.坚定不移加快转变农业发展方式:学习贯彻习近平总书记在中央经济工作会议上的重要讲话精神[J].农业技术与装备,(23):25-27.

郝丽丽,吴箐,王昭等,2015.基于产权视角的快速城镇化地区农村土地流转模式及其效益研究:以湖北省熊口镇为例[J].地理科学进展,(1):55-63.

何维达,杨仕辉,1998.现代西方产权理论[M].北京:中国财政经济出版社.

何欣,蒋涛,郭良燕等,2016.中国农地流转市场的发展与农户流转农地行为研究:基于2013-2015年29省的农户调查数据[J].管理世界,(6):79-89.

贺雪峰,2012.农民利益、耕地保护与土地征收制度改革[J].南京农业大学学报(社会科学版),(4):1-5.

洪远朋,1996.合作经济的理论与实践[M].上海:复旦大学出版社.

黄汉权,蓝海涛,王为农等,2016.我国农业补贴政策改革思路研究[J].宏观经济研究,(8):3-11.

黄弘,2005.产权到户是遏制土地频繁调整的有效途径[J].农业经济问题,(12):38-41.

黄祖辉,王朋,2008.农村土地流转:现状、问题及对策:兼论土地流转对现代农业发展的影响[J].浙江大学学报(人文社会科学版),(2):38-47.

黄祖辉,徐旭初,冯冠胜,2002.农民专业合作组织发展的影响因素分析:对浙江省农民专业合作组织发展现状的探讨[J].中国农村经济,(3):13-21.

吉恩·泰勒尔,1997.产业组织理论[M].北京:中国人民大学出版社.

冀县卿,钱忠好,2018.如何有针对性地促进农地经营权流转?:基于苏、桂、鄂、黑四省(区)99村、896户农户调查数据的实证分析[J].管理世界,(3):87-97.

蒋和平,蒋辉,2014.农业适度规模经营的实现路径研究[J].农业经济与管理,(1):5-11.

李刚,2011.供应链风险传导机理研究[J].中国流通经济,(1):41-44.

李昊,李世平,南灵,2017.中国农户土地流转意愿影响因素:基于29篇文献的Meta分析[J].农业技术经济,(7):78-93.

李孔岳,2009.农地专用性资产与交易的不确定性对农地流转交易费用的影响[J].管理世界,(3):92-98.

李琳,范体军,2015.零售商主导下生鲜农产品供应链的定价策略对比研究[J].中国管理科学,(12):113-123.

李民,黎建强,2012.基于模拟方法的供应链风险与成本[J].系统工程理论与实践,(3):580-588.

李世杰,刘琼,高健,2018.关系嵌入、利益联盟与"公司+农户"的组织制度变迁:基于海源公司的案例分析[J].中国农村经济,(2):33-48.

李晔,秦梦,2015.基于"农超对接"的生鲜农产品物流耗损研究[J].农业技术经济,(4):54-60.

林略,杨书萍,但斌,2010.收益共享契约下鲜活农产品三级供应链协调[J].系统工程学报,(4):484-491.

林略,杨书萍,但斌,2011.时间约束下鲜活农产品三级供应链协调[J].中国管理科学,(3):55-62.

林强,叶飞,2014."公司+农户"型订单农业供应链的Nash协商模型[J].系统工程理论与实践,(7):1769-1778.

凌六一,郭晓龙,胡中菊等,2013.基于随机产出与随机需求的农产品供应链风险共担合同[J].中国管理科学,(2):50-57.

刘娟娟,张甜甜,2017.基于分享经济的充电运营商与中间服务商合作机制和利益分配[J].产经评论,(4):86-92.

刘奕,夏杰长,2016.共享经济理论与政策研究动态[J].经济学动态,(4):116-125.

罗必良,汪沙,李尚蒲,2012.交易费用、农户认知与农地流转:来自广东省的农户问卷调查[J].农业技术经济,(1):11-21.

罗必良,邹宝玲,何一鸣,2017.农地租约期限的"逆向选择":基于9省份农户问卷的实证分析[J].农业技术经济,(1):6-19.

罗纳德·哈里·科斯,1990.企业、市场与法律[M].上海:上海三联书店.

楼栋,孔祥智,2013.新型农业经营主体的多维发展形式和现实观照[J].改革,(2):65-77.

马利军,李四杰,严厚民,2010.具有风险厌恶零售商的供应链合作博弈分析[J].运筹与管理,(2):12-21.

马强,2016.共享经济在我的发展现状、瓶颈及对策[J].现代经济探讨,(10):20-24.

马彦丽,孟彩英,2008.我国农民专业合作社的双重委托-代理关系:兼论存在的问题及改进思路[J].农业经济问题,(5):55-60.

冒佩华,徐骥,2015.农地制度、土地经营权流转与农民收入增长[J].管理世界,(5):63-74.

潘劲,2011.中国农民专业合作社:数据背后的解读[J].中国农村观察,(6):2-11.

庞建刚,2015.众包社区创新的风险管理机制设计[J].中国软科学,(2):183-192.

邵腾伟,吕秀梅,2016.基于F2F的生鲜农产品C2B众筹预售定价[J].中国管理科学,(11):146-152.

邵腾伟,吕秀梅,2017.基于Prosumer的互联网农业分享经济模型[J].数学的实践与认识,(8):52-62.

邵腾伟,吕秀梅,2016.生鲜农产品电商分布式业务流程再造[J].系统工程理论与实践,(7):1753-1759.

邵腾伟,吕秀梅,2016.植入Farmigo的城乡互助农业模式优化[J].系统工程学报,(1):24-32.

邵腾伟,冉光和,吴昊,2012.植入BPO服务外包的农户联合与合作经营研究[J].系统工程理论与实践,(12):2664-2671.

孙春华,2013.我国生鲜农产品冷链物流现状及发展对策分析[J].江苏农业科学,(1):395-399.

孙玉玲,洪美娜,石岿然,2015.考虑公平关切的鲜活农产品供应链收益共享契约[J].运筹与管理,(6):103-111.

谭智心,孔祥智,2011.不完全契约、非对称信息与合作社经营者激励:农民专业合作社"委托-代理"理论模型的构建及其应用[J].中国人民大学学报,(5):34-42.

涂国平,冷碧滨,2010.基于博弈模型的"公司＋农户"模式契约稳定性及模式优化[J].中国管理科学,(3):148-157.

万宝瑞,2018.我国农村改革的光辉历程与基本经验[J].农业经济问题,(10):4-8.

王崇,吴价宝,王延青,2016.移动电子商务下交易成本影响消费者感知价值的实证研究[J].中国管理科学,(8):98-106.

王敬尧,魏来,2016.当代中国农地制度的存续与变迁[J].中国社会科学,(2):73-92.

王颖,2017.共享经济时代到来,农业如何共享?[J].营销界:农资与市场,(8):63-65.

王玉燕,申亮,2014.基于消费者需求差异和渠道主导模式差异的 MT-CLSC 定价、效率与协调研究[J].中国管理科学,(6):34-42.

王元明,赵道致,徐大海,2008.基于风险传递的项目型供应链风险控制研究[J].软科学,(12):1-4.

韦克游,2013.农民专业合作社信贷融资治理结构研究:基于交易费用理论的视角[J].农业经济问题,(5):62-69.

吴敬琏,2002.农村剩余劳动力转移与"三农"问题[J].宏观经济研究,(6):6-9.

肖勇波,陈剑,徐小林,2008.到岸价格商务模式下涉及远距离运输的时鲜产品供应链协调[J].系统工程理论与实践,(16):272-273.

谢识予,1997.经济博弈论[M].上海:复旦大学出版社.

熊峰,彭健,金鹏等,2015.生鲜农产品供应链关系契约稳定性影响研究:以冷链设施补贴模式为视角[J].中国管理科学,(8):102-111.

徐娟,章德宾,黄慧,2012.生鲜农产品供应链突发事件风险分析与应对策略研究[J].农村经济,(5):113-116.

许庆,尹荣梁,章辉,2011.规模经济、规模报酬与农业适度规模经营:基于我国粮食生产的实证研究[J].经济研究,(3):59-71.

杨小凯,2003.经济学:新兴古典与新古典框架[M].北京:社会科学文献出版社.

杨扬,2007.在社会主义新农村建设中稳步推进土地适度规模经营:宁夏石嘴山市平罗县农村"土地信用合作社"考察与启示[J].中国农村经济,(3):58-64.

杨哲,2015.基于讨价还价理论的企业集团中的利益分配[J].管理工程学报,(4):140-144.

杨明洪,2002.农业产业化经营组织形式演进:一种基于内生交易费用的理论解释[J].中国农村经济,(10):11-15.

姚洋,2000.中国农地制度:一个分析框架[J].中国社会科学,(2):54-65.

叶飞,林强,李怡娜,2011.基于 CVaR 的"公司 + 农户"型订单农业供应链协调契约机制[J].系统工程理论与实践,(3):450-460.

叶飞,王吉璞,2017.产出不确定条件下"公司 + 农户"型订单农业供应链协商模型研究[J].运筹与管理,(7):82-91.

叶剑平,蒋妍,普罗斯特曼,等,2006.2005 年中国农村土地经营权调查研究:17 省调查结果及政策建议[J].管理世界,(7):83-92.

苑鹏,2001.中国农村市场化进程中的农民合作组织研究[J].中国社会科学,(6):63-73.

张聪颖,畅倩,霍学喜,2018.适度规模经营能够降低农产品生产成本吗:基于陕西 661 个苹果户的实证检验[J].农业技术经济,(10):26-35.

张菁菁,雷丽霞,刘自敏,2018.交易费用视角下农地经营权流转模式新设想:理论分析与模型验证[J].重庆工商大学学报(社会科学版),(5):24-31.

张慧鹏,2019.现代农业分工体系与小农户的半无产化:马克思主义小农经济理论再认识[J].中国农业大学学报(社会科学版),(1):16-24.

张明月,薛兴利,郑军,2017.合作社参与"农超对接"满意度及其影响因素分析:基于 15 省 580 家合作社的问卷调查[J].中国农村观察,(3):87-101.

张曙光,2010.土地流转与农业现代化[J].管理世界,(7):66-85.

张维迎,1996.博弈论与信息经济学[M].上海:上海人民出版社.

张喜才,2015.电子商务进农村的现状、问题及对策[J].农业经济与管理,(3):71-80.

张夏恒,2015.供应链视角下生鲜电商物流风险来源与形成机理[J].农业经济与管理,(3):81-87.

张晓林,李广,2014.鲜活农产品供应链协调研究:基于风险规避的收益共享契约分析[J].技术经济与管理研究,(2):13-17.

张晓山,2009.农民专业合作社的发展趋势探析[J].管理世界,(5):89-96.

章德宾,徐娟,Paul D. Mitchell 等,2017.一种农户与经销商合作的市场风险分担模型[J].中国管理科学,(7):93-101.

赵霞,吴方卫,2009.随机产出与需求下农产品供应链协调的收益共享合同研究[J].中国管理科学,(5):88-95.

赵晓敏,林英晖,苏承明,2012.不同渠道主导模式下的 S-M 两级闭环供应链绩效分析[J].中国管理科学,(2):78-86.

郑新立,2008.稳定和完善农村基本经营制度:认真贯彻落实党的十七届三中全会〈决定〉[J].求是,(21):33-36.

钟春平,陈三攀,徐长生,2013.结构变迁、要素相对价格及农户行为:农业补贴的理论模型与微观经验证据[J].金融研究,(5):167-180.

钟德强,仲伟俊,2004.基于获取决策优先权的零售商战略联盟效益分析[J].中国管理科学,(1):57-63.

钟甫宁,陆五一,徐志刚,2016.农村劳动力外出务工不利于粮食生产吗?:对农户要素替代与种植结构调整行为及约束条件的解析[J].中国农村经济,(7):36-47.

周立群,曹利群,2001.农村经济组织形态的演变与创新:山东省莱阳市农业产业化调查报告[J].经济研究,(1):69-75.

周其仁,2004.农地产权与征地制度:中国城市化面临的重大选择[J].经济学,(4):197-214.

二、外文参考文献

Ackere A V,1993. The principal / agent paradigm:Its relevance to various functional fields[J]. European Journal of Operational Research,70(1):83-103.

Arya A B,Mittendorf,2006. Benefits of channel discord in the sale of durable goods[J]. Marketing,25(1):91-96.

Asadi G,Hosseini E,2014. Cold supply chain management in processing of food and agricultural products[J]. Scientific Papers,73(6):223-227.

Baiman S,Fischer P E,Rajan M V,2000. Information,contracting,and quality costs[J]. Management Science,46(6):776-789.

Battistella C,Nonino F,2013. Exploring the impact of motivations on the attraction of innovation roles in open innovation web-based platforms[J]. Production Planning & Control,24 (2/3):226-245.

Behrens J H,Barcellos M N,Frewer L J,et al,2010. Consumer purchase habits and views on food safety:a brazilian study[J]. Food Control,21(7):963-969.

Belleflamme P,Lambert T,Schwienbacher A,2014. Crowd-funding:tapping the right crowd

[J]. Journal of Business Venturing,29(5):610-611.

Bhattacharya S, Gupta A, Hasija S, 2014. Joint product improvement by client and customer support center: the role of gain-share contracts in coordination[J]. Information Systems Research,25(1):137-151.

Bijman W J, Hendrikse G W J, 2003. Co-operatives in chains: institutional restructuring in the dutch fruit and vegetables industry[J]. Erim Report,3(2):95-107.

Blackburn J, Scudder G, 2009. Supply chain strategies for perishable products: the case of fresh produce[J]. Production and Operations Management,18(2):129-137.

Boxstael V, Galvez L, Baert L, et al, 2013. Food safety issues in fresh produce: bacterial pathogens, viruses and pesticide residues indicated as major concerns by stakeholders in the fresh produce chain[J]. Food Control,32(1):190-197.

Brabham D, 2008. Crowd sourcing as a model for problem solving: an introduction and cases[J]. The International Journal of Research into New Media Technologies,14(1):75-90.

Buzna L, Peters K, Helbing D, 2006. Modeling the dynamics of disaster spreading in networks [J]. Physica A,363(1):132-140.

Cai X, Chen J, Xiao Y, et al, 2010. Optimization and coordination of fresh product supply chains with freshness-keeping effort[J]. Production and Operations Management,19(3):261-278.

Cai X, Chen J, Xiao Y, et al, 2013. Fresh-product supply chain management with logistics outsourcing[J]. Omega,41(4):752-765.

CaswellJ A, 1998. Valuing the benefits and costs of improved food safety and nutrition[J]. Australian Journal of Agricultural & Resource Economics,42(4):409-424.

Caves R E, Petersen B C, 1986. Cooperatives' shares in farm industries: organizational and policy factors[J]. Agribusiness an International Journal,2(1):1-19.

Çelik, S, Moharremoghlu A, Savin S, 2009. Revenue management with costly price adjustments [J]. European Journal of Operational Research. 57(5):1206-1219.

Chande A, Dhekane S, Hemachandra N, et al, 2005. Perishable inventory management and dynamic pricing using RFID technology[J]. Sadhana,30(2-3):445-462.

Charles PKindleberger, 1996. Manias, panics and crashes: a history financial crisis[M]. London: Palgrave Macmillan Press Ltd.

Chavas J. P, Shi G M, 2015. An economic analysis of risk, management and agricultural technology[J]. Journal of Agricultural and Economic Resources,40(1):3-79.

Chen F Y, Yano C A, 2010. Improving supply chain performance and managing risk under weather-related demand uncertainty[J]. Management Science,56(8):1380-1397.

Chiang W K, 2012. Supply chain dynamics and channel efficiency in durable product pricing and distribution[J]. Manufacturing & Service Operations Management,14(2):327-343.

Chintagunta, Pradeep K, Jain, et al, 1992. A dynamic model of channel member strategies for marketing expenditures[J]. Marketing Science,11(2):168-188.

Choi S C, 1991. Price competition in a channel structure with a common retailer[J]. Marketing Science,10 (4):271-296.

Chris W, Ramachandran V, 2010. Crowd funding the next hit: micro-funding online experience goods[J]. Computational Social Science,28(1):1-5.

Chun Y H,2003. Optimal pricing and ordering policies for perishable commodities[J]. European Journal of Operational Research,144(1):68-82.

Coase R H,1937. The nature of the firm[J]. Economica,4(16):386-405.

Cook M L,1995. The future of U. S. agricultural cooperatives:a neo-institutional approach[J]. American Journal of Agricultural Economics,77(5):1153-1159.

Dahlander L,Gann D M,2010. How open is innovation? [J]. Research Policy,39(6):699-709.

Dai H, Tseng M M, 2012. The impacts of RFID implementation on reducing inventory inaccuracy in a multi-stage supply chain[J]. International Journal of Production Economics, 139(2):634-641.

Drivas K,Giannakas K,2010. The effectof cooperatives on quality-enhancing innovation[J]. Journal of Agricultural Economics,61(2):295-317.

Dye C Y, Hsieh T P, 2012. An optimal replenishment policy for deteriorating items with effective investment in preservation technology [J]. European Journal of Operational Research,218(1):106-112.

Eilers C,Hanf C H,1999. Contracts between farmers and farmer's processing cooperatives:a principal-agent approach for the potato starch industry [M]. Heidelberg: Vertical Relationships and Coordination in the Food System.

Enke S,1945. Consumer cooperatives and economic efficiency[J]. The American Economic Review,35(1):148-155.

Fama E,1980. Agency problems and the theory of the firm[J]. Journal of Political Economy,88 (2):288-307.

Fan C S,Wei X,2006. The law of one price:evidence from the transitional economy of China [J]. Review of Economics & Statistics,88(4):682-697.

Tijun F, Xiangyun C, Chunhua G, et al, 2014. Benefits of RFID technology for reducing inventory shrinkage[J]. International Journal of Production Economics,147(PC):659-665.

Federico G Barbe T,Magdalena M,2011. The challenges of a consolidated supply chain to british dairy farmers[J]. Social Research,2(23):90-99.

Femenia F, Gohin A, Carpentier A, 2010. The decoupling of farm programs:revisiting the wealth effect[J]. American Journal of Agricultural Economics,92(3):836-848.

Fibich G, Gavious A, Lowengrart O, 2003. Explicit solutions of optimization models and differential games with non-smooth (asymmetric) reference-price effect[J]. European Journal of Operational Research,51(5):721-734.

Friedman J W,1971. A non-cooperative equilibrium for super-games:a correction[J]. Review of Economic Studies,38(113):1-12.

Fulton Murray, 1995. The future of Canadian agricultural cooperatives:a property rights approach[J]. American Journal of Agricultural Economics,77 (5):1144-1152.

George J,Stigler A,1964. A theory of oligopoly[J]. Journal of Political Economy,72(1):44-61.

Gérard P Cachon,2003. Supply chain coordination with contracts[J]. Handbooks In Operations Research & Management Science,11(11):227-339.

Gogou E, Katsaros G, Derens E, et al, 2015. Cold chain database development and application as a tool for the cold chain management and food quality evaluation[J]. International Journal of Refrigeration,52(1):109-121.

Grossman S, Hart O, 1983. An analysis of the principal-agent problem[J]. Econometrical, 51 (1):7-46.

Grunow M, Piramuthu S, 2013. RFID in highly perishable food supply chains remaining shelf life to supplant expiry date? [J]. International Journal of Production Economics,146(2): 717-727.

Gumasta K, Felix T S, Tiwari M K, 2012. An incorporated inventory transport system with two types of customers for multiple perishable goods[J]. International Journal of Production Economics,139(2):678-686.

Gürdal Ertek, Griffin Paul M, 2002. Supplier-and buyer-driven channels in a two-stage supply chain[J]. IIE Transactions,34(8):691-700.

Hallikas J, Virolainen V M, Tuominen M, 2002. Risk analysis and assessment in network environments:a dyadic case study[J]. International Journal of Production Economics, 78 (1):45-55.

Hart O, Moore J, 1995. Debt and seniority:an analysis of the role of hard claims in constraining management[J]. American Economic Review,85(3):567-585.

He Y, Zhao X, Zhao L, 2009. Coordinating a supply chain with effort and price dependent stochastic demand[J]. Applied Mathematical Modelling,33(6):2777-2790.

He Y, Zhang J, 2008. Random yield risk sharing in a two-level supply chain[J]. International Journal of Production Economics,112(2):769-781.

Hendrikse G, Veerman C P, 2001. Marketing cooperatives and financial structure:a transaction costs economics analysis[J]. Agricultural Economics,26(3):205-216.

Hendrikse G, Veerman C P, 2001. Marketing cooperatives: an incomplete contracting perspective[J]. Journal of Agricultural Economics,52(1):53-64.

Henning P, Linus D, 2012. Distant search, narrow attention:how crowding alters organizations filtering of suggestions in crowd-sourcing[J]. Academy of Management Journal,58(3):856-880.

Henson S, Heasman M, 1998. Food safety regulation and the firm:understanding the compliance process[J]. Food Policy,23(1):9-23.

Hoffman J A, Agrawal T, Wirth C, et al, 2012. Farm to family:increasing access to affordable fruits and vegetables among urban head start families [J]. Journal of Hunger & Environmental Nutrition,7(2-3):165-177.

Holmstrom B, Costa J, 1986. Managerial incentives and capital management[J]. Quarterly Journal of Economics,101(4):835-860.

Holmstrom B, 1979. Moral hazard and observability[J]. Bell Journal of Economics, 10(1): 74-91.

Hsieh C C, Yute L, 2010. Quality investment and inspection policy in a supplier manufacturer supply chain[J]. European Journal of Operational Research,202(3):717-729.

Hu D, Reardon T, Rozelle S, et al, 2004. The emergence of supermarkets with Chinese characteristics: challenges and opportunities for China's agricultural development[J]. Development Policy Review, 22(5):557-586.

Iannarelli A, 2012. Contractual frameworks and inter-firm cooperation in the agricultural sector [J]. Uniform Law Review-Revue, 17(1-2):247-262.

Ilaria G, Pierpaolo P, 2004. Supply chain coordination by revenue sharing contracts[J]. International Journal of Production Economics, 89(2):131-139.

Wong J C, 2012. Two-objective optimization strategies using the adjoint method and game theory in inverse natural convection problems[J]. International Journal for Numerical Methods in Fluids, 70(11):1341-1366.

Jang W, Klein C M, 2011. Supply chain models for small agricultural enterprises[J]. Annals of Operations Research, 190 (1):359-374.

Jensen M C, Meckling W H, 1976. Theory of the firm: managerial behavior, agency costs and ownership structure[J]. Social Science Electronic Publishing, 3(4):305-360.

Juttner U, Peck H, Christopher M, 2003. Supply chain risk management: outlining an agenda for future research[J]. International Journal of Logistics: Research and Applications, 6(4):197-210.

Kauffman R J, Lai H, Lin H C, 2010. Consumer adoption of group-buying auctions: an experimental study[J]. Information Technology and Management, 11(4):191-211.

Kazukauskas A, Newman C, Clancy D, et al, 2013. Disinvestment, farm size, and gradual farm exit: the impact of subsidy decoupling in a European context[J]. American Journal of Agricultural Economics, 95(5):1068-1087.

Kelly J, 2014. Compact and efficient cooling coils for naval systems[J]. European Review of Agricultural Economics, 41(2):279-300.

Khanna M, Roe B E, Vercammen J, et al, 1983. The cooperative as a coalition: a game-theoretic approach[J]. American Journal of Agricultural Economics, 65(5):1084-1089.

Kim R B, 2009. Meeting consumer concerns for food safety in South Korea: the importance of food safety and ethics in a globalizing market[J]. Journal of Agricultural & Environmental Ethics, 22(2):141-152.

Koundouri P, Laukkanen M, Myyrä S, et al, 2009. The effects of EU agricultural policy changes on farmers' risk attitudes[J]. Social Science Electronic Publishing, 36(1):53-77.

Krishnan H, Kapuscinski R, Butz D A, 2004. Coordinating contracts for decentralized supply chains with retailer promotional effort[J]. Management Science, 50(1):48-63.

Krishnan H, Kapuscinski R, Butz D A, 2010. Quick response and retailer effort[J]. Management Science, 56(6):962-977.

Kunter M, 2012. Coordination via cost and revenue sharing in manufacturer-retailer channels [J]. European Journal of Operational Research, 216(2):477-486.

Lau A, Lau H, Wang J, 2007. Pricing and volume discounting for a dominant retailer with uncertain manufacturing cost information[J]. European Journal of Operational Research, 183(2):848-870.

Lee Y P, Dye C Y, 2012. An inventory model for deteriorating items under stock-dependent demand and controllable deterioration rate[J]. Computers&Industrial Engineering, 63(2): 474-482.

Lehner O M, 2013. Crowd-funding social ventures: a model and research agenda[J]. Venture Capital, 15(4): 289-311.

Levay C, 1983. Agricultural cooperative theory: a review[J]. Journal of Agricultural Economics, 34(1): 1-44.

Levin Jonathan, 2003. Relational incentive contracts[J]. American Economic Review, 93(3): 835-857.

Li Y N, Xu X J, Zhao X D, et al, 2012. Supply chain coordination with controllable lead time and asymmetric information [J]. Journal of Industrial Engineering & Engineering Management, 217(1): 108-119.

Lin Z B, Cai C, Xu B B, 2010. Supply chain coordination with insurance contract[J]. European Journal of Operational Research, 205(2): 339-345.

Liu Y S, Liu Y, Chen Y F, et al, 2010. The process and driving forces of rural hollowing in China under rapid urbanization[J]. Journal of Geographical Sciences, 20(6): 876-888.

Lud K, Ronnie S, 2012. Exploration and exhaustibility in dynamic Cournot games[J]. European Journal of Applied Mathematics, 23(3): 343-372.

Marelli A, Ordanini A, 2016. What makes crowd-funding projects successful 'before' and 'during' the campaign? [J]. Crowd-Funding in Europe, 175-192.

Maruta T, Okada A, 2015. Formation and long-run stability of cooperative groups in a social dilemma situation[J]. International Journal of Economic Theory, 11(1): 121-135.

Mary S, 2013. To which extent are counter-cyclical payments more distorting than single farm payments? evidence from a farm household model[J]. European Review of Agricultural Economics, 40(4): 685-706.

Mcdermott G A, Corredoira R A, Kruse G, 2009. Public-private institutions as catalysts of upgrading in emerging market societies[J]. The Academy of Management Journal, 52(6): 1270-1296.

Mérel P, Saitone T L, Sexton R J, 2015. Cooperative stability under stochastic quality and farmer heterogeneity[J]. European Review of Agricultural Economics, 42(5): 765-795.

Michelson H, Reardon T, Perez, F, 2010. Small farmers and big retail: trade-offs of supplying supermarkets in Nicaragua[J]. World Development, 40(2): 342-354.

Mirrlees J, 1976. The optimal structure of authority and incentives within an organization[J]. Bell Journal of Economics, 7(1): 105-131.

Mollick, E, 2013. The dynamics of crowdfunding: Determinants of success and failure [J]. Journal of Business Venturing, 29(6): 1-18.

Mollick E R, 2014. The dynamics of crowd-funding: an exploratory study[J]. Social Science Electronic Publishing, 29(1): 1-16.

Mullan K, Grosjean P, Kontoleon A, 2011. Land tenure arrangements and rural-urban migration in China[J]. World Development, 39(1): 123-133.

O' Donoghue E J, Whitaker J B, 2010. Do direct payments distort producers' decisions? an examination of the farm security and rural investment act of 2002[J]. Applied Economic Perspectives & Policy, 32(1):170-193.

Phillips R, 1953. Economic nature of the cooperative association[J]. Journal of Farm Economics, 35(1):74-87.

Poncet S, 2003. A fragmented china: measure and determinants of Chinese domestic market disintegration[J]. Review of International Economics, 13(3):409-430.

Rong A, Akkerman R, Grunow M, 2011. An optimization approach for managing fresh food quality throughout the supply chain[J]. International Journal of Production Economics, 131(1):421-429.

Ross S A, 1977. The determination of financial structure: the incentive-signaling approach[J]. Bell Journal of Economics, 8(1):23-40.

Ross S A, 1973. The economic theory of agency: the principal's problem[J]. American Economic Review, 63(2):134-139.

Royer J S, 1995. Potential for cooperative involvement in vertical coordination and value-added activities[J]. Agribusiness, 11(5):473-481.

Salin V, Rodolfo M, 2003. A cold chain network for food exports to developing countries[J]. International Journal of Physical Distribution & Logistics Management, 33(10):918-933.

Schwienbacher A, Larralde B, 2010. Crowdfunding of Small Entrepreneurial Ventures[J]. SSRN Electronic Journal, 30(10):1-23.

Sexton R J, 1986. The formation of cooperatives: a game-theoretic approach with implications for cooperative finance, decision making and stability[J]. American Journal of Agricultural Economics, 68(2):214-225.

Sexton R J, 1986. Cooperatives and the forces shaping agricultural marketing[J]. American Journal of Agricultural Economics, 68(5):1167-1172.

Spence, M, Zeckhauser R, 1978. Insurance, information, and individual action[J]. Uncertainty in Economics, 61(2):333-343.

Staatz J M, 1987. Recent developments in the theory of agricultural cooperation[J]. Journal of Agricultural Cooperation, 10(2):74-95.

Taylor T A, 2002. Supply chain coordination under channel rebates with sales effort effects[J]. Management Science, 48(8):992-1007.

Thrift N, 2006. Re-inventing invention: new tendencies in capitalist commodification[J]. Economy and Society, 35(2):279-306.

Tirole J, 1988. The Theory of Industrial Organization[M]. Boston: MIT Press.

Tsao Y C, Sheen G J, 2012. Effects of promotion cost sharing policy with the sales learning curve on supply chain coordination[J]. Computers & Operations Research, 39(8):1872-1878.

Tyagi R K, 2005. Do strategic conclusions depend on how price is defined in models of distribution channels?[J]. Journal of Marketing Research, 42(2):228-232.

Undetwood S, 2009. The cross-market information content of stock and bond order flow[J].

Journal of Financial Markets,13(2):268-289.

Wang J C,Wang A M,Wang Y Y,2013. Markup pricing strategies between a dominant retailer and competitive manufacturers[J]. Computers & Industrial Engineering,64(1):235-246.

Weber J G,Key N,2012. How much do decoupled payments affect production? an instrumental variable approach with panel data[J]. American Journal of Agricultural Economics,94(4):52-66.

Yi C,2016. Off-Farm Employments and Land Rental Behavior:Evidence from Rural China[J]. China Agricultural Economic Review,8(1):37-54.

Zaheer A,Venkatraman N,1995. Relational governance as an interorganizational strategy:an empirical test of the role of trust in economic exchange[J]. Strategic Management Journal, 16(5):373-392.

Zhang M,Li P C,2012. RFID application strategy in agri-food supply chain based on safety and benefit analysis[J]. Physics Procedia,25(3):636-642.

Zhu K J,Zhang R Q,Tsung F,2007. Pushing quality improvement along supply chains[J]. Management Science,53(3):421-436.